도시계획

Urbanisme BY LE CORBUSIER

Copyright © La Foundation Le Corbusier, Paris
Korean Translation Copyright © Dongnyok Publishers, 2003
All rights reserved.

Korean edition is Published by arrangement with Fondation Le Corbusier(Paris)
through Bestun Korea Agency Co., Seoul.

이 책의 한국어판 저작권은 베스툰코리아에이전시를 통해 저작권자와의 독점 계약으로 도서출판 동녘에 있습니다.
저작권법에 의해 한국내에서 보호를 받는 저작물이므로 무단전재와 복제를 금합니다.

도시계획
Urbanisme

초판 1쇄 펴낸날 2003년 2월 25일
초판 4쇄 펴낸날 2021년 9월 6일

지은이 르 코르뷔지에
옮긴이 정성현
펴낸이 이건복
펴낸곳 도서출판 동녘

주간 곽종구
편집 구형민 정경윤 박소연 김혜윤
마케팅 박세린
관리 서숙희 이주원

등록 제311-1980-01호 1980년 3월 25일
주소 (10881) 경기도 파주시 회동길 77-26
전화 영업 031-955-3000 편집 031-955-3005 전송 031-955-3009
블로그 www.dongnyok.com 전자우편 editor@dongnyok.com
인쇄·제본 새한문화사 라미네이팅 북웨어 종이 한서지업사

ISBN 978-89-7297-550-2 (03610)

- 잘못 만들어진 책은 바꿔 드립니다.
- 이 도서의 국립중앙도서관 출판시도서목록(CIP)은 e-CIP홈페이지(http://www.nl.go.kr/ecip)와
국가자료공동목록시스템(http://www.nl.go.kr/kolisnet)에서 이용하실 수 있습니다.
(CIP제어번호: CIP2007002632)

도시계획
Urbanisme

르 코르뷔지에 지음 · 정성현 옮김

동녘

차례

일러두기 — 7

1부 총론

1. 당나귀의 길, 사람의 길 — 19
2. 질서 — 29
3. 넘쳐흐르는 감정 — 43
4. 영속성 — 55
5. 분류와 선택(검토) — 67
6. 분류와 선택(시기적절한 결정) — 77
7. 대도시 — 91
8. 통계 — 113
9. 신문 스크랩 — 133
10. 우리의 힘 — 151

2부 연구실 작업, 이론적 연구

11. 우리 시대의 도시 — 173
12. 작업시간 — 189
13. 휴식시간 — 207

3부 명확한 경우 : 파리의 도심지

14. 내과치료 또는 외과수술 — 259
15. 파리의 도심지 — 283
16. 숫자와 현실 — 299

부록 | 확증, 격려, 질책 — 309

역주 — 316

옮긴이의 말 — 322

Le Corbusier

일러두기

> 기본적인 진리만 좇는다면, 정신은 각박해질 것이고,
> 현실과 조화를 이룬다면, 정신은 넉넉해질 것이다.
> 막스 자콥Max Jacob(『철학논집』, 제1권, 1924)

도시는 인간의 활동을 위한 도구다.

도시는 더 이상 이 기능을 제대로 다하지 못하고 있다. 쓸모가 없다. 도시는 인간의 몸을 소모시키고, 그 정신을 받아들이기를 거부한다.

나날이 늘어만 가는 도시의 무질서는 우리를 불쾌하게 만든다. 도시의 타락은 우리의 자존심을 해치고 품위를 깎아내린다.

도시는 이 시대와 맞지 않는다. 더 이상 우리와도 맞지 않는다.

* *
*

도시!

그것은 자연에 대한 인간의 점유지. 도시는 자연과 맞선 인간 행위며, 방어하면서 일하는 인간의 몸과 같다. 그것은 하나의 창조다.

시詩는 인간의 현실태 — 지각할 수 있는 이미지 사이의 구체적인 관계. 엄밀하게 말하면, 자연에 대한 시는 정신의 구성물일 뿐이다. 도시는 우리의 정신을 움직이는 강력한 이미지다. 도시는 왜 오늘날까지 시의 원천이 되지 못할까?

* *
*

기하학은 우리 스스로 주위를 깨닫고 표현하게 해 주는 수단이다.

기하학은 근본이다.

그리고 그것은 완벽함, 신성함을 의미하는 상징들을 구체적으로 지지한다.

기하학은 수학이라는 차원 높은 만족을 가져다 준다.

기계는 기하학에서 나온다. 그래서 우리 시대의 모든 것들의 원리는 기하학적

이다. 그 꿈을 기하학의 기쁨으로 정한다. 분석의 한 세기가 지난 뒤 현대의 예술과 사상은 우연이라는 사실 너머에서 찾고, 기하학이 그것을 점점 더 보편적 태도, 수학적 질서로 이끌어 간다.

* *
*

주택은 전적으로 새로운 실현 방법의 문제를, 새로운 생활 방식에 적합한 완전히 새로운 평면의 문제를, 새로운 정신 상태에서 비롯된 아름다움에 대한 문제를 제기하면서, 다시 한 번 건축의 문제를 제기한다.

* *
*

집단적 열정이 한 시대(1900~1920년에 있었던, 초기 크리스트 교 신도들의 초자연적인 사랑과 같은 범 게르만주의 시대처럼)를 흥분시킬 때가 왔다.

이 열정은 행동을 활기차게 하고 강렬하게 물들이면서, 이끌어 간다.

오늘날 이 열정은 정밀성에 관한 것이다. 끝간데까지 밀어붙여 이상idéal의 자리까지 올라간 정밀성은 완벽을 추구하는 것.

정밀성을 실행하기 위해서는 비관주의자가 되면 안 된다. 집요하면서도 의지가 강한 용기가 있어야만 한다. 지금 시대에는 더 이상 긴장을 늦추거나 풀어서는 안 된다. 행동이 강력하게 뒷받침되어야 한다. 무슨 일을 하든지 비관주의자가 되어서는 안 된다(어리석어서도 안 되고, 환멸을 느껴서도 안 된다). 믿어야만 한다. 사람들의 심성心性을 움직여야만 한다.

현대적인 도시계획을 꿈꾸려면 패배주의자가 되어서는 안 된다. 패배주의자가 된다는 것은 지금까지 받아들였던 많은 생각들을 혼란스럽게 할지도 모른다는 것을 인정하는 것과 같다. 그러나 이제는 현대적인 도시계획을 세우는 것에 대해 생각해 보게 되었다. 그 때가 지금 왔고, 또 집단적 열정이 가장 원초적인 욕구를 통해 풀리는 순간이 왔으며, 진실이라는 고귀한 감정에 이끌리는 때가 왔기 때문이다. 벌써 시대정신의 깨달음이 사회의 틀을 개혁하고 있다.

일련의 실험들이 문제를 해결하고 가설假說이 통계학의 진리를 통해 확고하게 자리잡은 것처럼 보인다. 집단적 열정이 한 시대를 여는 때가 왔다.

* *
*

지난해 여름 휴가철, 나는 텅 빈 파리Paris에 남아 이 책을 썼다. 대도시의 삶을 일시적으로 멈춘 이 고요가 나를 중대한 이 책의 주제로, 현실 너머로 이끌었다.

10월 1일이 왔다. 어둠이 깔리기 시작하는 저녁 6시쯤, 샹젤리제Champs-Elysées 거리는 갑자기 들뜨기 시작했다. 여름 휴가철의 공백이 끝난 뒤, 교통의 횡포가 다시 시작되었다. 그리고 이 소란은 날이 갈수록 점점 더 심해진다. 집을 나서서 터널을 지나면 갑자기 우리는 죽음의 공포를 벗어날 수가 없다. 자동차가 스쳐 지나가기 때문이다. 20년 전, 학창시절이 생각난다. 도로는 우리들 것이었지. 도로 위에서 노래 부르고, 떠들고 놀기도 했지……. 합승마차도 조용히 굴러갔고.

오늘 1924년 10월 1일, 3개월간의 휴가철로 차량 통행의 돌풍이 잠잠했던 샹젤리제에서 이 새로운 차량 통행의 엄청난 재현을, 그 현상을 목격한다. 수많은 차와 차들, 빠르고 얼마나 빠른가! 가슴이 벅차 오르면서 열정이, 기쁨이 우리를 사로잡을 것이다. 헤드라이트 불빛 아래 눈부시게 반짝이는 차체의 번쩍거림을 바라보는 열정이 아니라, 그 힘에 대한 기쁨이다. 힘과 강력함 가운데에 존재하는 순박하면서도 솔직한 즐거움. 그 강인함에 우리가 참여한다. 동이 틀 무렵과 같은 이 사회의 구성원이 된다. 이 새로운 사회에 믿음을 갖는다. 이 사회는 그 힘을 멋지게 구현할 것이다. 우리는 믿는다.

새로운 사회의 힘은 세찬 비바람으로 불어난 격류와 같다. 파괴적일 정도로 격렬하다. 도시는 산산조각 나 더 이상 버틸 수가 없다. 도시는 더 이상 발전하지 못한다. 도시는 너무 늙었다. 격류는 강바닥이 따로 없다. 그래서 대홍수와 같다. 그것은 완전히 비정상적인 행위다. 불균형이 날로 늘어만 갔다.

이제는 모두가 위협을 느낀다. 말이 나온 김에 더 이야기하자면, 몇년 전부터 이미 살아가는 기쁨(자신의 다리로 조용히 걷는 오래된 기쁨)을 잊었다. 날마다 도망 다니고 쫓기는 짐승과 같은 태도에 빠져든다.[1] 부호가 바뀌었다. 일상적인 생활 태도가 무너져, 부호가 되었다.

사람들은 소극적인 치료법들을 제안한다……. 여러분은 태풍으로 강물이 불어나고 건물이 붕괴되어 이미 성난 소용돌이 속으로 빨려들어 가는 격류를 둑을 쌓아 막으려고, 마을 주민들이 정신없이 허둥거리며…… 임시 방어벽을 치는 쓸데

---

[1] 분명한 사실이다. 걸을 때마다 생명의 위험을 느낀다. 만약 여러분이 발을 헛디딘다면, 실수로 넘어진다고 상상한다면…….

없는 열의熱意를 안다.

* * *

15년 전, 오랜 여행을 통해 나는 건축의 모든 강력한 힘을 깨달았는데, 그 감을 잡기 위해서 어려운 단계들을 거쳐야만 했다. 앞뒤가 맞지 않는 낡은 유산들의 범람으로 갈피를 잃은 건축은 힘들게 우회를 해야만 정신을 비끄러맬 수 있었지만, 그 감동은 미약하기 그지없었다. 반대로, 그 가운데에서도 자리를 잡은 건축은 이와는 관계없이 조화를 이루었고 깊은 감동을 주기도 했다. 나는 즉각적으로 예감했다. 그리고 교과서적인 것을 떠나서 도시계획이라는 본질적인 요소의 존재를 예감했다. 도시계획이라는 단어는 훨씬 뒤에서야 알게 되었다.

나에게는 예술이 전부였다.

어느 날, 빈viennois 출신인 카밀로 지테Camillo Sitte의 책2)을 읽고 나도 모르는 사이에 도시의 아름다움에 빠져들었다. 지테의 논증은 정확했고, 그 이론은 정당하게 보였다. 그의 논증과 이론은 과거에 근거를 둔 것이었다. 솔직히 말하면, 그 논증과 이론은 과거의 것, 작은 범위로서의 과거, 감상적인 과거, 길가에 핀 보잘 것없는 작은 꽃에 지나지 않는 것이었다. 이 과거는 절정에 있는 과거가 아니라 타협의 과거였다. 지테의 웅변은 '지붕'의 감동적인 부활과 잘 어울리는 것으로, 그 것은 오두막집에나 어울리는 모순 속에 괴상하게도 ('지역주의') 노선의 건축을 왜곡해야만 했다.

1922년, 살롱 도톤Salon d'Automne역주1의 요청에 따라 300만 거주자를 위한 도시의 투시도면을 작성했을 때, 나는 이성이라는 확고한 길을 따랐다. 그리고 옛날의 정열을 이해했을 때, 내가 사랑하는 우리 시대의 정열과 일치하는 듯한 느낌을 받았다.

내 친구들은 당장에라도 일어날 수 있는 우발적인 사태를 너무나 단호하게 무시하는 나를 보고 놀라면서역주2 "2000년에 관심이 있습니까?"라고 물었다. 여기저기에서 신문기자들은 '미래의 도시'라고 적었다. 그렇지만 나는 이 작품을 현대의 '현대도시'라고 이름 붙였다. 내일은 누구의 것도 아니기 때문이었다. 나는 사건이 임박했음을 분명히 느꼈다. 1922~1925년, 모든 것이 얼마나 서두르고 있었던가!

---

2) 『도시계획Stædtebau』

1925년에 파리에서 개최될 장식예술 국제전시회Exposition Internationale des Arts Décoratif는 과거로 눈을 돌리는 것이 결국 쓸데없는 것임을 알리게 될 것이다. 온통 구역질나는 것으로 한 페이지가 장식될 것이다.

사람들은 일반적으로 '숭고한' 경박함 끝에는 마침내 심각한 진통이 올 것이라고 추측했다.

장식예술은 죽었다. 현대 도시계획은 새로운 건축과 더불어 태어난다. 거대하고 격렬하고 원초적인 진화가 과거와 절교했다.

*
* *

최근 끔찍하게 환멸을 느낀 빈의 한 젊은 건축가는 노쇠한 유럽의 죽음이 임박했음을 시인했다. 젊은 아메리카 대륙만이 우리에게 희망을 제공할 수 있다.

"더 이상 유럽에서는 건축에 관한 문제가 제기되지 않는다고 그는 말했다. 우리는 전해 내려오는 문화라는 복잡하게 얽히고 설킨 짐을 지고, 쇠약하고 일그러진 무릎으로 이 날까지 간신히 기어 왔다. 르네상스 양식, 그 뒤를 이은 루이Louis 양식들역주3. 우리는 완전히 녹초가 되었다. 지나치게 호화로워, 감각이 무뎌져, 우리는 더 이상 건축의 감흥을 불러일으킬 수 있는 순수성을 갖고 있지 않다."

노쇠한 유럽의 건축 문제에 대해 내가 물어 보았을 때, 그는 현대의 대도시라고 답했다. 그것은 예Oui 아니면 아니요Non일 것이며, 삶 아니면 서서히 꺼져 가는 죽음일 것이다. 어느 쪽이건 원하는 것만 남을 것이다. 그리고 부담스러운 우리의 과거 문화는 순수하고 분명하며, 이성과 엘리트적인 감수성으로 모든 것이 걸러진 명확한 해결책을 우리에게 가져다 줄 것이다.

*
* *

1922년의 투시도면 앞에서 뉴욕『브룸Broom』지의 편집장이 내게 말했다.

"이백년 뒤, 미국인들은 현대 프랑스의 합리적인 작품들을 찬양하러 올 것이며, 프랑스 인들은 뉴욕의 낭만적인 고층 건물에 놀라게 될 것입니다."

*
* *

요약하면,

믿는 것과 믿지 않는 것 중에서 믿는 것이 더 낫다.

행동하는 것과 와해되는 것 중에서 행동하는 것이 더 낫다.

젊고 건강이 넘치는 것, 그것은 많은 생산을 할 수 있지만, 잘 생산하기 위해서는 경험의 세월이 필요할 것이다.

이전의 문명으로부터 길러진 것은 모호함을 일소하고 사물에 대한 명료한 판단을 내리도록 허락해 주는 것이다. 학창시절이 끝났다고 생각하는 사람만큼 패배주의자는 없다. 더 이상 가치가 없는 사람이다. 왜 우리가 늙었다고 판단하는가? 늙음? 유럽의 20세기는 문명의 아름다운 성숙일 수 있다. 늙은 유럽은 전혀 늙은 것이 아니다. 그것은 정해진 말에 불과하다. 늙은 유럽은 힘으로 충만하다. 수세기 동안 길러져 온 우리의 정신은 기민하고 창조적이다. 미국이 젊은이의 강인한 팔과 고귀하고 감상적인 성격을 갖고 있는 반면, 유럽의 힘은 머리에 있다. 만약 미국이 생산하고 느낀다면 유럽은 생각한다.

늙은 유럽을 매장할 이유가 없는 것이다.

1924년 12월

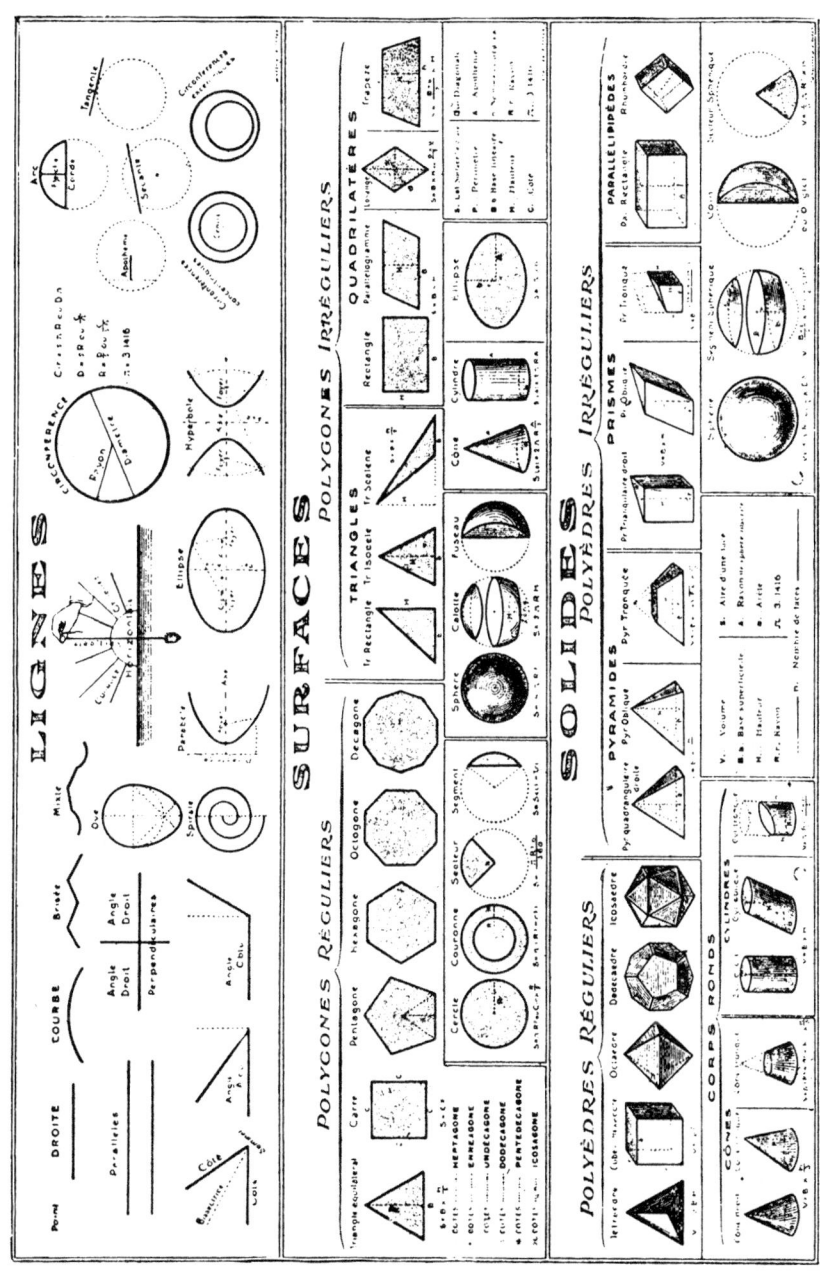

프랑스 초등학교용 공책 뒷면에 인쇄된 것. 이것이 기원이다.

DÉBAT
GÉNÉRA

1부
총론

사람은 목적이 있기 때문에 똑바로 걷는다. 그는 가는 곳을 알며, 어디로 갈 것인지를 정한 다음, 그곳을 향해 똑바로 걸어간다.

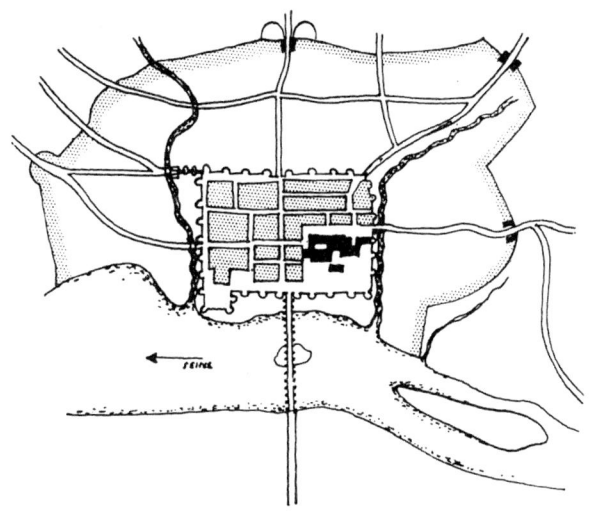

로마 시대에 계획(직선적인 계획)한 10세기의 루앙Rouen. 옛 공공건물들이 있던 장소에 성당이 세워졌다. 1750년, 새로운 성벽이 시골길의 나머지를 합병한다. 도시의 운명이 결정되었다. 도시의 중심은 수세기 동안 직선으로 둘러싸여 있다.

1. 당나귀의 길, 사람의 길

사람은 목적이 있기 때문에 똑바로 걷는다. 그는 가는 곳을 알며, 어디로 갈 것인지를 정한 다음, 그곳을 향해 똑바로 걸어간다.

당나귀는 갈짓자를 그리며 걸어가고, 조금 빈둥거리며, 믿음이 가지 않는 멍한 두뇌로 큰 장애물들을 비켜가고, 비탈길을 피해, 그늘을 찾기 위해 갈짓자를 그리며 간다. 당나귀는 가능한 한 노력을 적게 한다.

사람은 이성을 통해 자신의 감정에 응한다. 그는 목적을 위해 감정과 본능을 억제한다. 지성 知性으로 동물적 본능 獸性을 억제한다. 사람의 지성은 경험에서 얻은 결과인 규정들을 정립한다. 경험은 노동의 산물이다. 사람은 죽지 않기 위해 일한다. 생산하기 위해 미리 결과를 생각해야만 한다.

당나귀는 전혀 생각하지도, 신경쓰지도 않는다.

※
※ ※

당나귀는 유럽 대륙에 있는 모든 도시의 길을 만들었다. 불행하게도 파리도 그러했다.

짐수레는 주민들이 조금씩 조금씩 차지한 땅을, 울퉁불퉁한 길이면 울퉁불퉁한 대로, 자갈길이거나 진흙탕길이면 그 길 모양대로 그럭저럭 지나갔다. 개울은 커다란 장애물이었다. 그래서 길과 도로가 생겨났다. 사람들은 교차로나 강가에, 처음으로 오두막집, 주택, 마을 등을 만들었다. 주택은 당나귀의 길가에 면해 있었다. 사람들은 주위에 성벽을 쌓고, 그 안에 시청을 앉혔다.

사람들은 법률을 제정하고 일하고 살았으며, 또 당나귀의 길을 고이 간직했다. 5세기 뒤에 훨씬 큰 두 번째 성벽을 쌓았고, 또 5세기가 지난 뒤에는 이보다 훨씬 더 큰 세 번째 성벽을 쌓았다. 당나귀의 길 입구에, 도시의 문을 세우고 통행세를 받는 관리를 두었다. 마을은 하나의 거대한 중심지가 되었다. 파리, 로마, 이스탄불Stamboul은 당나귀의 길에 면해 세워졌다.

중심도시首都에는 대동맥은 없고, 모세혈관만 있다. 도시의 성장은 이들 도시의 질병이나 죽음을 알린다. 이들 도시의 목숨은 살아남기 위해, 오래 전부터 끊임없

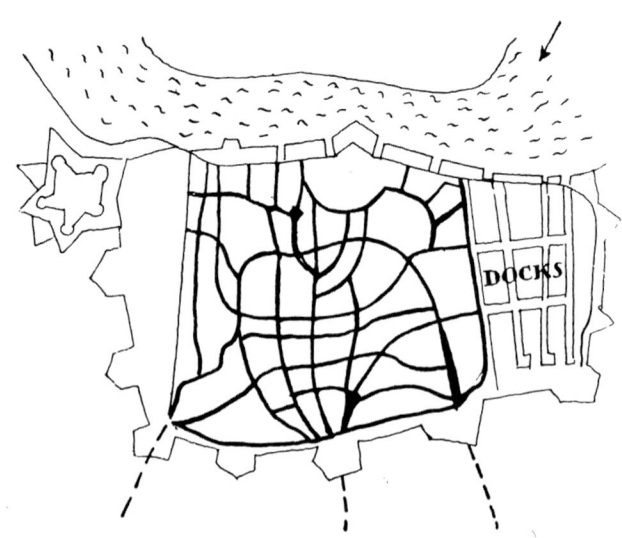

17세기의 앙베르Anvers. 시는 진입로를 따라 그때 그때 넓어졌으며, 수세기 동안 교묘하게 그렇게 손질되었다. 그래도 역시 아름다운 곡선형 도시계획이다.

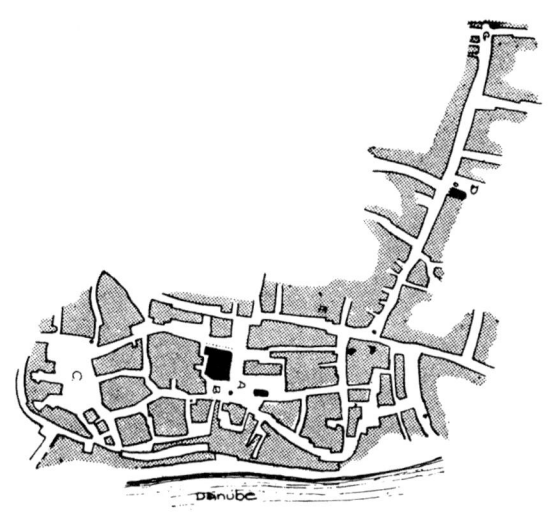
울름Ulm. 옛 야영지의 터, 6세기가 지난 뒤에도 모든 것이 다 그대로다!

이 절개하는 외과의사의 손에 맡겨졌다.

로마 인은 위대한 입법가요, 위대한 개척자요, 위대한 사업가였다. 교차로나 강가 어디엔가에 도착했을 때, 그들은 도시를 명료하고 질서정연하게, 세련되고 깨끗하게, 사람들이 쉽게 방향을 잡기 위해, 손쉽게 도시를 가로지르기 위해, 직각자를 들고 직선으로 된 도시를 설계했다. 쾌락의 도시(폼페이)와 마찬가지로 기능적인 도시(제국의 도시)에도. 직선은 로마 인의 품위에 어울렸다.

그들의 도시 로마에서, 제국으로 돌린 눈길이 당나귀의 길로 질식되도록 내버려졌다니, 이 얼마나 모순인가! 그래서 부자들은 복잡한 도시에서 멀리 떠나 질서정연한 위대한 빌라들을 지었다(하드리안 빌라).

그들은 루이 14세와 함께, 서양에서 유일하게도 위대한 도시계획가들이었다.

중세는 천년을 겁내어 당나귀의 압력을 받아들였고, 이어서 자손대대로 그것을 견뎌냈다. 루이 14세는 루브르 궁전(열주랑)의 정리를 시도한 후, 싫증이 나서 대규모 조처를 취했다. 모든 건축자재로 만들어진 도시와 성城인 베르사이유Versailles 궁이 반듯하고 질서정연하게 되었고, 천문대Observatoire, 앵발리드(상이군인 병원)와 그 광장Esplanade, 튈르리Tuileries 정원과 샹젤리제 거리가 혼돈은커녕, 도시 밖에서 정돈되고 직선이 되었다.

숨막힐 듯한 질식은 극복되었다. 모든 것이 훌륭하게 그 뒤를 이어 갔다. 샹 드

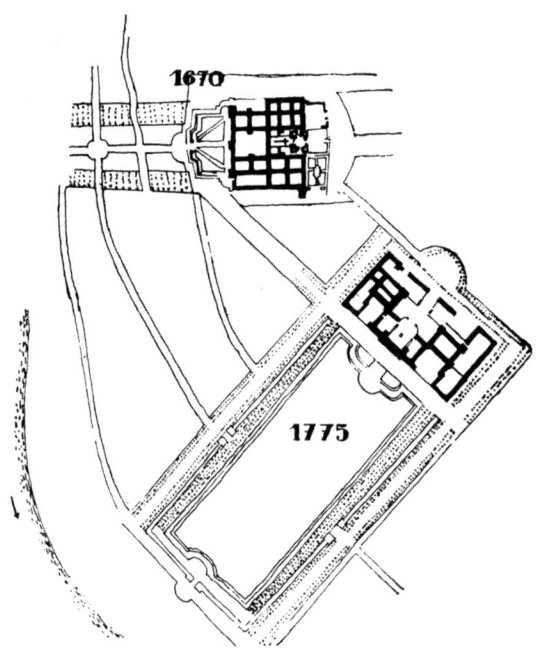

파리. 시테Cité, 도핀 광장place Dauphine, 생 루이 섬île Saint-Louis, 앵발리드Invalides, 사관 학교Ecole militaire. 매우 의미심장하다. 같은 스케일로 그린 이 그림은 질서로 나아가는 과정을 보여 준다. 도시가 세련되고, 문화가 나타나고, 사람이 만들어 간다.

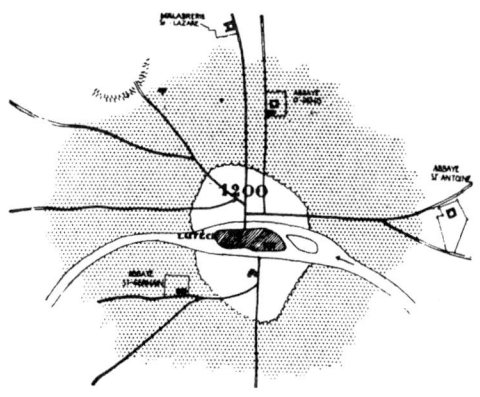

먼저 뤼테스Lutèce역주4가, 뒤에 파리가 만들어졌다. 건물들은 같은 장소에 있다.―노트르담 대성당, 궁전―북부Nord 지역, 동부Est 지역, 남부Midi 지역, 이시Issy 지역역주5, 클리시Clichy, 대서양 연안 provinces maritimes 지역, 몽마르트의 메르쿠르 신전temple de Mercure, Montmartre의 길들은 언제나 변함없이 있다. 수도원 건물들이 결정적인 지표로 자리잡을 것이다. 도시계획으로서, 그것은 우연이며 타협적이다. 오스만Haussmann역주6은 좋든 나쁘든 서투르게나마 도시에 대한 수술을 시도할 것이다. 도시는 당나귀의 길을 따라 자리잡은 채로 남게 된다.

마르스Champ de Mars 광장, 에투알Etoile 광장, 뇌이Neuilly 거리, 뱅센Vincennes 거리, 퐁텐블로Fontainebleau 거리 등등. 여러 세대들이 삶을 영위했다.

그러나 아주 천천히 권태, 무기력, 무질서에 의해, '민주적' 책임 체제에 의해 질식이 다시 시작된다.

그 이상으로 사람들은 그것을 희망한다. 그것을 아름다움의 법칙이라는 이름 아래 실현한다. 사람들은 당나귀의 길이라는 신앙을 창조하기 시작했다.

*
* *

운동은 독일에서 시작되었는데, 도시계획은 카밀로 지테의 작품에서 나왔지만, 자의적인 해석으로 가득한 작품이었다. 곡선을 찬미하고 더할 나위 없는 아름다움을 그럴듯하게 입증한다. 중세의 모든 예술 도시를 통해 입증되었던 증명, 작가는 그림 같은 회화성pittoresque과 도시의 활기찬 질서를 혼동하고 있다. 독일은 최근 **이러한 미학**으로 도시라는 대규모 구역들을 건설했다(왜냐하면 단지 미학의 문제였기 때문이다).

자동차 시대에서, 끔찍하고 역설적인 착각. 치밀한 구상으로 파리 확장 계획을 이끈 사람 중 한 명인, 시청의 한 고위간부가 내게 말했다. "잘된 일이지요. 자동차는 이제 더 이상 달릴 수 없을 겁니다!"

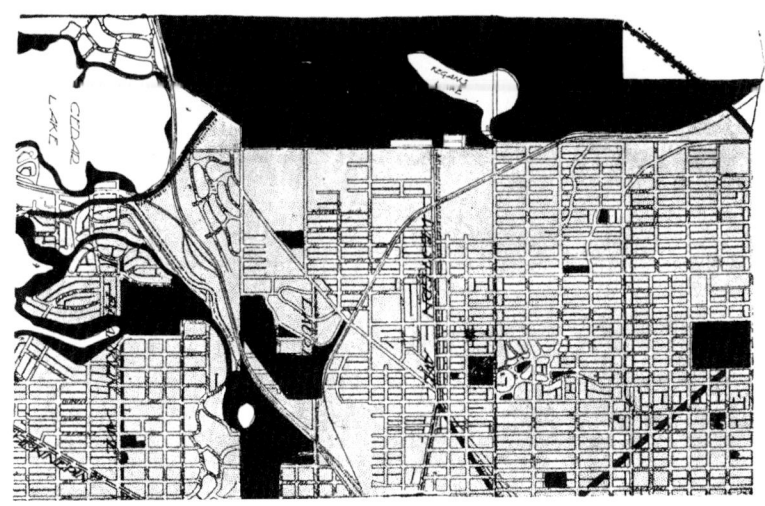

미네아폴리스Minneapolis의 일부. 이것은 도시민의 삶에서 하나의 새로운 도덕의 본보기이다. 바로 이러한 이유 때문에 미국인들은 우리들만큼이나 놀라고, 또 그들만큼이나 우리들은 놀란다. 노쇠한 유럽 대륙이 도시계획의 문제에 반응하고 그 문제를 제기할 정도로 오늘날 이 시대는 꽤 긍정적이다.

그런데 현대도시는 직선에 의지하여 유지되고 있다. 건물, 하수구, 배수구, 차도, 보도 등의 건설. 교통은 직선을 필요로 한다. 직선은 도시의 정신만큼이나 건전한 것이어야 한다. 곡선은 비용이 많이 들고 힘들며, 위험하다. 곡선이 교통을 마비시킨다.

직선은 인류의 모든 역사에, 인류의 모든 의도 속에, 인류의 모든 행위 안에 있다.

아메리카 대륙의 직선 도시를 찬미하면서 바라보는 용기를 가져야만 한다. 만약 탐미주의자가 여전히 금욕하고 있다면, 도덕주의자는 그 반대로, 예상 외로 훨씬 오랫동안 그것에 집착할 것이다.

※ ※
※

굽은 길은 당나귀의 길이며, 곧은 길은 사람의 길이다.

굽은 길은 흐뭇한 기쁨, 안일함, 느슨함, 느긋함, 동물성의 결과다.

곧은 길은 반작용, 작용, 활동이며 자제력의 결과다. 그 길은 건강하고 고귀하다.

도시는 삶과 집약된 노동의 중심이다.

느슨하고 느긋한 민족과 사회, 무기력한 도시는, 행동하고 자제하는 민족과 사

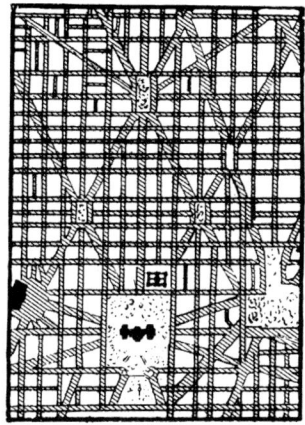

워싱톤Washington의 일부. 정신적인 작업, 그 승리가 야영지를 변화시킨다. 이제 더 이상 당나귀의 길은 없다. 그 자리에 철도만 있다. 미학적인 문제만 남았다.

회에 의해 순식간에 사라지고, 정복되며, 흡수된다.
    그렇게 해서 도시는 죽고 주도권은 이양된다.

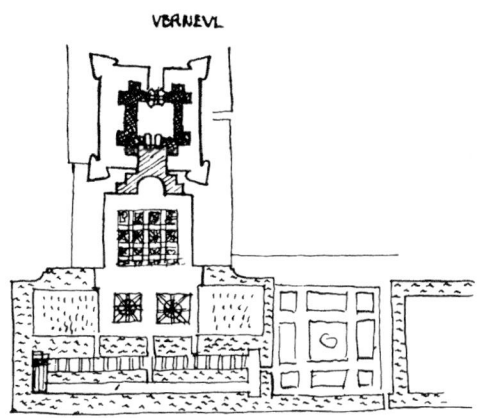

르네상스 시대의 앙드루에 뒤 세르소Androuet du Cerceau. 탐미주의자와 지도자가 영향을 미쳤다.

직각은 일하는 데 필요 충분 조건을 갖춘 도구다. 완벽한 엄밀성으로 공간을 정하는 데 쓰이기 때문이다.

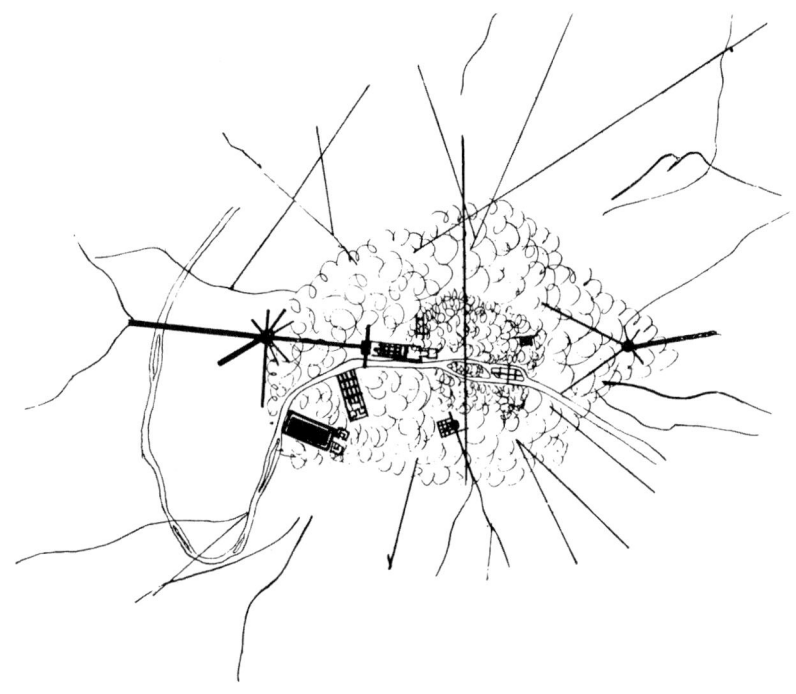

오늘의 파리

2. 질서

주택, 거리, 도시는 인간이 일에 몰두하는 곳이다. 그곳은 질서정연해야만 한다. 그렇지 않으면 그곳은 우리가 목표한 근본 원리들과 정면으로 부딪힌다. 무질서한 그곳은 마치 우리가 싸웠고, 늘 싸우는 주위의 자연 환경을 견제해 왔듯이, 우리에게 장애가 되고, 우리를 견제한다.

*
* *

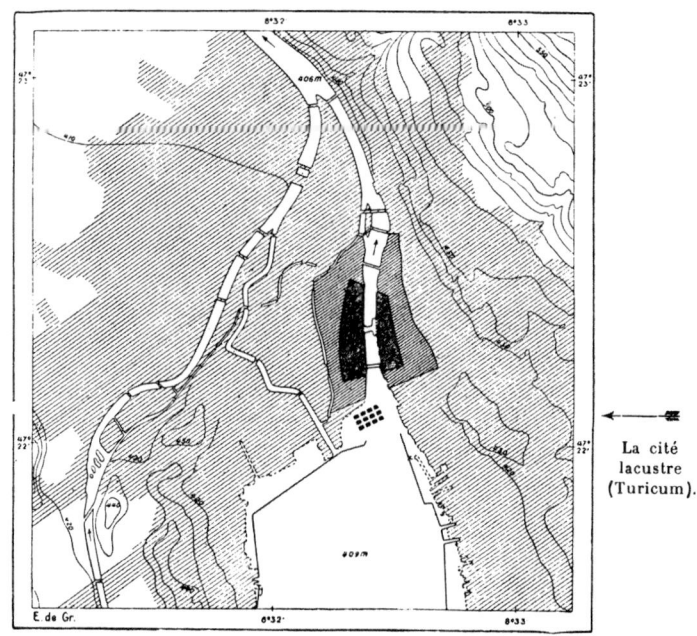

호수 위의 도시(튀리쿰Turicum)

만약 내가 열린 문을 때려부술 것처럼 보인다면(내가 1923년에 쓴 『건축을 향하여 Vers une Architecture』에 대해 사람들은 그렇게 말했다) 그것은 여기에서도(이 책, 『도시계획』), 사상과 진보의 격전지에 대한 전략 거점을 확보하고 있는 영향력 있는 사람들이, 반동 정신과 사리에 어긋나고 위험하며, 범죄적인 감상주의 때문에 밀어붙인, 문을 닫는 것처럼 보일 것이다. 궤변으로 얽어 짠 막으로, 그들은 수천 년 동안 지속시켜 온 유산을 (자신들이나 타인에게) 숨기길 원하며, 인류의 문제나 사건의 현상을 운명짓거나 결정짓는 것에서 벗어나길 원한다. 사람들은 질서를 향한 걸음을 우는 아이의 뒤뚱거림이나 옹색한 정신의 꼭두각시로 만들려고 한다. 그래서 레앙드르 바이야Léandre Vaillat는 『르 탕Le Temps』지에서 나를 정신중독자처럼, 무엇이든지 증명하려는 **독일인** 같다고 고발했던 것이다!

　……그리고 나는 그들(지금이야말로 논리를 따라야 할 위대한 순간이라고 응답할지도 모르는 건축가들)에게 마음은 이성이 알지 못하는 이유들을 갖고 있다고 즉각 응수하는 것을 잊지 않을 것이다. 아마 추상적인 질서의 만족은 우리의 행복을 결코 만족시키지 못한다. 우리는 내부에 모순, 환상, 우아함이 절대적으로 필요하다. 완전한 도시, 모범적인 마을이 우리를 멍하게 만들

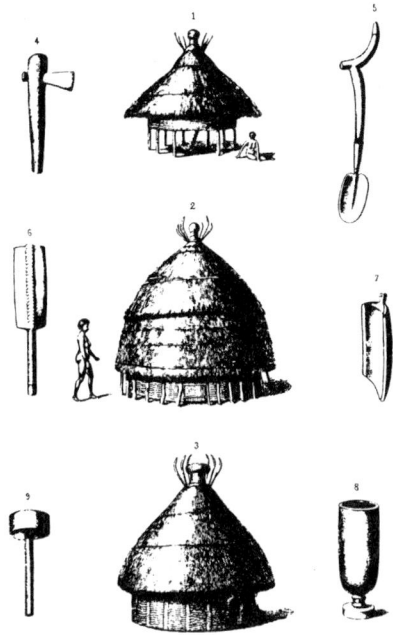

원시인의 오두막집

것이다…….

가장 최근에 열린 살롱 도톤부터 지금까지 그 점에 대해 주장하는 것은 어느 편에도 상관없는 것은 아닐 것이다. 미래도시에 대한 르 코르뷔지에의 논증은 진보한 것이다. 잡지, 신문, 일부 동료 건축가들에게 항상 현실이란 매력에 도달하지 못한 사상들의 유혹에 중독된 것처럼 보인다. 오호, 유감스러워라! 그들은 불행하게도 현실세계現世와 몽상의 차이, 순환체계가 그토록 재치 있고 정확한 옛 프랑스의 저택 hôtel 계획과 지나칠 정도로 단조로운 독일 계획의 차이점을 분별하지 못하는 것 같다(이 글의 레앙드르 바이야에게, 요술은 제1차 세계 대전 후 우리를 어리둥절하게 만든 다음, 우리의 기대를 저버립니다!).

『르 탕』, 1923년 5월 12일[3)]

---

3) 나는 자신의 생각을 왜곡하는 것을 두려워하는 작가를 인용하기를 원치 않는다. 그런데도 여기에 레앙드르 바이야의 학설과 순수한 사실을 두려워하는 다른 작가들의 학설인 것처럼 보이는 것을 분명히 명시했다. 이러한 학설은 바로 '현실세계'이다. 다양하고 무수히 많은 두 개의 거짓 얼굴을 갖고 있는 현실세계. 부패·건강·명료함·혼란이란 네 개의 거짓 얼굴을 갖고 있는 현실세계. 엄밀함과 독단, 논리와 비논리, 하느님과 악마 등 모든 것이 뒤죽박죽이다. 사람들은 이를 그릇에 넣고 휘저어 데운다. 그리고 나서 그 그릇에 '현실세계'라고 쓴 이름표를 붙인다. 이로써 사람들은 활기차고, 다양하고, 여러 모습을 지닌 한 인간이 되기를 확신한다.

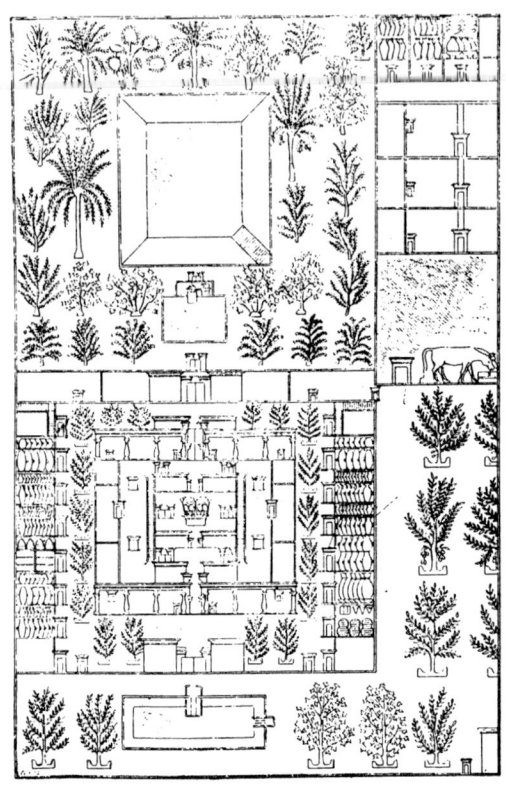

이집트의 집

　루이 14세와 루브르 궁전, 르 노트르Le Nôtre역주7와 튈르리 정원, 앵발리드와 베르사이유 궁전, 그리고 샹젤리제, '프랑스식' 모든 정원들은 독일식이며 독일인의 작품인가! 먼저, 정신 영역에 관해 논할 때 독일인이나 통킹 인Tonkinois역주8을 언급해서는 안 된다. 그 다음, 『르 탕』(엄숙한 신문)의 도시계획 부분(이 위기의 시기에도 엄숙한)을 쥐고 있는 레앙드르 바이야가 만약 판단의 근거에 대한 정보를 알았다면 라틴의 역사, 특히 프랑스의 역사가 모두 직선이었고 곡선은 오히려 오래 전부터(바로크, 로코코, 단절된 고딕에서 현대 도시의 설계까지) 독일이나 북쪽 나라의 것이었음을 알았을 것이다. 레앙드르 바이야와 그와 공감하는 사람들은 프랑스의 과거에 있었던 것이 아니라 20년 전부터 있었던 독일의 전형적인 표현인 곡선을 숭배하고 채택하여 도시계획에 사용한다. 『르 탕』(엄숙한 기관)은, 매력적인 사람이며 건축 소식란에 예민한 레앙드르 바이야에 의해, 그릇된 보도를 하고 있다.

인간이란, 본능적으로, 질서를 지키며, 행동과 생각이 직선과 직각의 지배를 받고, 직선은 인간에게 일종의 본능적인 수단이고 인간 사고思考의 높은 목적임을 우리는 단정한다.

우주의 산물인, 인간은 자신의 관점에서 우주를 통합한다. 그는 자신의 법칙에 따라 행동하고, 또 그 법칙을 안다고 믿었다. 그는 그 법칙을 하나의 논리체계, 곧 행동하고 발명하고 생산할 수 있는 합리적인 인식 상태로 공식화하고 확립했다. 이 인식은 인간과 우주가 서로 모순되지 않고, 조화를 이루도록 한다. 그래서 인간이 그렇게 행동하는 것은 당연하며, 그와 달리 행동할 수 없을 것이다. 만약 완벽한 합리적 체계를 꿈꾸면서도 우리를 에워싸는 세계에서 땅의 법칙과 어긋나게 이론적 엄밀성이 가해지도록 애썼다면 인간에게 무슨 일이 일어났을까? 아마 한 발자국도 뗄 수 없었을 것이다.

자연은 우리에게 하나의 혼돈 형태로 드러난다. 천구天球, 호수와 바다의 형상, 산의 요철凹凸과 같은 형태로. 우리의 눈앞에 흐릿하게 저 멀리 드문드문 드러나 보이는 경관은, 혼돈에 불과하다. 우리가 사물을 만들었지만, 우리를 둘러싸고 있는 사물은 본래 모습을 전혀 갖고 있지 않다. 우리가 보는 자연은 우연적인 모습에 지나지 않는다.

자연에 생명을 불어넣어 주는 정신은 질서의 정신이다. 우리는 그것을 **아는 법**을 배운다. 우리는 우리가 보는 것과 이해하거나 아는 것의 다름을 구별한다. 인간이 하는 일은 아는 것을 통해 정해진다. 그래서 우리는 사물의 존재에 의미를 엮기 위해 사물의 모습을 거부하는 것이다.

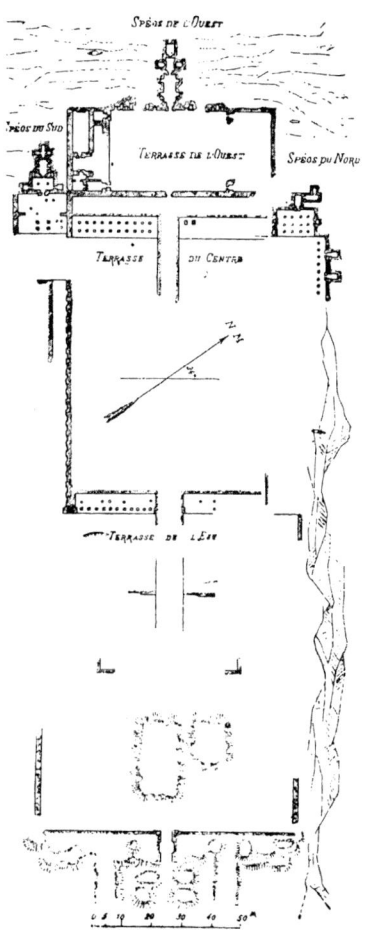

이집트

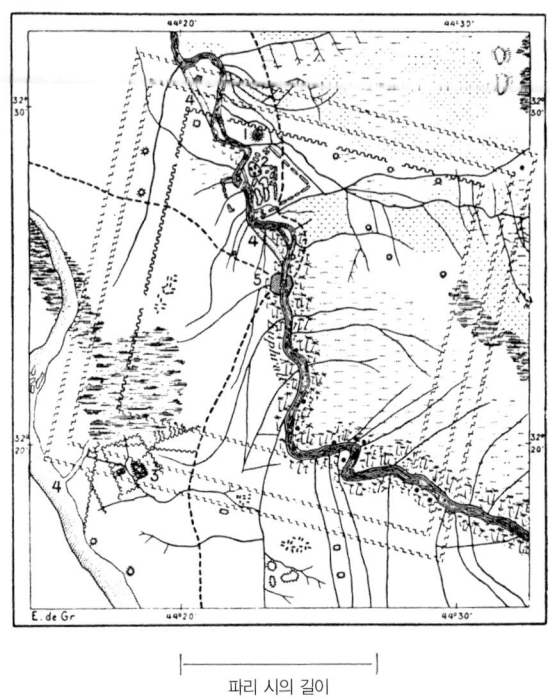

|————————|
파리 시의 길이

옛 바빌로니아

　내가 생각하는 그러한 사람은 나에게 단편적이고, 독단적인 매스를 권한다. 그 순간 인간에 대한 나의 관념은 눈에 보이는 인간이 아니라, 그를 지식을 통해 배워서 알고 있는 인간이다. 만약 그가 나에게 자신의 모습을 보여 준다면, 그의 등은 보이지 않을 것이다. 만약 그가 내게 손을 뻗친다면, 나는 손가락이나 팔을 생각하지는 않을 것이다. 그러나 나는 그의 등이 어떤지를 알며 그가 확실한 기능에 적합하고 정해진 형태를 지닌 다섯 손가락과 두 팔을 갖고 있음을 안다.
　우리는 중력의 법칙이 힘의 충돌을 해결하고 우주를 평형 상태로 유지한다고 생각한다. 그 법칙을 통해 우리는 수직선을 갖는다. 수평선 상에 수평선을 그리며, 불변의 선험적인 평면을 그린다. 수직선은 수평선과 함께 두 직각을 만든다. 둘 다 불변이다. 직각은 세계를 평형으로 유지하는 힘의 총체와 같다. 직각은 단 하나만 존재하지만, 다른 각들은 무수히 존재한다. 따라서 직각은 다른 각들을 마음대로 할 권리가 있는 것이다. 직각은 유일하고 불변한다.
　일하기 위해, 인간은 성실할 필요가 있다. 성실함이 없으면, 그는 다른 사람보다

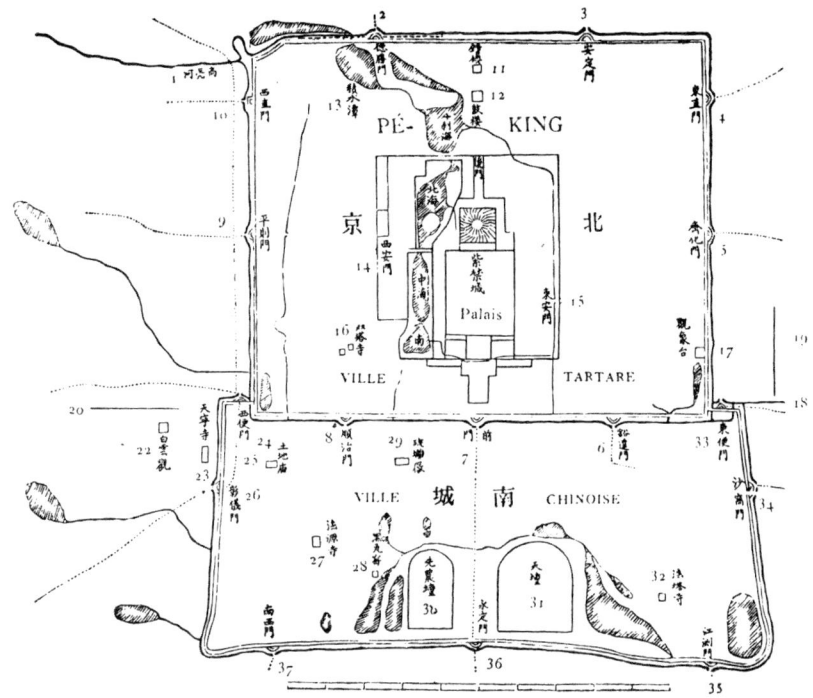

베이징 시 전도全圖

한 발자국도 앞서 나아가지 못할 것이다. 직각은 일하기 위한 필요 충분 조건을 갖춘 도구라고 말할 수 있다. 왜냐하면 그것은 완벽한 엄밀성으로 공간을 정하는 데 쓰이기 때문이다. 직각은 합법적일 뿐만 아니라 결정론의 한 부분이며 의무다.

자, 레앙드르 바이아여, 무엇이 당신을 숨막힐 정도로 분개하게 하는지. 나는 더 많은 이야기를 하고, 이러한 질문을 던질 것이다. 당신 주위를 그리고 저 바다 너머까지를, 수천년을 가로질러 온 시간 속에서 바라보시오. 만약 인간이 직각 외에 달리 반응했고, 또 직각 외의 다른 것이 당신 주변에 있는지 나에게 말해 주겠소? 이 시험은 필요하고 해야만 한다. 그래야만 토론에 대한 최소한의 근거가 정해질 것이다.

인간은 혼돈의 자연 속에서 자신의 안전을 위해 환경, 곧 존재와 생각이 일치될 수 있는 보호구역을 만든다. 인간은 기준점들, 즉 내부가 안전한 요새와도 같은 장소를 필요로 한다. 자신의 결정론에 따른 것들이 필요하다. 인간이 만든 것은 하나의 창조며, 이 창조는 자신의 목적이 생각과 거의 일치하거나 아니면 멀어지는 만

큼, 몸과 멀리 떨어질수록 자연환경과 대조를 이룬다.

　인간의 작품은 직접적으로 이해하기 힘들수록 순수기하학을 지향한다고 말할 수 있다. 우리 신체와 접촉하는 바이올린이나 의자는 기하학적인 요소가 약하게 나타나지만, 도시는 순수기하학으로 구성되어 있다. 그때 질서라는 것이 만들어진다.

　질서는 인간에게 필수 불가결한 것이다. 질서가 없다면 인간의 행위에는 결집력도, 일관성도 없을 것이다. 인간은 거기에 우수한 생각을 덧붙이고, 공급한다. 질서가 완전할수록, 인간은 편안하고, 안전하다. 인간은 신체를 통해 이 질서를 받아들이고 그것을 바탕으로 만들어진 구축물들을 자신의 정신 안에 쌓아 올리고, 창조한다.

　인간의 작품은 질서 속에 확립된다. 하늘에서 보면, 땅은 기하학적인 형상으로

나타난다. 그리고 만약 우리가, 아주 험한 산으로 오르는 길을 건설한다면, 그 길 역시 명확한 기하학적 기능을 하며, 그 꾸불꾸불한 길은 주위 환경의 혼란 가운데 있는 정밀함이다.

창조의 가장 높은 단계에서, 우리는 가장 순수한 질서를 지향하는데, 그것이 예술작품이다. 원시인의 오두막집과 파르테논 신전 사이의 분류와 평가로부터 넘어온 단계는 무엇인가? 만약 작품이 질서로 되어 있다면, 그것은 시간을 초월하여 존속할 것이며 정신 안에 감탄의 대상으로 남을 것이다. 자연의 모습을 전혀 갖지는 않지만, 자연과 공통된 법칙을 갖는 인간 창조물이 바로 예술작품이다.

다시 한 번 더, 레앙드르 바이아여, 당신은 공포의 자락에서 무엇을 보여 주는가. 비틀리고 추한 것에 대한 당신의 크리스트 교적인 사랑은 내가 빛나게 만들기를 원하는 이 결정체 앞에서 괴로워한다. 당신은 우리가 곰팡내 나는 트리아농 trianons과 같은 양洋 우리에 집착하기를 원하는 유일한 사람은 아니다. 우리는 당신처럼 생각하는 모든 사람들과 함께, 도시계획으로 되돌아간다. 당신과 그들의 반대가 도시와 지방 그리고 조국을 폐허로 이끌고 가기 때문이다. 당신은 환경으로부터 우리를 빼앗고 우리를 죽게 만들 것이기 때문이다. 인간은 자연을 파괴하고 손상시킨다. 인간은 자연과 대립하고, 싸우고, 그곳에 정착한다. 유치하지만 얼마나 훌륭한 작업인가!

인간은 항상 그렇게 하여, 집과 도시를 건설했다. 인간의 질서, 기하학적인 질서가 지배하고, 늘 지배했으며, 그 질서는 위대한 문명을 남겼고, 우리를 자랑스럽게 만들고 우리를 훈계하는 자로 남는 경탄할 만한 지표를 남겨 주었다.

당신의 비틀어진 거리, 비틀어진 지붕은 무기력한 것이며 실패한 것이다. 당신의 위대한 신문에서, 확인할 준비가 되어 있지 않은 사람들에게 결점과 좌절을 증대시키지 마라.

***

선사시대의 호상湖上 도시, 원시인의 오두막, 웅장함을 떠올리는 이집트와 바빌로니아의 집과 신전, 고도의 문화를 지닌 중국 도시 베이징은 한편으로는 돌이킬 수 없을 만큼 인류의 모든 행위와 결부된 직각과 직선을 보여 주고(자신의 모든 도구를 창조하고 그것을 감탄할 만큼 완전하게 함으로써 인간은 실제로 각에서 출발하여 이상적으로 직각에 도달했다), 또 다른 한편으론, 명백한 완벽과 증거인 동시에 지배자들의 영광과 승리에 대한 생각, 여러 종교의 기본 단위인 완전무결한 순수에 대한 생각과 결부될 수 있는 놀라울 정도로 완벽하고, 유일하고, 순수한 체계인, 직각을 통해 표현함으로써, 그 힘과 그 웅대함에 도달할 수 있는 정신을 입증한다.

파리, 모였다가 허둥대며 합쳐지는 군중들로 위험한 마그마magma, 전세계의 모든 중요한 도로들을 이용하는 방랑자들의 백년 묵은 야영지. 파리는 권력의 자리, 세계를 밝히고 싶어하는 정신의 중심. 파리의 밀림 속에서 스스로 파괴하고 손상시켜 난 상처들은 직선과 직각이라는 질서 확립을 지향한다. 그것은 파리의 생명력, 건강, 지속에 필요한 조직이며, 맑고 아름다워지는 것을 원하는 정신적 표현에 반드시 필요한 질서 확립이다.

***

만약 소란스럽고 뒤죽박죽인 지구를 공중에서 내려다보면, 모든 세기에 걸쳐 모든 장소에 대한 인간의 노력이 같음을 알 수 있다. 신전, 도시, 주택, 같은 모습 그리고 인간 척도 치수의 단위 구조로 되어 있다. 본능적으로 인간은 꿀벌처럼 기하학적 단위 구조를 짓는 건설자라 할 수 있을 것이다.

지금 당장 말해 보면, 갑작스럽고 앞뒤가 맞지 않고 허둥거리며, 예상 밖의 고통스러운 침입이 대도시를 휩쓸었던 백년 동안 불의의 습격으로 우리는 의기소침해져 더 이상 행동할 수가 없었다. 그리고 치명적인 결과로 혼돈이 왔다. 움직임 속에서 힘의 현상을 드러내는, 대도시는 오늘날 더 이상 기하학적 정신에 의한 생명력을 갖지 않아 위협적인 파국의 상태에 놓여 있다.

유목민의 야영지

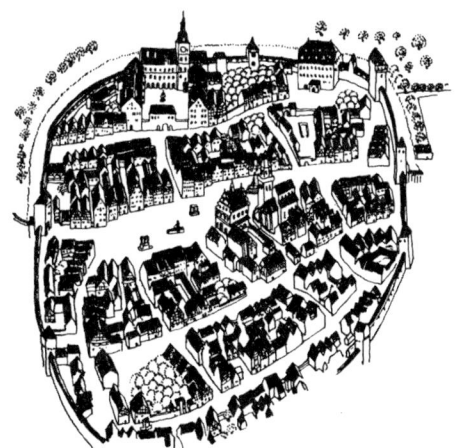

유목민이 정착한 곳(그리고 이곳은 도시계획가를 한껏 편안하게 해 준 마을이다!)

우리는 더 이상 유목민이 아니므로 도시를 건설해야만 한다.

의지 너머로 넘치고, 흐르는, 민족의 고유한 능력을 통해 형성된, 감정은 하나의 도달이며 절대적인 것이다. 감정이 명령하고 이끌어 간다. 감정은 사물의 태도와 깊이를 결정한다.

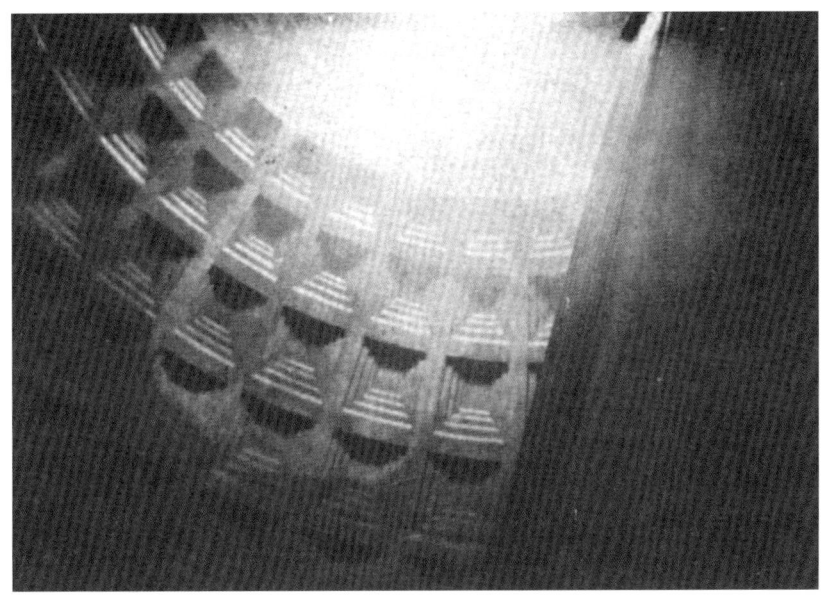

로마 판테온의 쿠폴라, 100

3. 넘쳐흐르는 감정

야만인들은 이동하여, 폐허에 정착했고, 그 수많은 무리들이 유럽의 모든 나라에서, 힘든 삶을 시작하면서 인구가 서서히 증가했다. 고대 로마의 건축물들 가운데 튼튼한 유적들만 남아 있을 뿐이다.

떠돌아다니는 짐수레로, 신전과 도시를 지나가야만 했다. 한쪽 벽은 화재로 붕괴되었고, 다른 한쪽은 허공에 매달려 있지만 그 건축물들의 거대한 돔, 원통형 볼트voûtes(궁륭), 석조 볼트 들은 로마의 시멘트로 유지되고 있었다. 여기에 그 본보기가 있다. 북쪽 지역에서 수레를 만들던 털보 목수가 고대의 문화를 접한 예!

그는 자신의 건축물을 짓기 위해 만들어져 있던 본을 취할 것이다. 사람들이 야만인이었을 때에는, 다른 문명의 이질적인 결실에 쉽게 손을 대지 않는다. 여기에

야만인들의 파괴로 인한 로마의 폐허

대해서는 나중에 이야기하겠다.

　인간은 결코 복제하지 않으며, 그렇게 할 수가 없다. 그렇게 한다면 자연의 질서에 위반될 것이다. 한 문명의 결실은 모든 기술적 수단의 성취에 따라 성숙한다. 기술적 수단은 이성적인 건설자의 노력으로 서서히 첨가된 것이다. 실패 또는 성공과 함께 1, 2, 3, 4 등등을 거쳐 0에서 10까지 올라간다. 그것이 바로 사회의 축적된 자본이며, 그 때부터 그 자본은 그렇게 결정된 정신적 자양분의 구성 요소가 되고, 또 널리 퍼져 이 땅의 여러 시대 가운데에서 인기 있는 시대의 순위에 오르기를 열망한다. 따라서 그것은 획득된 심오한 기반을 바탕으로 한 현실적인 감정이며 문화라는 이름으로 불린다. 어느 시기에는 이 감정의 강도가 그대로 유지되어, 그 생각의 명확함이 너무나 잘 도달되고 그 결정체가 너무나 순수하여, 그 문명의 빛을 비추기 위해서는 한 마디 말만으로도 충분하다. 그리스 문화, 라틴 문화, 서양 문화 등등.

　세습 재산은 어느 누구도 약탈하지 못한다. 50미터 높이의 측백나무 한 그루가 갑자기 떡갈나무 숲에서 자라는 것을 한 번도 보지 못했다. 한 알의 작은 씨, 한 그루의 아름다운 나무가 되기 위해 이백년을 기다려야 하는 그 작은 씨를 결코 보지 못했다. 이것이 자연의 규칙이다. 문화는 단순한 육체노동으로 또는 도시를 표절하는 식으로 게걸스럽게 핥아먹지 않는다. 문화는 우리에게 수세기 동안의 노력을 요구한다.

　따라서 처음에, 고대 양식을 모방하고 싶어하는 북쪽 지역의 수레를 만드는 털보 목수들은 귀엽고 순진한 사람처럼, 아무것도 모르는 상태에서 보이는 것만 보고 시작했을 것이다. 그들로서는 훌륭하게 보였던 판테온에서 출발했을 것이고, 어설픈 복제물들은 와르르 무너졌을 것이다. 그들은 로마의 시멘트와 짓는 방법을 알지 못했고 도구도 갖고 있지 않았을 것이다. 그들은 좌절하여 더 이상 아무것도 짓지 않을 것을 결심하였을 것이고, 1000년경까지 자신들의 도구를 내려놓았을 것이다. 만약 사제司祭들이 더 이상 자신들의 일이 없었다면 부를 얻었을지도 모른다. 사람들은 오지도 않을 세기의 종말을 기다렸던 것이다……. 그 때 사람들은 합리적으로 '지식'의 씨앗을 심었고 수세기 동안 다른 것들이 덧붙여졌다. 그들은 기술적 수단을 창안했고, 도구를 획득했으며, 건전한 훈련을 통해 생각의 결론들을 이성의 작업에 적용하였다. 감정이 순결하고 순수하게, 합법적이고 독창적으로 표현되었다. 1300년에 와서야 성당을 만들었던 것이다!

얼마나 아름다운 모험인가! 판테온에서⁴⁾ 성당까지 도달했고, 고대 문화로부터

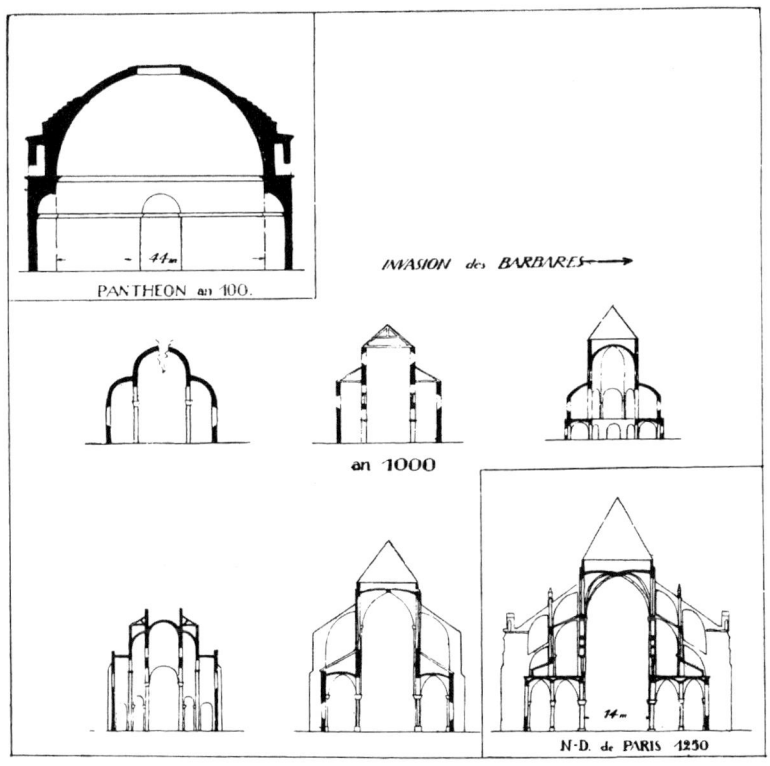

같은 스케일의 이 단면들은 출발점과 도착점을 나타낸다. 판테온은 로마 도구의 강력함을 요약하여 드러내고 명확한 정신 상태를 입증한다. 그리고 그것은 때로는 남부 지역의 감정, 때로는 북부 지역의 감정인지도 모르는 긴 기술상의 싸움이다. 기술적 해결에 접근함과 동시에 빌리고 복제했던 조형 요소나 전통적인 조형 요소들을 포기했으며, 새로운 모든 조형 요소의 체계, 곧 로마 인과는 더 이상 어떠한 공통점도 갖지 않는 한 민족의 갈망과 미학적 능력의 정확한 표현을 도입했다.

중세를 만들었다.

    문화가 어떻게 향상되었는지 말해 주는 과정이 여기에 있다. 개인의 노력에 따른, 습득과 이해를 바탕으로 하여 향상된 것이다. 이해했을 때, 사물의 감정을 얻는다. 그리고 이 감정은 습득한 것으로부터 주어진다. 정신에서 나온 작품과 관련될 때 사람은 표절하지 않는다.

    의지 너머로 넘치고, 흐르는, 민족의 고유한 능력을 통해 형성된, 감정은 하나의

날카로운 형태로, 요철이 심한 실루엣으로, 명백한 질서에 대한 열망과 함께, 그러나 완성된 문명을 증명하는 고요와 균형을 완전히 잃은 성당이 여기에 있다(루앙 대성당).

도달이며 절대적인 것이다. 감정이 명령하고, 이끌어 간다. 감정은 사물의 태도와 깊이를 결정한다.

---

4) 나는 판테온을 로마 건축물의 상징으로 이해한다.

사람들은 판테온에서 출발하지만, 임시방편은 아니다! 성당까지 도달한다. 고대문화에서 중세까지.

중세. 문화를 지향한, 야만인이 그 시대에 있다. 1300년은 끝이 아니고, 여전히 야만인의 시대였다. 여정 旅程은 계속된다. 다른 우리, 우리는 여행길에 있고 여정을 통과하기를 좋아할 것이다.

* * *

감정이 넘쳐흐른다.

감정, 아무도 반대할 수 없는 정언적 명령이다. 감정 ─ 어떤 의미에서는 두 가지 뜻으로 해석될 수 있는 운명 ─ 은 파악되지 않고, 평가되지 않는 소중한 것이다. 그것은 선천적이고 과격한 것이다. 그것은 압력을 가하여, 영향을 끼친다. 좁은 의미로는 직관이라 부를 수 있을 것이다.

그러나 직관은, 본능이라는 좁은 의미의 표방을 넘어 우리를 안심시키기 위해 합리적인 요소의 근거로 정의될 수 있다. **직관은 후천적으로 획득된 지식의 총합**이라고도 할 수 있다(후천적으로 획득된 지식만큼이나 본능도 오래 전부터 후천적으로 획득된 총합이었다고 말할 수 있을지도 모른다).

우리는 드디어 땅에 발을 딛고 행동할 수 있으며, 우리의 행위를 제어할 수 있는 사회 속에 서 있다.

직관이 후천적으로 획득된 지식의 총합이라면(유전적 특성이나, 오래 전부터 내려온 유산遺産 등은 훨씬 더 거슬러 올라갈 수 있다) 감정은 기억된 후천적 지식의 발산물이다. 감정은 그 근본에 이성理性을 갖고 있다. 감정은 이성적 사실이어서, **사람은 그것을 가질 자격이 있는 것**이다. 모든 일에는 대가가 있다.

감정을 훔치지는 않는다.

감정들을 하나의 강력한 묶음으로 다시 모으기 위해서는 지적 능력을 분명하게 해둘 필요가 있지만, 시대가 우리의 손에 맡긴 지적 능력들 ─ 우리가 작품을 만들고자 시도하는 데 사용하는 도구 ─ 은 결국 감정으로서 우리가 체험하게 될 것이다. 이 감정은 세심하고 분명하며, 일상적인 우리의 노력을 넘쳐흐르게 하여, 이상적인 형태로, 양식(양식은 일종의 생각하는 상태다)으로, 문화 ─ 인류가 알고 있는 가장 풍부한 준비 시기 중 한 시기가 지난 후에, 새로운 태도를 확정할 준비가 된 사회의 무수한 노력들 ─ 로 이끈다.

※
※ ※

　우리가 자유로이 할 수 있는 지식 획득을 통해, 선택과 분류를 통해, 진화를 통해 문화는 모습을 드러낸다. 이 분류가 감정의 위계를 설정함으로써, 분류는 감정을 불러일으키는 수단의 선택을 정한다.

　기쁨을 찾기 위해 균형을 이룬 감정으로 나아가는 노력은 당연한 것이다. 균형 =고요함, 수단에 대한 통제권, 명료한 해석, 정돈, 정신적 만족, 치수, 비례―사실은 창조이다. 불균형은 투쟁, 근심, 결단을 내릴 수 없는 어려움, 얽매임, 탐구의 상태를 나타내며, 열등하고 과거의 단계이면서도 예비적인 단계를 표명한다. 불균형-피곤한 상태, 균형-만족한 상태.

　다음과 같이 분류할 수 있다.

　a) 본능적인 인간, 동물적 예민함, 직감, (필요 이상으로 옛 선조들의 정신이 스며 있는) 본능을 갖는 일차적 성향의 인간은 열등하고 원초적인 균형 상태를 창조하지만, 그 스스로는 완벽하다. 또한 야만인이 기하학적인 순수 형태를 사용하는 것을 본다. 이것은 본능적으로 이해하려는 노력이 전혀 이루어지지도 않지만, 피하려고 하지도 않는 보편적인 법칙에 따라 본능적으로 따르기 때문이다.

　b) 문화를 향해 나아가는(어떤 힘에 의해 떠밀리는 것인가?) 민족들은 본능적인 생활에서 벗어나 생각의 유희를 즐기는 확실성을 조금씩 획득하는 연속적인 도약을 통해 불균형의 상태가 된다. 그 여정은 고통스럽고, 지적 知的인 흔적은 있지만, 바로 옆에는 미지의 수렁, 위험한 시도와 실패가 도사리고 있다. 그리고 과잉과 결핍, 지나침과 부족함, 불균형, 치수와 비례의 부재를 통해 드러남으로써 그들의 작업은, 피곤함을 유발한다.

　c) 절정은 모든 방법을 경험한 순간에, 개량된 도구가 이성의 자발적인 행동이라는 완벽한 실현을 확고부동하게 하는 순간에 있다. 고요함은 후천적으로 얻어지고 추정된 힘에서 나온다. 정신은 청명함 속에서 구성된다. 투쟁의 시기가 지나갔다. 구성의 시대가 찾아왔다. 그리고 우리의 정신 속에서 구성하고, 분간하고 측정할 때, 우리는 그것들을 더욱 잘 깨닫고 어울리게 한다. 지금 막 어렵게 견본과 맞추어 본 형태의 무리 속에서, 우리는 가장 순수한 형태를 선택한다. 기하학으로 정신을 평가한다. 우리의 창조물은 동요나 주저함이 아니라, 명백하고 순수한 것이다. 피곤한 상태, 우리는 그것을 털어 버릴 줄 안다. 우리는 조건으로 제약된 형태를 창조

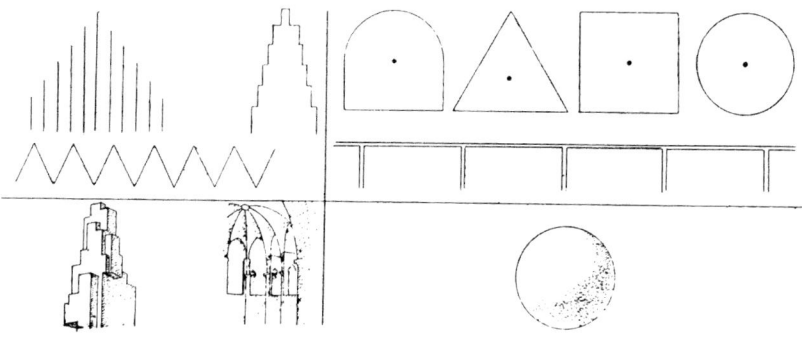

야만주의와 고전주의 상태를 결정하는 데는 이 그림만으로도 충분하다. 알다시피 이 두 상태에서 인간은 위대함에 도달할 수 있고, 그 작품들을 통해 감동할 수도 있다. 그런데도 한쪽은 다른 한쪽보다 훨씬 고결하고, 한쪽은 다른 한쪽에서 시도한 곳으로부터 결론짓는다. 한쪽은 우리에게 완벽의 표상이고, 다른 한쪽은 단지 시도試圖의 표상이다. 한쪽은 우리를 기쁘게 하고, 다른 한쪽은 우리를 거역한다. 예술이 인간 드라마의 유일한 구경거리임을 인정할 수 있지만, 예술은 무질서를 초월하여 우리를 드높이는 임무를 위해, 그리고 우리에게 균형을 보여 주는 자제력을 통해 있는 것이다.

한다. 그것은 하나의 중심, 하나의 기하학을 갖고 있다. 우리가 좋아하는 수학적 정신을 통해 더욱 높고 무념무상의 만족을 지향한다. 우리는 냉정하고 순수하게 창조한다. 이것이 고전적이라 이름 붙인 시대들이다.

감각의 생리학 : 안정 상태
― ― 피로 상태

인간으로부터 나온 모든 것, 그 손으로 만든 창조물, 그 정신으로 만든 창조물은, 인간의 구성물을 암시하는 정신의 복사인 형태 체계를 통해 표현된다. 그래서 형태를 통해 문명의 상태가 분류된다. 즉 어려움과 무지의 밀림을 가로질러 그려진 직선과 직각은 힘과 의지의 명료한 표상이다. 직각이 지배할 때, 전성기를 읽을 수 있다. 그리고 도시가 거리의 무질서한 혼잡으로부터 벗어나, 직선을 지향하고, 직선을 멀리까지 확장하는 것을 본다. 직선을 그리는 인간은 다시 제자리를 찾고, 질서 안에 들어감을 보여 준다. 문화는 일종의 직각 정신 상태이다. 인간은 의도적으로 직선을 창조하지는 않는다. 직선을 그리기 원하고 또 할 수 있을 만큼 강하고, 확고하며, 무장되고 명석할 때, 인간은 직선에 도달한다. 형태의 역사에 있어서 직선의 순간은 하나의 도달이다. 그 뒷면과 이면에 이 자유를 표명하도록 허용한 모든 힘든 작업들이 있다.

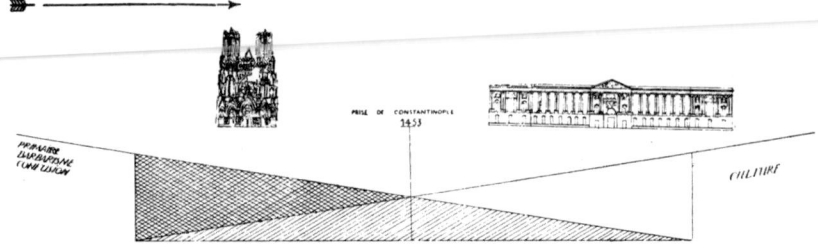

성당이 심술궂게 출발한 것은 아니다. 그것은 정당한 자기 시대에 소박하게 자리를 잡았었다. 서양 사회의 진보가 판테온 이후의 로마처럼 그 때 멈추어 선 것은 아니다. 사회는 근면한 노고勞苦에 몰두했다. 1453년, 콘스탄티노플Constantinople의 점거역주9는 헬레니즘hellénisme의 광명을 우리에게까지 보급시켰다. 여정은 계속된다. 열망, 고통스러운 무지가 지식으로 대체되었다. 정돈된 형태 체계를 통해 기계적으로 표현되어 변경된 정신 상태. 루이 14세 이후 다시 두 세기가 지나갔다. 인간이 현재와 역사 속에서 인간 노동의 전부를 안 것처럼 인간은 도구를 통해 하루 만에 세계의 모든 사건을 안다. 사람은 훨씬 정화된 감정의 질質을 믿을 권리가 있다. 왜냐하면 오늘날의 선택은 무한하고, 사람이 할 수 있기 때문이다.

* * *

현대적 감정의 정의

서양 문명을 통해 쟁취한 우리의 현대 문화는 고대 문화를 소멸시켰던 침입에 그 뿌리를 두고 있다. 현대 문화는 1000년의 좌절을 알고 난 후, 10세기에 걸쳐 서서히 엮어졌다. 중세에 발명된 탄복할 만한 연구열의 첫번째 도구로, 18세기에 위대한 광명의 단계를 기록했다. 이어서 19세기는 역사적으로 가장 놀랄 만한 준비의 시기였다. 이성의 근본원리를 제기했던 18세기 덕분에, 엄청난 노력을 기울였던 19세기에는 분석과 실험에 몰두했고, 완벽하게 새롭고, 놀라우며, 혁명적으로 사회를 변혁시킬 만한 도구를 만들었다. 이 노력의 후계자들인, 우리는 현대적 감정을 인지하고 창조의 한 시대가 시작한다는 것을 느낀다. 다행히도 이전에는 결코 갖지 못했던 효과적인 수단을 마음대로 이용함으로써 우리는 현대적 감정을 통해 강제로 밀어붙였다.

이 현대적 감정은 기하학적인 정신, 구성적이고 종합적인 정신이다. 이 정신의 기본 요건은 정확성과 질서다. 정확성과 질서가 우리에게 가능한 것처럼 우리의 수단도 그렇다. 우리에게 현실 수단을 제공해 준 악착스러운 노고는 열망, 이상, 준엄한 경향, 불가항력적 요구인 감정을 우리 마음 속에 심어 주었다. 이것은 세기의 열정일 것이다. 우리는 어떤 놀람으로 낭만주의의 발작적이고 무질서한 도약을 주시할 것인가?

용암 분출을 유발했던 분석의 노력 안에서 이루어진 반성의 시기. 더욱 많은 분출은, 심각한 개인적 경우를 야기한다. 풍부한 수단은 우리를 보편에 이르게 하며, 사실을 투명하게 평가하도록 한다. 우리는 열정적 산물인 개인주의보다, 평범하고 공통적인 것을 선호하며, 예외적인 것보다 규정을 선호한다. 공통적인 것, 규정, 공통의 규정이 진보와 아름다움을 향한 발전의 기본 전략처럼 우리에게 나타난다. 보편적인 아름다움은 우리를 매혹시키고 서사적인 아름다움은 연극적인 에피소드처럼 보인다. 우리는 바그너Wagner보다 바흐Bach를, 그리고 성당의 정신보다 판테온의 정신을 선호한다. 우리는 **문제의 해결**을 좋아하며, 걱정스런 마음으로 좌절을 바라본다. 그 좌절은 아마 장엄한 비극이 되었을 것이다.

우리는 바빌로니아의 명쾌한 질서를 열정어린 눈으로 바라보고 루이 14세의 맑은 정신에 경의를 표한다. 우리는 지표가 된 이날을 알리고 또 태양 왕이, 로마 시대 이래, 서양 최초의 도시계획가임을 믿는다.

우리는 세계를 통해 거대하고 산업적이며 사회적 힘이 가득한 것을 본다. 우리는 소란에서 벗어나, 질서화되고 논리적인 열망을 지각하고 그것이 우리가 소유한 현실 수단과 일치함을 느낀다. 새로운 형태가 태어난다. 세계는 새로운 태도를 창조한다. 고대 유적들은 와르르 무너지고, 균열이 생기며, 흔들린다. 그 보존에 불리한 압력을 따르면서도, 적당히 수습되기를 바라면서 사람들은 새로운 발전에 매달린 고리로 고대 유적의 절박한 추락을 조절한다. 반작용에 대한 힘은 작용에 대한 힘임을 드러낸다. 말로 다 표현할 수 없는 전율은 모든 것을 흔들고, 낡은 기계를 고장나게 하며, 시대의 노력을 밀어내어 방향을 돌리게 한다. 새 시대가 시작되고 새로운 사실이 찾아온다.

그리고 시작하기 위해 인간에게는 집과 도시가 필요하다. 집과 도시는 모든 통제를 벗어나 새로운 정신으로부터, 현대적인 감정으로부터 넘쳐흐르는 듯하지만, 우리 조상들의 굼뜬 작업의 결과인, 불가항력의 힘에서 나온다.

이것은 가장 힘든 노고로부터, 가장 합리적인 탐구로부터 나온 감정이며, '명쾌한 개념으로부터 인도된 구성적이면서도 종합적인 정신'이다.

현대적 감정에서 나온 작품을 붙일 것

먼저 이것은 기만하는 것이지만, 깊이 생각해 보면 용기와 믿음을 주는 것이다. 위대한 산업 활동에 위대한 인간은 필요하지 않다.

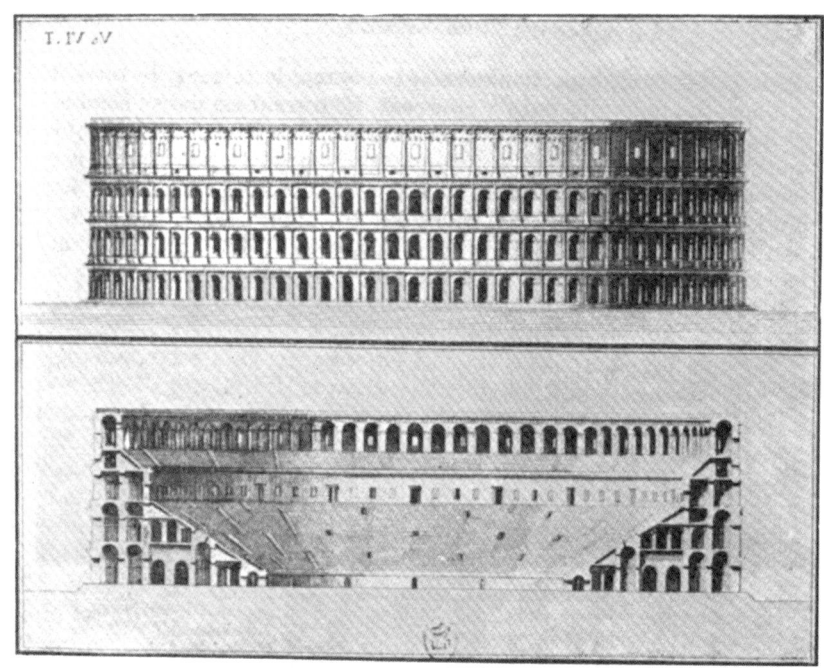

사진 : 지로동Giraudon, 로마의 콜로세움

4. 영속성

먼저 이것은 기만하는 것이지만, 깊이 생각해 보면 용기와 믿음을 주는 것이다. 위대한 산업 활동에 위대한 인간은 필요하지 않다. 위대한 산업 활동은 빗속에서 물통에 빗물을 한 방울 한 방울 채우는 것처럼 실행하는 것이고, 이것을 실현한 것은 격류처럼 엄청난 것이 아니라, 모여진 물방울처럼 큰 것이다. 그렇지만 작품은 당당하며, 격류처럼 엄청난 것이다. 격류는 그곳에서 노력하는 개체를 넘어선다. 격류는 **인간** 안에 있지만, 개개의 특정 인물들 안에 있는 것은 아니다. 오늘날 우리에게 너무나 강렬하게 충격을 준 이 시대의 산업 작품들은 유한하고, 긍정적인 생각을 지닌, 평온하고, 온건한 사람들에 의해, 기술자들에 의해 만들어진다. 기술자들은 괘선을 친 종이에 덧셈을 하고, 자연의 힘을 방정식으로 엮어 내어 알파(α)와 델타(δ)로 나타내며, 계산자의 유표遊標를 아무렇지도 않게 끌어당겨서 대수롭지 않지만, 불가항력적인 결정에서 나온 숫자들을 읽는다. 그들은 우리 마음 속의 시인詩人으로서, 우리를, 열정의 끝으로 데려다 주고, 우리를 감동시킨다. 이것은 사실이며, 날마다 검토한, 이론의 여지가 없는 것이다. 이것은 매우 유감스러운 것이다.

이성의 산물을 열정의 산물과 잘 구별해야만 한다. 사실 합리적인 인간은 항상 어떤 열정을 갖고 있다. 그리고 고도의 합리성을 갖고 있는 인간은 이러한 열정이 내재한다는 것을 알지 못한 채, 계산자의 유표를 쿡쿡 두드리는 행위에, 열정을 기울일 것이다. 그러나 그것은 보잘것없는 아주 작은 열정에 지나지 않는다. 열정, 그것은 이성의 움직임, 얼음같이 차가운 열정이거나 끓어오르는 열정, 세심한 열정이거나 넘쳐흐르는 열정이 아닌 움직임으로 우리를 밀어붙이는 것이다. 그것은 곰곰이 생각한 끝에 인간 존재를 결정하고 사물에 대한 결정적인 감동을 정하는 감정의 잠재력이다. 왜냐하면 우리는 앎에 제약을 받기 때문에, 언제나 이성에 의

1847년. 사람들이 일요일에 보러 갔던 파리 북부역gare du Nord의 기관차

1923년. 3시간 만에 주파하는 파리-브뤼셀Paris-Bruxelles 간 기관차로, 위의 그림과 같은 스케일의 것이다.
1847년. 거품 같은 땀을 내며 치달리는 종마種馬……
1923년. 당당한 종마……
1950년. 끝내주는 종마……
감정 불변, 기계로 만든 물체의 위대함과 몰락

1923년. 뉴욕, 신세계의 발견. 사람들은 시집詩集 『뉴욕』을 출판한다. 열광, 찬탄. 아름다움? 천만의 말씀. 혼동, 혼란, 커다란 이변, 개념의 갑작스런 붕괴가 충격을 준다. 그러나 아름다움은 전혀 다른 것에 관심을 갖는다. 먼저 그것은 그 바탕에 질서를 내포하고 있다.

한 가장 최근의 경험보다 높게 가치를 매긴다. 이성은 항목을 계속적으로 더하는 무한대를 향해 열려 있는 회계 장부와 같다. 그것은 보태지지 않는 좁쌀 한 톨이 아니다. 좁쌀 한 톨 한 톨은 썩어 없어지지만 누적 현상은 지속된다. 인간의 열정은, 인간이 인간인 이래로 변함이 없다. 그것은 태어남과 죽음 사이에 걸쳐 있는 것이다. 그 폭은 우리에게 인생에서 변하지 않는 것처럼 보이는 고귀함과 천함을 통해 제한된다. 바로 거기에 인간 작품의 영속성을 평가하는 측정 도구가 있다.

이성의 작용이 끝없이 더해져, 그 곡선은 상승한다. 이성의 작용이 **도구**를 창조한다. 이를 진보라고 부른다. 열정의 감정은 불변한다. 그 감정은 높든 낮든 천년 동안 변하지 않은 두 기준 사이에 있다.

감동적이고 위대한 예술작품이 열정과 앎의 행복한 통합에서 태어난다는 가정은 위험할 수 있다.

일반적으로 기계의 톱니바퀴처럼, 사람은 정해진 길을 정확하게 따라가는 것처럼 보인다. 사람의 작업은 규칙적이며, 어느 정도 한정된 범위 안에 고정되어 있다. 그 시간표는 냉혹하며, 정확하다. 한 해年는 달月로 나뉘어—그것을 보답한다. 한 주週는 나뉘어—일요일이, 하루는 나뉘어—수면을 보답한다. 시간도 이와 같다. 그런데도 랑드뤼Landru^{역주10}나 솔레이랑Soleiland 같은 사람도 있었지만, 숨겨진 것 이상으로 도덕적이고 찬탄할 만한 장려함도 얼마나 많이 있었는가. 인간이 규칙적인 작업을 만들고, 더했다. 그러나 아주 작은 불꽃이나 작은 불씨가, 감상적인 삶에 생명을 준다. 인간의 작업을 통해 나온 생산품, 이 작업의 질을 떠나서, 인간의 운명을 이끌고 가는 것은 바로 감상적인 삶이다. 좁쌀 한 톨, 장엄한 큰 바위, 이 모든 작업이 조용히 평화롭게 더해진다. 곡선은 케이블의 궤도를 따라 올라간다. 그러나 열정은 싸워서 죽이거나 명예로운 투쟁, 제거, 패배 또는 지배 등으로 마구 뒤얽힌 경주이다.

일반적으로 우리는 운반되는 술통 속의 포도주처럼 우리의 열정 안에 있다. 우리는 어느 테이블을 시중들어야 하는지를 알지 못한다. 인류의 위대한 작업은 점점 더 대담해질 뿐만 아니라 신의 분노를 살지도 모르는 무모함으로 만들어진다. 덧셈, 계산자, 괘선을 친 종이, 우둔할 정도로 고요함. 우리는 이것을 명백한 예를 통한 '우리의 능력'을 검토해 나가면서 뒤에 보게 될 것이다. **하찮은 운명에도 복잡한 구성이 있는가 하면, 완벽한 규율로 당당한 실천을 지향하는 작업의 엄밀성**도 있다. 이것은 매우 유감스러운 것이다.

시인은 거기에서 작품의 영속성을 판단하고 분간한다. 왜냐하면 그는 덧셈과는 멀리 떨어져 있으며 열정의 기복이 있는 곡선을 좇기 때문이다. 실용적인 목적 너머, 그는 불멸인 것, **인간**을 탐구한다.

기술자는 한 알의 진주, 알겠다. 그러나 그는 목걸이에서 **인접한** 두 알의 진주만 보고 깨닫는데, 이것은 직접적으로 바로 앞의 원인에서, 즉각적으로 기인하는 결과까지의 편협한 연구에 지나지 않는 것이다. 거기에 바로 좋은 기술자, 하나의 정해진 실재가 있다. 시인은 목걸이 전체를 본다. 그는 이성과 열정으로 개개인을 본다. 개개인의 뒤에서 그는 **인간의 본질**을 발견한다.

이 본질은 완벽으로 해석될 수도 있다. 그것이 숭고한 것이 될 수 없다는 이유는 이론적으로 없다.

이 신성함, 이 불후의 것은, 여러 번 표명되었고 우리가 아직도 기다리는 하느님을 알아보는 지표, 즉 흑인 신들의 이미지, 이집트 신들의 이미지, 파르테논들, 위대한 음악들……로 남겨 둔다.

여기에 참으로 문제되는 것은 지속되는 것이다.

여기(19세기)까지 도구는 너무 엉성하여, 완벽과는 거리가 너무나 멀어, 정열을

역사적인 자료, 그림 우편엽서. 통속적인 감동. 기술적인 사건이 시적 진실을 불러일으킨다. 이 감동은 어떤 음량, 어떤 음의 길이로 되어 있을까?

희생시켜 가면서 관심을 독점할 수가 없었다. 달리 말해 정열은 마음을 사로잡는 현상으로 비치는 것이다. 뜻밖에 큰 혁명이 최초로 인류의 역사에 찾아와 우리의 균형을 뒤엎었고, 즐거움을 짓이겼으며, 잃은 것에 대한 고통과 지금까지 인지되지 않은 미래에 대한 걱정을 우리에게 남겨 주었다. 여기에서 우리는 경탄의 대상에 대한 질서와 예부터 내려온 위계질서를 교란시킬 만큼 뛰어나고 가공할 만한 도구를 갑작스럽게 갖게 된 것이다. 너무나도 멋진 사건이 너무 짧은 기간에 우리를 습격했다. 우리의 판단 기반이 흔들린다. 우리는 우리를 조롱하게 될 가치로 돌아설지도 모른다. 우리는 여기에 기대를 한다. 이성에? 정열에? 두 경향은, 상반된 두 개인, 즉 한 사람은 뒤를 보고, 다른 한 사람은 앞을 본다. 한 시인은 폐허 위에서 힘을 잃어 가고, 다른 한 시인은 살해될지도 모른다.

　노예 근성을 가진 사람들은 그들의 과거 안에 남겨 두자. 그러나 동시대의 진실을 향한 그들로서는 어지럽힘眩惑이 너무 크다. 그들은 숫자에 도전하면서, 자신의 작품에서 인간을 박탈한다. 이것이 철의 시대이며 반짝거리는 철은 우리를 황홀하게 만든다. 사람들은 기계의 아름다움이 영속성의 새로운 성문화成文化인 것처럼 선언한다. 우리가 잘못된 생각을 향해 걸어가는 곳이 바로 여기에 있다. 나는 그것을 증명하고 이어서 인간 작업에 용기도 주고 확신에 찬 걸음의 증거를 제시하기 위해 하나의 간단한 논증을 시도할 것이다. 그리고 "이것은 매우 유감스러운 것이다"라는 말과 함께 "이것은 매우 고무적인 것이다"라고 말하고 싶다.

기계의 아름다움에 대한 평가를 시도하자. 만약 기계의 아름다움이 **순수이성**에 속한다면, 문제는 확실하게 해결될 수 있을 것이다. 기계 작품은 소멸하게 될 것이다. 모든 기계 작품은 그 이전의 것보다 훨씬 아름다울 것이고, 앞으로 다가올 것에 의해 사라질 것이다. 그래서 일시적인 아름다움은 금방 우스꽝스럽게 될 것이다. 그런데 실제로는 그렇지 않다. 정열이 계산으로 가득한 엄밀성에 개입한다. 기술자는 보 단면을 계산한다. 보 단면이 받는 응력에 대한 시험은 휨 모멘트, 인장 모멘트, 관성 모멘트로 이루어진다. 그러나 관성 모멘트는 보의 높이(춤)와 폭에 영향을 받는다.

따라서 기술자는 흔히 자신이 좋아한다는 이유만으로 보의 높이를 선택하고, 그에 따라 폭이 결정된다. 개인, 취향, 감정, 정열의 개입에 따라 보가 무거워지거나 가늘어진다. 똑같은 사실을 더욱 넓은 범위의 작품들에까지 확대한다면, 여러분은 정열이 개입함을 확인할 수 있을 것이다. 따라서 효율이 같은 두 기계를 놓고 한 기계가 다른 기계보다 아름답다고 말한다. 여러분은 프랑스, 독일, 미국의 기계로부터 그 아

여기 철의 시대가 왔다, 혼란의 시대. 인정된 권위에 대한 질서를 혼란시키는 새로운 스케일이 개입하는 순간, 사람들은 깜짝 놀란다. 무엇인가 있다. 서정시, 계산의 시詩…. 그러나 회전 놀이기구는 1920년에 이미 파괴되었다. 판결은 내려졌고, 우상은 끌어내려졌다.

름다움을 분간한다. 기계는 생존하기 시작하고, 모습과 정신을 가지며, 그 흥망성쇠의 요소는 문제가 아주 단순한 계산을 넘어서 확대되는 것과 동시에 감소한다. 그 때 시간이 허락할 시기가 기계에 포함될 수 있을 것이다. 위스망Huysmans[역주11]의 조급한 서정시를 불러일으켰던 사납게 날뛰는 종마, 증기 기관차는, 폐기된 고철로 녹슬어 방치된 것에 지나지 않는다. 다음 살롱전의 자동차는 시트로앵Citroën이 오래 전부터 센세이션을 일으킨 차체의 완충장치를 실현한 것을 준비하고 있다.

그러나 로마의 수도교는 지속되었고, 콜로세움(원형 경기장)은 여전히 경건하게 보존되고 있었으며, 님의 수도교pont du Gard도 제자리에 그대로 있었다. 그리고 가라비 교pont de Garabit(에펠)가 우리에게 준 감동은 지속될 수 있을까? 여기서 추론은 충분치 않으므로 오랜 세월이 흐른 다음의 판단에 맡긴다. 동시대 산업 작품의 미래를 에워싸고 있는 신비가 어디에서 시작되는지는 지금 알 수 없다. 우리의 열광은 크며, 그 열광의 근원은 종종 아주 건전하다. 인간의 정열이 사라졌을 때, 작품은 세월과 함께 지속될 것이다.

그러나 이것은 위험한 판단이다. 왜냐하면 기술자가 열정적인 사람일 수 있지

새로운 구경거리, 새로운 치수, 새로운 기관, 새로운 주기의 조짐. 단번에 시인은 예견한다. 그는 새로운 스케일의 도시를 본다. 그는 지금 이와 같은 증거들을 통해 위대한 시대가 시작되고 있음을 안다.
에펠Eiffel에 대한 존경. 50년 후, 오늘날에도 여전히 사람들 사이에서는 에펠에 대한 찬성과 반대가 분분하다. 진실에 반박하기 위해 몸을 일으킨 살아 있는 시체들은 항상 있게 마련이다. 도시가 에펠탑의 스케일과 어울릴 때, 그 탑의 영속성에 대한 문제가 제기될 것이다.

님의 수도교. 고대 로마 시대의 것으로, 영광의 판테온과 같은 위치로 분류. 계산에 압도되었다.

않을까? 그것은 살얼음판을 걷는 것과 같을 것이다. 아니, 도구는 더 이상 발전하지 않을지도 모른다. 기술자는 고정된 지점, 즉 계산만 하는 사람으로 남아야 하며, 자신에 대한 도덕은, 이성 속에 머물러 있어야만 한다.

여기서 개인의 정열은 집단현상을 구현할 권리만 가질 뿐이다. 집단현상은, 통례적으로 제약된 한 시대의 마음 상태로, 마치 특수성 안에, 지속적인 커다란 운동을 통해 있는 것과 같다. 이 운동은 순수한 산물, 즉 감동적인 수학적 평균을 가르치고 기재하거나 향상시키는 것이다. 왜냐하면 이 수학적 평균은 하나의 동일한 모양과 전원일치의 열정을 여러 사람에게 제공하기 때문이다.

냉정한 회계를 통해 한 시대의 +와 −의 가치가 표기되었다. 그리고 계산에 의한 작품은, 말할 것도 없이, 일반적이면서도 인간적인 본질의 높낮이를 재는 인간 계량기로 돌아가는 이 열정을 통해 지지된다고 느꼈다.

그래서 계산에 의한 작품 앞에서 사람들은 고도의 시적 현상에 직면한다. 개인은 그에 대해 책임이 없다. 작은 단위가 더해져 필요한 전체를 만든다. 내재된 자신의 능력을 실현하는 것은 바로 인간이다. 제한된 노동보다 높게 모두에 의해 고양된 기단, 한 시대의 양식.

그리고 이것은 매우 고무적이다. 인간을 위대하게 만든다.

이 높은 단壇 위에 불멸의 작품들, 즉 신들의 상이나 파르테논을 세울 천재가

가라비 교(에펠)

나타나게 된다.

　도시는 계산에 의해 만들어진 지역에 깊숙이 닻을 내린다. 기술자 대부분이 도시를 위해 일한다. 따라서 도시의 도구가 구성될 것이다. 이것은 유용하면서도 소멸될 수밖에 없는 것을 위해 필수적일 것이다.

　그리고 도구는 여전히 도시에 남아 머무를 것이고, 그것은 계산과는 별개의 결과에서 나온 것일 것이다.

　계산을 초월한 모든 것이 바로 건축일 것이다.

사진 : 알리나리 Alinari, 비젠차에 있는 팔라디오의 빌라 로톤다 Villa Rotonda de Palladio à Vicence

기쁨의 반대인 절망은 서서히, 교활하게 시작되도록 유지해야만 한다. 절망의 도시. 도시의 절망!

피사 원통, 구, 원추, 입방체

5. 분류와 선택(검토)

> 그것은 도시에서 여전히 지속될 것이다.
> 따라서 계산과는 별개의 결과에서 나올 것이다.
> 계산을 초월한 모든 것이 바로 건축일 것이다.
> 『에스프리 누보』[역주12], 제20호

도시의 객관적 사실과 관련하여 우선 시각적 반응, 시각의 범위를 따른 결과로 나타난 피로와 편안, 기쁨이나 실망, 고상함과 긍지 또는 무관심, 혐오와 반항에 대해서 살펴보자.

    도시는 일종의 소용돌이다. 도시의 느낌을 분류하고, 그 감각을 식별하며, 치료법과 효험 있는 방법을 선택해야만 한다.

눈에만 관심을 갖자. 귀, 폐, 다리는 나중의 일이다.

눈은 보고, 머리는 기억하며, 심장은 고동친다. 짐승에게도 선택된 인간에게도 다 작용하는 동시적 현상.

근육을 마사지하고 심장을 흥분시키는 것에 대한 실험 후, 우리는 중대한 결정을 할 것이다. 우리는 도시의 **기계적 기능**보다 **도시의 영혼**이라 부를 수 있는 것을 상위개념에 놓을 것이다. 도시의 영혼은 생활방식에 대한 실용적인 행동에 쓸데없는 구경거리나 단지 시詩에 불과한 것이며, 우리의 존재, 엄밀하게 말해 특수한 상태와 결부된 절대적 감정이다. 도시의 기계적 기능은 순응하는 것에 지나지 않는다. 그것이 내맡겨질 때 사람들은 완벽해진다. 사람들은 싫든 좋든 불편함에 적응한다. 그런데 지위를 빼앗긴 미래의 기계적 완벽성이 사라질 때 이런 사람들은 사라진다.

이 연구 이후에 도시의 기계적 기능에 절대적 위치를 부여함에도 불구하고, 우리는 이 기계적 조화가 우리의 감각 존재에, 우리의 행·불행의 비밀을 쥐고 있는 감각 조직에 결부된 심오하고 결정적인 감각들을 파악하지 못하고 남아 있기를 원한다.

비잔티움 7개의 탑, 수평선과 중심축, 흰 대리석

행·불행을 걱정하면서 행복을 창조하고 불행을 쫓아내는 일에 몰두하는 도시계획이야말로 이 혼란의 시기에 어울리는 과학이다. 이러한 과학을 불러일으키는 그와 같은 몰두는 사회 시스템의 중요한 변화를 밝혀 내는 것이다. 한편, 몰두는 이기적인 갈망을 향한 힘들과 어리석은 개인주의적 돌진을 고발한다. 이 돌진이 도시를 대규모로 만든다. 이것은 대조를 통해, 위기에 대한 자동적인 복원을 입증한다. 명쾌하고, 건설적이며, 창조적인 목표를 향해 강력한 의지를 내비치는 연대의식, 자비, 선의의 사랑의 복원. 인간은 언젠가는 창조행위를 재개하는데, 그 때는 행복의 시기다.

이스탄불 선율旋律은 가장 감미로운 형태의 결함을 보상한다.

고통 또는 기쁨

재난의 도시 뉴욕, 지상 천국의 도시 이스탄불.

뉴욕은 사람들에게 감동과 충격을 주는 도시다. 알프스 산맥도, 폭풍우도, 전쟁도 모두 그러하다. 뉴욕은 아름답지 않다. 만약 뉴욕이 우리의 실제 활동에 자극을 준다 하더라도 우리의 행복한 기분은 상처를 입게 될 것이다.

확인해 보자. 두 개의 느낌, 즉 거북함과 편안함이 우리와 관계된다. 앞(**넘쳐흐르는 감정**)에서는 야만 상태와 고전주의 상태에 관한 두 개의 도식圖式을 제공했다. 생리적 반응에 대한 현 상태의 정신적 결과로 인해, 사람들은 그것을 이렇게 표시한다. 거북한 상태와 편안한 상태로. 선이 일정한 리듬 없이, 접혀지고, 어긋나며, 불규칙해질 때마다, 형태가 날카로워지고, 뾰족해질 때마다, 우리의 감각은 고통스럽고, 비통하게 작용할 것이다. 우리의 정신은 이 혼란, 이 무자비, 이 공손함의 결핍으로 슬퍼할 것이다. '야만인'을 생각할 것이다. 선이 일정하게 이어질 때, 형태가 명쾌한 규정으로 조건지어져 단절되지 않고 완전히 감싸질 때, 우리의 감각은 희망을 갖게 될 것이다. 우리의 정신은 몹시 기뻐, 자유로워지며, 혼돈을 벗어나, 빛으로 충만하게 될 것이다. 우리의 정신은 '자제력'을 생각하고, 그것은 증대할 것이다. 그리고 우리는 웃을 것이다.

바로 여기에 생리적이고, 부정할 수 없는, 근본이 있는 것이다.

도시는 접혀진 선으로 우리를 짓누른다. 하늘은 그곳에서 톱니 모양으로 부서졌다. 우리는 어디에서 휴식을 취할 수 있을까?

예술의 도시에서 우리는 형태가 중심과 축을 따라 실현되고 정돈된 곳으로 갈 것이다.

수평선, 멋진 프리즘, 삼각뿔, 구, 원통형. 우리의 눈은 그것을 순수하게 바라보고, 기뻐 어쩔 줄 모르는 우리의 정신은 그들로 인해 드러나는 선의 정확성을 계산한다. 청명함과 기쁨.

북쪽으로 향하면, 성당의 가시 같은 첨탑은 신체의 고통, 고뇌하는 영혼의 드라마, 지옥과 연옥에 지나지 않는다. 그리고 희미한 빛과 차가운 안개 속의 전나무숲에 지나지 않는다.

우리의 신체는 태양을 갈구한다. 그곳에는 그림자를 투영하는 형태가 있다.

* * *

1. **페라** péra 상인, 해적, 금광을 찾는 사람들이 있는 도시의 톱니 모양
2. **이스탄불** 첨탑 minarets의 열정, 나지막한 돔들의 평온. 사려 깊은 알라 신, 그러나 동양에서는 불변의 신
3. **로마** 기하학, 집요한 질서, 전쟁, 조직체, 문명
4. **시에나** Sienne 중세의 고통스러운 혼란, 지옥과 천국

이스탄불 사원의 첨탑에서 기도 시간을 알리는 승려, 물 담뱃대, 완만한 묘지. 과거, 현재, 내세-불변. 프리즘 형태로 만들어진 애수에 젖은 작품

교향악

미각을 잘 살린 메뉴의 다양함을 음미하는 것처럼, 우리의 눈은 질서를 향유할 준비가 되어 있다. 이것은 양量과 질質의 관계이며, 이 관계가 기능을 통합하도록 한다.

언제까지나 같은 방향으로 눈을 집중시키지 마라. 눈이 피로하다. 그러나 경관을 '둘러'보는 데 주의를 기울이면, 마치 잠이 달아나는 것처럼 산책길이 지겹지 않을 것이다.

눈 뒤에는 총명하고 민첩하며, 관대하고, 풍요롭고, 상상력이 풍부하고, 논리적이고, 고귀한 정신이 있다.

눈앞에 보이게 될 사물은 여러분에게 기쁨을 줄 것이다.

비잔틴Byzance 발렌시아Valens의 수도교. 들판에서 나온 거대한 수평선이 일곱 개의 구릉 위에서 큰 흐름을 이룬다.

이스탄불 수직선으로 이루어졌지만 순수한 프리즘 위에 서 있다. 고딕이 알지 못했던 헬레니즘 문화

 이러한 기쁨의 곱절, 그것은 한 인간이 자신의 모든 재능 위에 씨를 뿌려 거두어들인 모든 것이다. 이 얼마나 훌륭한 수확인가!
 여러분이 시동을 거는 매혹적인 기계, 앎과 창조. 교향악. 형태들을 통해 만져지는 것, 그리고 형태들이 어떻게 생성되었고, 어떤 관계로 이루어져 있으며, 그 형태가 선택된 이미지로부터 구성된 집합 속에서 어떻게 분류되는지 안다. 자신의 정신 안에서 측정하고 비교하라. 작가의 더할 수 없는 즐거움과 고뇌에 스스로 동참하라……. 우리의 감각과 정신이 환희로 가득 차지 않는다면, 인간이 위대한 가치를 지닌 가장 중요한 증거가 인정되지 않는다면, 우리는 예술의 도시인 순례지에 무엇을 하러 갈 것인가. 그리고 이러한 확신이 주는 기쁨을 그대로 느껴라. 왜냐하면 우리의 '사소한 역사들', 안락함, 돈, 바지의 주름 등은 이러한 확신에 대한 기쁨 앞에서 빛이 바래기 때문이다. 위대함을 느낀다!
 기쁨의 반대인 절망이 생기지 않도록 조심해야만 한다. 절망적인 도시. 도시의 절망! 아아, 여러분의 도시에 절망의 씨를 뿌린 시청 관계자 여러분!
이러한 일들이 허다하게 존재하는 걸 어찌하랴!

* * *

도시는 눈의 자선을 통해, 기쁨이나 절망, 고귀함, 금지나 반항, 불쾌감, 무관심, 편안함이나 피곤함을 베푼다.

이것은 형태의 선택 문제다. 그러나 여기에는 준비된 형태, 루이 14세, 바로크나 로코코 스타일, 존경할 만한 시체를 되돌아볼 수 있는 장기臟器와는 전혀 관계 없다.

곧 다가올 도시는 **그 안에** 가공할 만한 기계, 힘센 황소, 정확하고 무수한 기계를 갖춘 공장, 곧장 나아가는 태풍을 갖게 될 것이다.

그러한 형태와 관련된 형태들은 계산을 초월하여, 우리의 리듬으로 감싸질, 순수기하학의 영원한 형태들이며, 또 시詩로 무장되어 그 아래에서 꿈틀거릴 냉혹한 기계다.

눈은 거칠어지거나 부드러워질 수 있다.

영혼은 감동되거나 흥분될 수 있다.

시청 관계자들의 일정에 순서대로 기록되는 **형태의 문제**, '유해한 일부 형태의 금지와 유익한 형태의 탐구와 관련하여 취할 결정들'.

티베르Tibère 섬, 오래된 동판화에 의함

터키의 격언 : 사람은 집을 짓는 곳에 나무를 심는다.
. . . .
우리 나라에서는 나무를 벤다.

베니스 총독관저. 수많은 창의 통일성으로 산마르코 광장Piazza San Marco의 이 거대한 벽은 마치 거실의 평활한 칸막이 벽 같은 역할을 한다. 같은 요소의 반복은 벽에 무한하지만, 명료한 본질을 갖는 타입으로 요약되어 이해할 수 있는 어떤 크기를 제공한다. 산마르코의 비둘기들도 같은 모듈로 더해진다. 그리고 이것은 다양한 사건이 아니라 결과론적인 사건이다.

6. 분류와 선택(시기적절한 결정)

"그것은 도시에서 여전히 지속될 것이다.
따라서 계산과는 별개의 결과에서 나올 것.
계산을 초월한 모든 것이 바로 건축일 것이다."
『에스프리 누보』, 제20호

우리의 감각을 알았기 때문에, 우리의 기쁨을 위해, 효험 있는 치료법을 선택하자.

∗ ∗

도시는 혼잡하지만, 어쨌든 분류된 기관들과 윤곽을 갖는 몸이다. 우리는 이 몸의 성격, 본성, 구조를 이해할 수 있다. 도시 전체의 원리가 규명되기 위해서는 도시 전체가 충분히 맥락적이라야 하므로 도시에 대한 검토는 과학적 작업의 틀에서 이루어진다.

도시의 지리적·지형적 상황, 도시의 정치·경제·사회적 역할을 통해 도시의 진화 과정을 파악할 수 있다. 도시의 과거, 현재 그리고 그 내부의 술렁임에서, 그 발전의 곡선을 평가할 수 있다. 통계, 곡선은 a, b, c 등등이며, x집단과 y집단이 어느 정도 근사치로 미리 계산될 수 있는 방정식이다. 만약 방정식을 적용할 때, 예상치 못한 변화로 수치가 변경된다면, 최소한 방정식을 푸는 **의미**가 정당할까. 이 **의미**는 중요하다. 이것은 예측을 가능하게 한다.

예측은 꼭 필요하면서도, 없어서는 안 되는 절박한 것이다.

그 다음에 유용한 결정을 내림으로써, 다음 날의 여유를 남겨 둘 수 있는 것이다.

＊ ＊

총체적으로 도시의 발전은, 단 하나의 명령(시 행정위원회)에 달려 있어, 통일되고 응집된 느낌, 즉 안정감을 줄 것이다.

세부적으로 개개인이 작은 단위(집)를 갖는 개별적 작은 단위군의 출현을 허용하는 이 발전은 부조화를 지향한다. 심각한 위협이다. 아마 피할 수 없는 숙명이며, 그 피해는 도시계획 안에서 건축가의 원래 역할인 인위적 수단을 통해서만 억제될 수 있을 것이다. 예를 들면, 같은 종류의 대가족적 분위기로서의 작은 단위군들의 집단인 파리의 리볼리 거리rue de Rivoli, 방돔 광장place Vendôme, 보주 광장place des Vosges, 베니스의 총독관저Procuraties, 낭시Nancy의 카리에르Carrière와 스타니스라스Stanislas 광장을 만들었다. 이들은 거주자의 내적 만족, 높은 시민의식의 합법적 출현에 확실하게 참여할 뿐만 아니라, 토스 쿡 회사Thos Cook and Co.의 행운에 협력하는 탁월한 장점을 갖는 배열로 되어 있다.

따라서 상황은 다음과 같이 나타난다. 개괄적인 예측에서 강력하게 위협하는 세부적인 미지의 것까지.

세부적인 것, 그러나 그것은 도시 전체다. 왜냐하면 세부적인 것은 주택 한 채의 수십만 배나 되기 때문에, 도시 전체가 된다.

도시 전체는 이 작은 단위들의 상태, 예측할 수 없는 상태에 있는 것이다!

만약 도시에서 정해진 길을 따라, 정신이 전체적으로 예측되는 질質이나 무능을 측정한다거나, 그 길이 질서정연하고 탁월한 길임을 안다면, 이와는 반대로, 우리의 눈은, 눈의 시각적인 영역에만 한정된 능력에 얽매여, 작은 단위를 본 뒤에 또 다음의 작은 단위들만 볼 것이다. 조각나고, 일관성 없고, 가지각색으로 다양한, 참으로 피곤한 경관이다. 하늘은 잘게 조각나고, 집들은 그 모양새의 내부까지, 서로 다른 사물의 질서를 제안한다. 쇠약해진 눈은 피로와 고통만을 느끼며, 아름다운 길들은 앞선 실패 후에 이젠 괴롭고, 기진맥진하고, 불편한 정신만 자극할 뿐이다.

우리의 시선을 고정시키는 도시 분석에 대한 치명적인 단계가 바로 이와 같다. 극단적으로 치명적이며, 피할 수 없는 개인주의적인 광경. 극도의 피로는 시끌벅적한 혼잡이다! 예술에 규율, 지혜, 일치라는 새로운 시대가 오지 않는 한 공통된 척도는 없으며, 또 없을 것이다.

무모한 낙관주의를 억제하고 차라리 소중한 오늘날 우리의 일상 양식이 가장 최악임을 인정하자.

그리고 결정하자.

만약 하나의 공통된 척도가 범세계적인 이 모든 작은 단위들을 질서정연하게 바로잡았다면, 무질서가 제거되고, 경관이 정돈되고 고요가 찾아왔을 것이다.

만약 세부까지 통일성을 가질 수 있다면, 자유로운 정신은 활기찬 흥미로움으로 전체적 조화를 이루는 웅대한 정돈을 고려했을 것이다.

바로 여기에, 공식화되고, 이상적이면서도, 명확한 결론이 있다. 이미 루이 14세 때 로지에 Laugier[역주13]가 이것을 서술했었다.

1° **혼돈으로부터, 전체적 조화 속의 혼란으로부터**

(곧, 대위법적 요소가 풍부한 작곡, 푸가fugue[역주14], 교향곡)

2° **세부에서의 일관성으로부터**

(곧, 세부에서 신중함, 품위, '정렬')

※ ※ ※

오늘의 **현실**은 공리公理 1을 충족시켜 주지 못한다. 시의원들은 항상 복도의 개념으로만 길을 긋는다.

오늘의 현실은 공리 2의 주장과 반대로 진행된다. 우리는 중요하지 않은 엉뚱한 세부로부터 혹평을 듣는다.

그리고 장식가 스타일의 도시계획가들, 주철로 만든 격자 창살이나, 어울리지 않는 상점의 스타일을 좋아하는 아마추어들이, 우리를 더 깊은 실수의 나락으로 밀어 넣는다(솔직히 말하면 그들은 — 수정된 프로그램으로 — 훨씬 뒤에 올 수 있는 시기를 앞당겨 행한다).

지나간 현실은 브뤼주Bruges, 베니스, 폼페이, 로마, 옛날의 파리, 시에나, 이스탄불 등 '예술적'이라 불리는 도시는 위의 두 공리와 일치한다. 전체적 조화로서 어떤 위대한 의도와 세부에서 주목할 만한 통일성. **그렇다, 세부에서**[5]! 이 행복

같은 성질의 요소로 이루어진 주택이라는 보석 상자에 로마가 궁전과 신전을 세웠다. 이 궁전과 신전은 '노출'되어 있다. 건축은 도시의 마그마에서 벗어났다.

---

5) 그러나 이러한 단언은 레앙드르 바이야의 진영에 일종의 신성한 분노의 불을 지필 것이다(이 위세 당당한 군대에 소속된 레앙드르 바이야를. 나는 비꼬는 것이 아니라 지휘부를 구성하는 최고 인사들 때문에 이 군대가 위세 당당하다는 것을 말했다. 이 위세 당당한 군대의 병참장교 간사가 레앙드르 바이야다). "뭐라구? 루이 16세, 15세, 14세, 13세, 프랑수아 몇 세, 앙리 몇 세 등의 모든 왕들이 세부에서 통일성을 갖는다고? 그것은 사기다!" 개념의 통일성에서 유래한 이러한 통일은 양식으로 불린 시대들이다. 어린아이도 그것을 발견할 수 있다. 그리고 이것은 매우 아름답고 아주 좋다.

한 시대에 사람들은 동일하게 건물을 짓는 습관을 갖고 있다. 19세기까지 창과 문은 '인간의 구멍'이었고, 휴먼 스케일로 이루어진 요소였다. 지붕은 인정받은 우수한 방식에 따라 일률적으로 만들어졌다.

주택 양식은 완벽성, 기술적 짜맞춤, 건조방법의 완전무결함이 너무나 훌륭한 상태여서 모든 집들이 같은 부족, 같은 가족, 같은 혈연에서 나온 것으로 만들어졌다. 놀랄 만한 통일성이었다. 이스탄불의 모든 살림집은 목조로 되어 있고, 모든 지붕은 같은 물매와 같은 기와로 되어 있다. 모든 신의 집(모스크, 상인조합, 대상들을 위한 숙박소)은 석조로 되어 있다. 표준화가 밑바탕을 이루고 있다. 로마에서도, 베니스에서도 똑같다. 모든 살림집은 회반죽을 칠한 조적조이다. 시에나에서는 벽돌조이다. 같은 모듈로 된 창, 같은 물매의 지붕, 같은 기와를 올린 지붕 그리고 모두가 같은 색깔로 되어 있다. 궁전과 교회는 대리석과 금으로 되어 있고, '신의 비례'로(항상 그렇지는 않지만) 고귀하게 만들어진다. 명료하다. 터키, 이탈리아, 프랑스, 바이에른Bavière^{역주15}, 헝가리, 세르비아, 스위스, 러시아 등의 살림집은 19세기의 혼란 이전까지 같은 종류로 만든 상자였고, 수세기가 흐르는 동안에도 문화와 방법은 질적 변화를 요구하고 허용하는 범위 안에서 천천히 살림집의 모양을 변화시켰다. **표준화, 세부의 일관성이 모든 곳에 있다.**

정신의 평온화.

그 때 위대한 질서의 노래가 울려 퍼질 수 있다.

* * *

세부의 일관성

오늘날 모든 것이 우리를 자극하여 그렇게 하도록 하고, 우리에게 그것을 주문한다. 사회 진화 그 자체가 궁전과 오두막집의 차이를 없애 버렸다.

오늘날 부자는 단순화를 지향하고, 외적 과시는 더 이상 신경쓰지 않는다. 빈자는 이론의 여지가 없는 권리를 획득한다. 균형은 인간의 능력이라는 단위 주변에서 형성되고 미래에 대한 절박한 시도[6]는 획일적인 요소에만 영향을 끼친다. 요소는 규격화를 지향할 것이다[7].

---

6) 현장 산업화

7) 큰 사건이 일어났다. 철근 콘크리트의 보편적 적용. 이 새로운 방법은 발명가와 조형예술가에게 결정적으로 중요한 새로운 해결책을 제안한다. 그래서 지붕은 사라지고 테라스로 대체될 수 있다. 지금부터 지붕은 거주 공간이 되며 그 밖

이 일관된 씨실 위에, 도시의 거대한 설계의 웅변술이 짜여질 것이다.

간단하게 말하면, 공사현장이 산업화되기 위해서는 모든 특별한 경우와 함께, '치수에 맞추어' 도시 문맥과는 동떨어진 한 건물의 시대착오적인 선설에서 가로 전체, 지역 전체의 건설로 전환해야 할 필요가 있다. 그래서 세포, 곧 인간의 주거에 대해 충분히 연구하고, 그것을 모듈에 맞추어 일관된 대량생산의 실행에 따르는 것과 관련된다. 따라서 무수한 세포로 형성된 단조롭고 조용한 격자형은 거대한 건축운동, 통로라는 빈약한 거리와는 별개의 운동으로 확산될 것이다. 도시계획은 현재의 '복도형 거리'를 포기할 것이며 새로운 구획 설계로, 달리 말하면 원대한 스케일로 실현할 필요가 있는 건축 교향곡을 창조할 것이다.

높은 집들 사이에서 질식되는 두 개의 보도로 된 복도형 거리는, 사라져야만 한다. 도시는 모두가 복도형으로 되어 있는 궁전과는 달라야 할 권리를 갖고 있다.

파리 보주 광장

에도 길을 복층화로 만들어 산책로로 이용할 수도 있다. 길의 윤곽은, 하늘을 향해 열려 있는 주택의 모양새를 통해 결정되어 앞으로는 천창, 처마, 망사르 지붕, 무질서한 모든 조형적 요소가 사라질 것이다. 또 순수한 선이 길의 윤곽선을 구성할 것이다. 그래서 하늘을 향해 열려 있는 주택의 모양새는 도시 미학의 기본 요소 중의 하나가 된다. **그것은 첫번째로 시야를 끌어당기는 것, 그것은 결정적인 인상을 불러일으키는 것이다.** 하늘을 향해 일관된 처마의 선을 안고 나타나는 길, 그것은 고귀한 건축에 정면으로 대항하는 첫걸음이다. 이러한 혁신을 시의회의 의사 일정에 넣는 것은 도시의 거주자에게 하나의 큰 기쁨을 선사하는 것이다. 도시계획의 미래가 시의회 심의를 기다린다는 것을 분명히 말해야만 한다. 한 시의원이 도시계획의 운명을 결정한다.

도시계획은 세부의 일관성 그리고 전체적 조화의 운동을 요구한다.
사람들이 우리를 무신론자로 욕하는 것은 이것으로 충분하다.

* * *

사람들은 우리가 말하는 것을 그렇게 빨리 믿지 않을 것이다. 규격화와 공통된 치수로 인해, 젊은 시절에 배운 고고학 강의를, 자신의 경력을 쌓는 과정에서, 작품에 반복하여 사용하기를 좋아하는 건축가들을 얼마 동안 혼동시키는 일은 없을 것이다.

그러나 다른 것이 있다.

베네치아에서는 동일한 지역의 공통된 치수가 화려한 광장을 유쾌하게 노출시킨다.

대담하게 미래로 눈을 돌려 보면 '사방으로 뻗어 나간' 도시가 탈골된 뼈들로, 거대한 질서 속에 모여 있을 것으로 추측된다. 지금까지 알려지지 않은 스케일의 구성들은 규모의 숭고함을 가져올 것이다. 야만적인 뉴욕이 숙명적 도구인 '고층 건축물'을 만들었다.

철, 철근 콘크리트…… 그리고 그 밖의 것들, 건물의 모든 외형적인 모습, 빛, 공기, 열, 위생, 임박한 산업 등이 서서히 치밀하게 준비되고, 새로운 장치, 새로운

코르느 도르 Corne d'Or 역주16 왼쪽에 페라, 오른쪽에 이스탄불이 있다. 둥근 기와로 쌓아올린 작은 벽의 페라는 밀집된 수직의 높은 주택들로 비죽비죽 솟아 있다. 바둑판 무늬의 창들이 매스에 중후한 짜임새를 준다. 이스탄불에서는 다갈색으로 펼쳐진 지붕의 잔잔한 바다가 모스크의 조각으로 아름다운 순백함을 조용한 가운데 솟아오르도록 한다.

규모의 질서를 정교하게 만들어 갈 것이다. 20세기는 여전히 기계문명시대 이전의 복장으로 있다. 그것은 마치 대중 경제, 상업, 정치, 재정이 언제나 말과 마차역으로 우편배달을 했던 것과 같다. 20세기의 여명은 믿기지 않을 만큼 엄청날 것이다. 적어도 우리에게는 마치 당장 내일, 우리가 우뚝 서 있는 새로운 도시를 발견한 것처럼 그렇게 나타날 것이다. 생각은 진보적인 길을 만들 것이며, 우리는 재건된 도시에서 일어난 일들과는 아무런 관계도 없이 변혁되어 있을 것이다.

 세포(주거)는 20층, 40층, 60층 높이로 메워질 것이다.[8] 불변의 기구인 키 1m 75의 사람만이 거대 구조물로 이루어진 도시의 거리에서 불안해할 것이다. 그러므로 이 엄청난 격차의 참기 어려운 공백을 인간과 도시 사이에 공통된 스케일을 갖는, 두 크기에 만족하는 비례 중항을 도입하여 메우기로 하자. 만약 도시계획가의 서랍 안에서 즐거움과 다양함, 아름다움과 건강함을 가져다 줄 고귀한 습관을 발견한다면?

나무를 심어야만 한다!

 새로운 시대에 알맞은 건축 발명으로 만들어진 순수한 모듈인 공통된 건축 치수가 행복하게 사용되거나, 아니면 우리의 신체적 거북함으로 이기적 개인주의가 완고하게 저항하더라도, 나무는 우리의 육체적·정신적 행복을 위해 있어야 한다.

 도시 풍경을 다시 초록빛으로 물들게 하고 자연을 우리의 노동에 끌어들여[9] 인간의 가장 퇴보된 기능을 충족시키는 것은 건축의 새로운 정신에, 임박한 도시계획에 속할 수 있다. 대도시에서 허둥대며 일하는 사람들을 옥죄고 짓밟으며, 질식

---

8) 나는 180층이나 되는 미국의 거대한 호텔 계획에 관한 그림을 받았다.

시키는 대도시의 불안한 재앙 앞에서도 안심하는 우리의 정신이 여기에 있으며, 우리에게 정신의 평안을 주며 창조의 열정으로 이끄는 관대한 요구인 노동도 여기에 있다.

대도시의 거대한 현상이 즐거운 녹음 속에서 펼쳐질 것이다. 세부의 일관성, 전체적 조화의 현란한 '소란', 인간의 공통된 치수와 인간적인 것과 자연적인 것 사이의 비례 중항.

이스탄불 건축의 아름다움이 드러나는 곳마다 나무들이 있다.

---

9) 터키의 격언 : 사람은 집을 짓는 곳에 나무를 심는다. 우리 나라에서는 나무를 벤다. 이스탄불이 일종의 과수원 같다면, 우리의 도시는 자갈로 이루어져 있다.

이스탄불. 주택 주변에 나무들이 우거져 있다. 인간적인 것과 자연적인 것의 즐거운 공존

하나의 열정 속에서 탄생할 건축의 아름다움은 도시계획으로 장소가 정해질 것이다. 그곳은 자발적인 조용함 가운데 기쁨이나 놀라움, 발견의 즐거움이 있는 곳으로, 사람이 설정하기 원했을 가치가 부여될 것이다.

마들렌느 큰길Boulevard de la Madeleine, 파리. 오늘날의 큰길, 여기 한켠에 2열로 늘어선 가로수가 있고 도시 재개발가 비엘Viel은 그것이 오아시스 구실을 한다고 알고 있다. 우리 시대 파리의 오아시스. 이것을 가장 중요한 하나의 작은 지표로 생각하자.

이곳은 샹티이Chantilly도, 랑부이에Rambouillet도 아닌 파리의 몽소 공원parc Monceau이다. 그리고 여기에는 명확하게 정해진 목표가 있다. 내일의 도시는 완전하게 녹음 속에 있다는 것. 뉴욕에서는 몽소 공원 한가운데에 고층 건물들을 세우지 않는다는 것을 깜빡 잊고 있다. 유토피아? 내기하자!

— 그리고 자동차는?
— 위대한 시의원이 답한다. 잘됐군. 자동차는 더 이상 다닐 수 없지요!

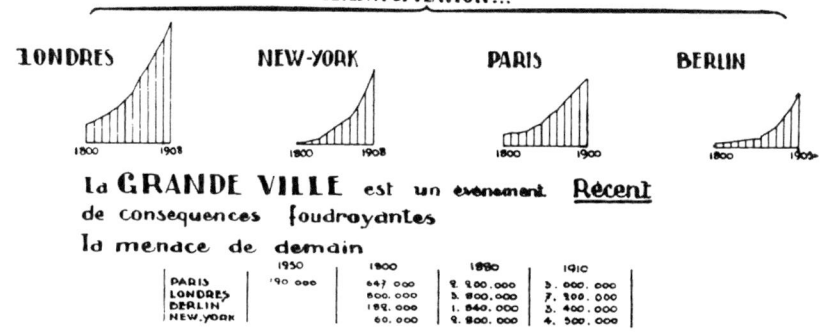

7. 대도시
대도시는 50년 전에 시작된 가까운 과거의 한 사건이다

대도시의 팽창은 모든 예상을 넘어 버렸다.
어지러울 정도의 성장과 혼란.
거기에 맞춰진 산업 생활과 상업 생활은
놀라운 폭을 갖는 하나의 새로운 현상이다.
교통수단은 현대 생활의 기본이다.
주거의 안전은 사회적 균형의 조건이다.
대도시의 새로운 현상이 도시의
옛 환경 안에 일어났다.
불균형이 심각한 위기를 그대로 불러일으킨다.
위기가 시작되었다. 무질서를 조장한다.
현대 생활의 새로운 조건에 신속하게 대처하지
못하는 도시는 질식되고 사라질 것이다. 그보다
훨씬 잘 적응하는 도시로 대체될 것이다.

도시의 낡은 틀에 대한 시대착오적인 잔재가 도시 확장을 마비시킨다.
산업 생활과 상업 생활이 시대에 뒤떨어진 도시로 인해 질식될 것이다.

대도시의 보수적 체제가 수송의 발전을 반대하고, 가로막고, 활동을 약화시키고, 진보를 억누르며, 솔선수범하는 태도를 좌절시킨다.

오래된 도시의 부패와 현대의 노동 강도가 인간 존재들을 신경질적이고 병적인 상태로 몰고간다. 현대 생활은 소진된 힘의 회복을 요구한다. 정신위생과 정신건강은 도시 설계에 달려 있다. 정신위생도 정신건강도 없으면, 사회 세포는 쇠약해진다. 국가는 그 민족의 기운에 비유된다.

오늘날의 도시가, 만약 새로운 조건에 적응하지 못하면 현대 생활의 부름에 응할 수 없을 것이다.

대도시는 국가의 삶을 지배한다. 대도시가 질식한다면, 국가는 정체될 것이다.

도시를 변혁하기 위해서는 현대 도시계획의 근본 원리를 찾아야만 한다.

(우리 시대의 도시 투시도에 첨부한 성명서—살롱 도톤, 1922년)

대도시는 평화, 전쟁, 노동 등 모든 것을 지배한다. 대도시는 세상의 작품이 생산되는 정신적 아틀리에다.

대도시에서 획득된 해결책은 지방에 대해 우선권을 갖는 것들이다. 유행, 양식, 사상 운동, 기술. 그 이유는 바로 대도시의 도시화가 해결될 때, 국가의 문제가 단숨에 해결될 것이라는 데에 있다.

명확하게 말해 보자. 국가는 각자의 일에 종사하는 수백만의 개인이 모여 이루어진 것이다. 일상의 일들은 그날이라는 한정된 영역에만 생각을 몰두하는 것으로 충분하다. 그러니까 늘 그렇게 있었기 때문에 우리에게 그와 같은 방식으로 작동하는 것처럼 보인다. 그런데 역사는 풍요와 빈곤의 교대를, 환희와 억압의 변동을 보여 주었다. 한편으로는 민족의 진보와 주도권을, 다른 한편으로는 몰락을 우리에게 보여 준다. 역사는 민족에게 다양한 계수, 그 민족의 가치 지수에 영향을 미친다. 역사는 하나의 운동이다. 산재한 유목민의 천막에서 처음 탄생한 역사는 사회 형태가 만들어지면서 마을에서 도시로, 이어서 수도로 그 모습이 바뀌었다. 수도는 역사의 중심이 되었다. 수도는 대도시의 중심에 자리잡았다. 벽지에서도, 공장이나 바다 한가운데 떠 있는 선박에서도, 아틀리에와 상점에서도, 논이나 숲 속에서도 작업은 대도시에 의해 결정된다. 이 작업의 조건이나 질, 가격, 양, 용도까지도 그 주문과 방법이 대도시에서 온다.

기계의 세기가 이 결과들로 움직이기 시작하면서, 운동은 그 리듬의 속도를 더

하기 위해 도구를 집어들었다. 기계의 세기가 운동을 엄청난 속도로 증가시켜, 사건들은 우리의 이해 능력을 초월했고, 이번에는 그 반대로 일어난 사건들보다 훨씬 예민한 두뇌가 빠르게 굴러가고 더 가속화되는 사건들로 인해 한계를 넘어섰다. 이번에는 침투, 격변, 침입이라는 은유가 이 상황을 설명한다. 리듬은 (간명한 작은 성냥과 석유 몇 리터로 커다란 화재를 일으키는 것과 같은, 정밀한 작은 발명으로 리듬을 촉진한) 인간을 나날이 늘어만 가는 불안정, 불안, 피로, 환각 상태에 이르도록 부추겼다. 이 격류 속에 부서지고 침탈당한 우리의 육체적·정신적 기관은 신음한다. 만약 이 쇄도함 속에서 활기차고 통찰력 있으며, 민첩한 행동으로 질서 확립을 꾀하지 않는다면 인간의 육체적·정신적 상태는 무너질 것이다.

토지를 일구고 밀을 파종하는 농부는 씨앗의 기적적인 능력을 드러내 주는 태양과 비를 기다린다. 그러나 자신의 정신과 손으로 창조하는 (신성한) 힘으로 일을 추진하는 그 밖의 사람들은, 협동의 첫 돌을 올려놓고 개인적인 일과의 관계를 끊으면서, 집단 현상을 창출한다. 그들은 거대한 노동 조직을 만든다. 집단 현상을 행동의 첫번째 지표인 **질서** 안에 끌어들인다. 일련의 시기적절한 이론에 주어진 일반적 찬동인 **감정**이 나래를 편다. 서서히 가치가 일부 열정이 예언한 곳에 지속적인 상태에 의해 피라미드 형으로 한 단 한 단 쌓인다.

빛은 사람들이 모인 곳을 비춘다. 흔히 그곳에서 엄밀한 조화의 결과인 아름다움이 드러난다. 우리의 감각과 정신을 즐겁게 하는 것에서 만들어진, 형식은 증가된다. 형식 안에서 얽매인 삶의 허무와 야망의 갈증을 느끼는 사람들은 멀리서부터 활동의 중심을 향해 모여든다. 얼마 전부터 접근하기 쉬운 물질적 수단이 중심을 향한 이 희망을 흡수하고 어마어마하게 집중시킨다. 선택은 항상 새롭게 밀어붙이는 격동 속에서 생산된다. 대도시는 약자를 짓밟고 강자를 추켜세우면서 진동하고 동요한다. 여기 평화로운 **오지**奧地에서 강렬하게 생동하는, 탁월한 세포가 발견된다. 중심은 팽창하고, 확장된다. 사람들은 거기에 모여들어 서로 부대끼고 일하고 다투고, 종종 다양한 불꽃에 자신을 태우기 위해 온다.

…… 저 멀리, 또 다른 **오지**들이 또 다른 대도시를 탄생시킨다. 저 멀리, 또 다른 대도시가.

그리고 이 대도시들은 서로 맞선다. 왜냐하면 압도하고 능가하는 마귀가 우리의 운명과 결부된 운동 그 자체의 법이기 때문이다. 사람들은 서로 맞서 싸우고 전쟁을 한다. 사람들은 서로 합의하고, 결탁한다. 이 세상의 활활 타오르는 듯한 세

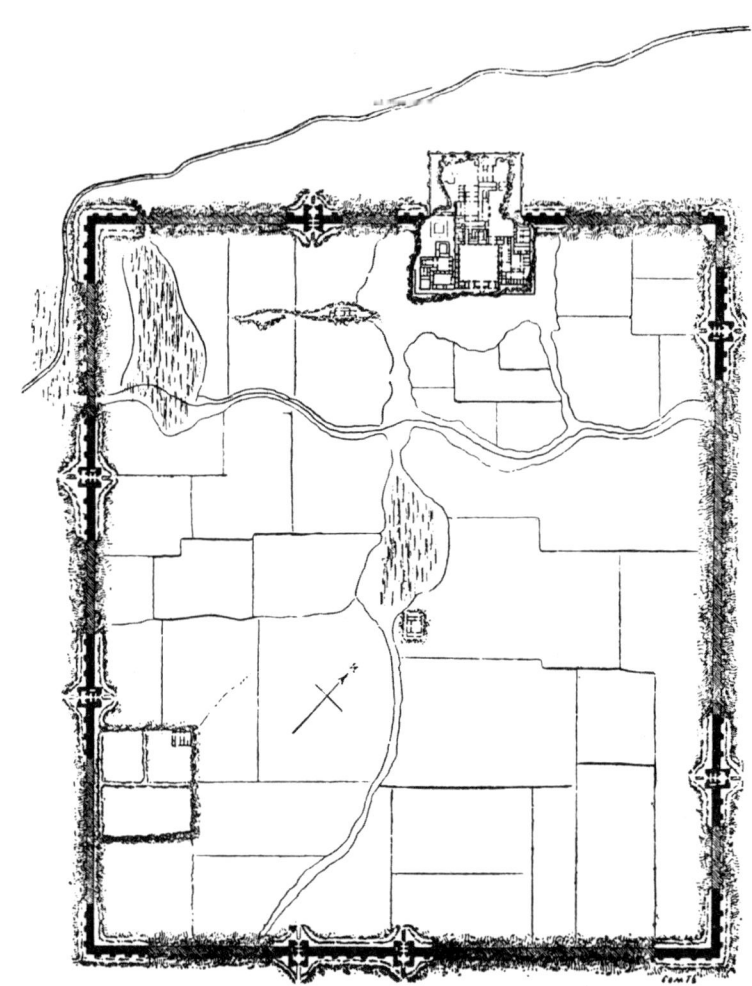

크호르사바드 Khorsabad

포인 대도시들은 평화나 전쟁, 풍요나 빈곤, 영광·승리를 자랑하는 정신이나 아름다움을 가져온다.

    대도시는 인간의 강력한 힘을 나타낸다. 매우 활동적인 열정을 담고 있는 인간의 집들은 명백한 질서 속에 우뚝 선다. 그러한 것들은, 적어도, 우리들의 정신 안에서의 단순한 추론적 논리의 결과다.

    고대는 우리에게 추억의 형태로, 이 사실에 대한 증명을 물려주었다. 이것은 귀중한 순간 강력한 정신이 혼란을 지배했기 때문이다. 우리는 그것을 바빌론과 베

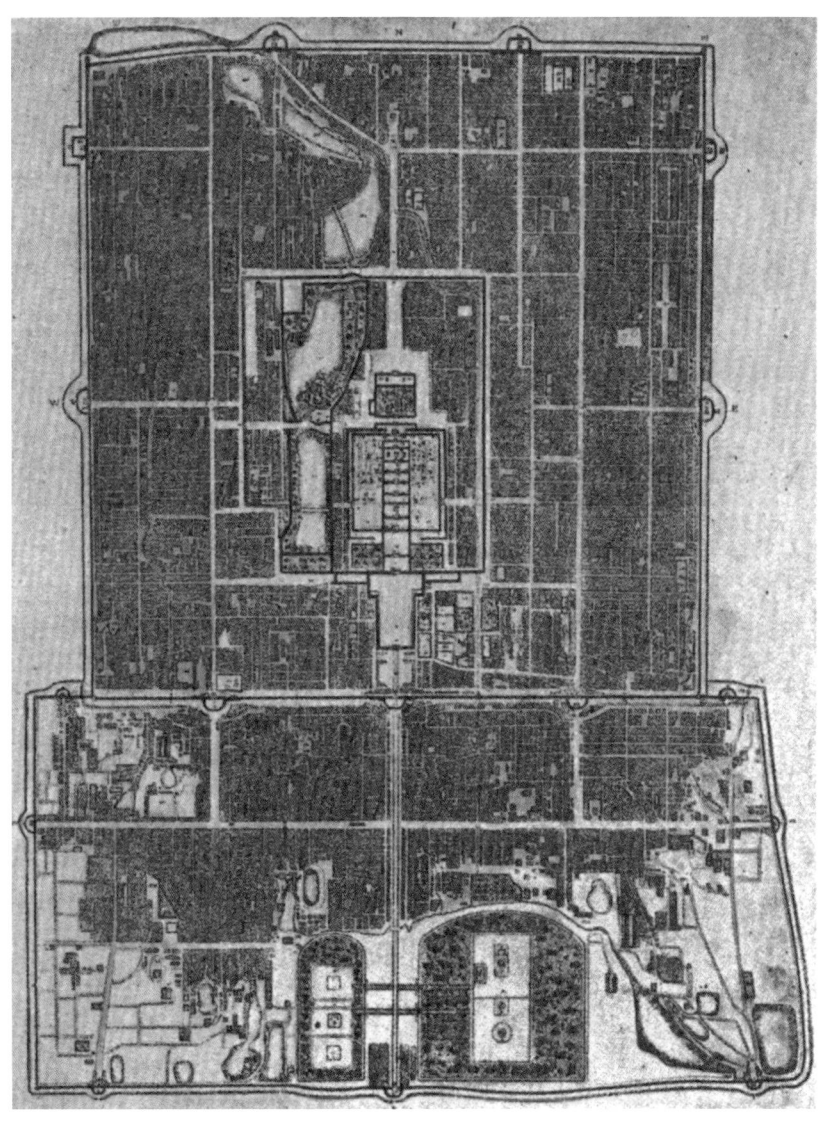

베이징. 이 평면을 뒤에(이 책 99쪽) 나오는 파리의 평면과 비교해 보라. 베이징을 식민지화하기 위해 중국 침입의 필요성을 느꼈던 자들이 바로 우리, 서구인들이었다!

이징에서 이미 명백하게 보았으며, 이것은 다른 도시의 추억을 확신하는 예에 불과하다. 재능, 과학과 경험을 통해 불을 밝힌 전성기의 대도시와 그보다 훨씬 작은 도시들, 아주 작은 도시들. 여전히 곳곳에 있는 유적지나 손길이 닿지 않은 단위들

로마의 문명. 상공에서 내려다 본 팀가드Timgad

북부 아프리카의 카이루안Kairouan 역주17

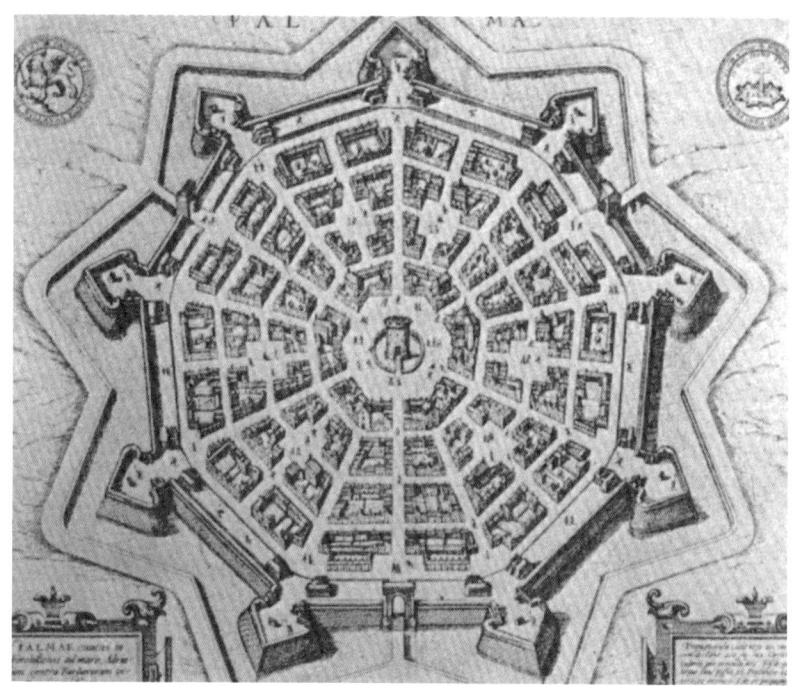

사진 : 지로동, 르네상스의 군사 도시 팔마노바Palmanova

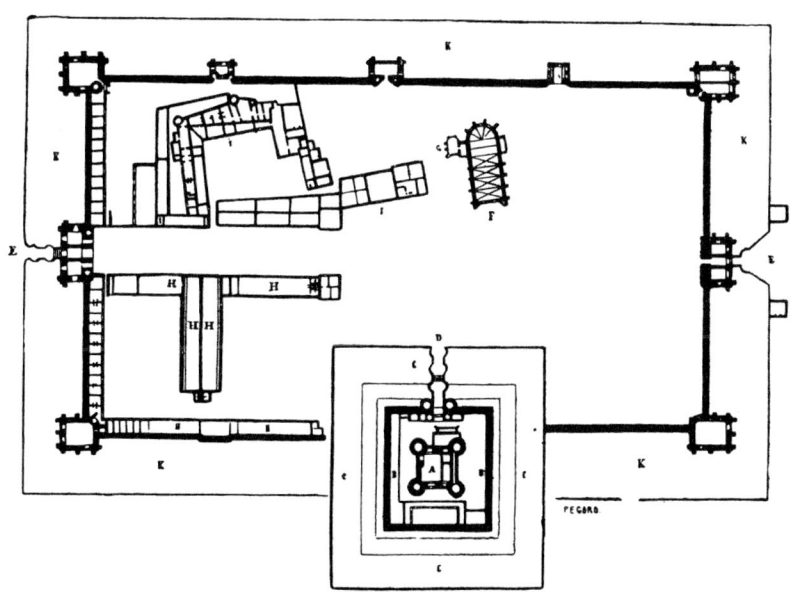

프랑스의 뱅센 성관château de Vincennes, 14세기

이 우리에게 자신들의 규칙을 제안한다. 이집트 인의 신전들, 아프리카 북부(카이루아)의 격자형 도시들, 인도의 성스러운 도시들, 제국시대의 로마 도시들이나 오랫동안 지속되어 온 전통 위에 건설된 단위들인 폼페이나 에귀 모르트Aigues-Mortes, 몽파지에Monpazier.

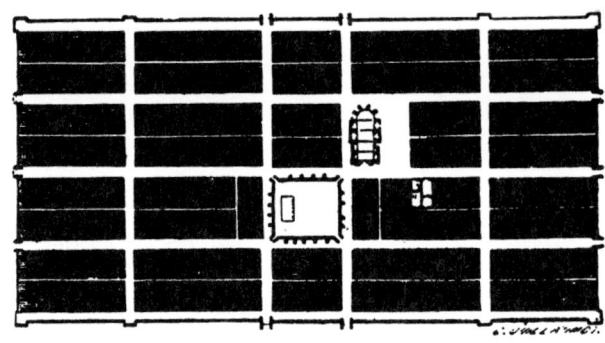

페리고르Périgord의 몽파지에, 12세기

※
※ ※

도시의 구조는 두 부류의 사건을 드러낸다. 완만하게 층을 이루고, 일정한 간격을 두고 형성된 현상과 함께 진보적이며 무모한 조합, 그 다음엔 획득되어 서서히 증가하는 흡인력, 원심력, 격렬한 매력, 쇄도, 혼잡. 로마, 파리, 런던, 베를린이 모두 그러했다.

혹은 프로그램, 의지, 기존 과학에서 태어난 도시의 건설에 해당하는 경우는 베이징이나 르네상스의 요새도시(팔마노바) 또는 야만국가들 한가운데에 세워진 로마 인의 식민도시들이다.

우리 서양이 지나친 확장 계획에 따라 허약해진 로마를 쓰러뜨렸을 때, 원시적인 수단만 유일하게 있었다. 수레로 야영지를 둘러싼 야만인의 옛 이미지인 방어진지를 구축한 주둔지가 서서히 그 의도를 벗어나 명쾌한 개념이 표명되고, 충분한 기술적 수단이 제공되고, 유용하면서도 막강한 경제력이 조직되기까지 수세기가 덧붙여졌을 것이다. 왕국의 형성 이면에 정신이 착상하여 실현되기를 열망한다. 멋진 시도, 야만인의 우글거림 속에서 빛의 섬광, 보주 광장, 루이 13세 시대의 베르사이유 궁전, 생 루이 섬, 루이 14세 때의 샹 드 마르스, 루이 15세의 에투알 광장과 나폴레옹 시대의 파리로 들어오는 큰길들. 마침내 군주가 국민에게 남겨둔 엄청난 왕실 재산인, 나폴레옹 3세 때 오스만의 업적.

   사람들은 우연, 무질서, 소홀함, 죽음을 초래하는 나태에 대항하여 싸운다. 사람들은 질서를 갈망하며, 질서는 우리의 정신인 기하학의 원인이 되는 바탕의 부름에 도달한다. 혼돈의 한가운데서, 용기를 북돋워 주고 확신시켜 주며 또 아름다움에 필수 불가결한 받침대를 제공하는 형태인 순수 결정체가 드러난다. 이 순간 우리는 심사숙고하며, 인간이 만든 도구를 이용하여 인간의 작품을 만들었다. 결국 우리는 더 이상 말이 필요없을 정도로 그 작품을 너무나 자랑스럽게 생각했다. 우리는 이 역사적 발현들을 과거 예찬에 푹 빠져버리게 하는 어떤 경건한 것들로 감싼다. 자랑은 당연하지만, 우리 스스로는, 아직까지 한 것이 아무것도 없다는 것을 쉽게 잊고 있다. 작품을 대할 때 감동을 불러 일으키게 하는 생생한 힘, 만약 그 힘으로 생명을 부여 받은 인간들의 영역인 우리 주변에서 그 힘과 마주치게 된다면

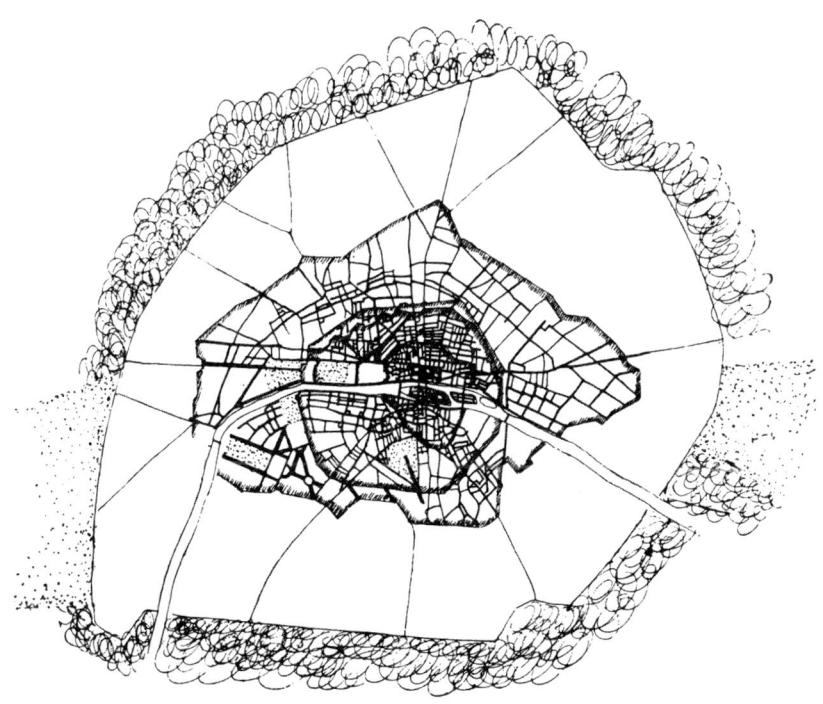

'당나귀의 길'을 통해 지속적으로 강요된 파리의 여섯 개의 둥근 띠.
가장자리의 좌우에 자유로운 두 부분, 뱅센 숲과 불로뉴 숲을 제외하고는 근교로 둘러싸여 있다.

우리는 그 힘을 싫어할 것이다. 우리의 경건한 마음은 죽은 자의 영혼의 수호신, 무덤지기를 근심에 이르게 한다. 과거를 되돌아 보면, 우리는 장외사의 영혼을 빼앗았다. 그리고 시대의 즐겁고 가공할 만한 습격에 응답하기 위해, 우리는 목판화 전시실에서 이미지를 열심히 공부하다가 "쉿! 난 아주 아주 열심히 몰두하고 있네!"라고 외치는 노신사의 깜짝 놀라는 모습을 대한다.

그러므로 혼동의 근원은 우리들 도시에 있다. **당나귀의 길**[10]을 따라 짓는 것, 여명기의 설계가 거대한 현대 도시의 중심부에, 무질서하게 치명적인 도로망에 짓눌리면서 그대로 존속했다. 그리고 병은 10~19세기까지 악화되었다. 당나귀의 길이 분류되어 도시의 주요 간선도로가 되었다. 죽음의 도래는 아직 멀었다. **기계화 시대가 도래하고, 죽음이 문을 두드린다.**

100년 동안, 대도시의 인구가 폭발적으로 증가했음을 보여 주었다.

도시 \ 연도	1800	1880	1910
파 리	647,000	2,200,000	3,000,000
런 던	800,000	3,800,000	7,200,000
베를린	182,000	1,840,000	3,400,000
뉴 욕	60,000	2,800,000	4,500,000

(단위 : 명)

최근의 전쟁[역주18] 이후에 현대 도구의 힘이 확인되고 발전되었을 때, 사람들은 목이 죄어지는 것을 느꼈다. 질식이 그곳에 있다. 경보가 울렸다.

각국에서 대도시의 문제가 비극적으로 제기되고 있다. **해야 할 일들**이 마침내 그 활동에 필요한 범위를 알았다. 일들이 결정적으로 도시의 중심에 밀려들었다. 일의 리듬이 명료하게 드러났다. 속도, 속도전. 서로 해소되고 통해야 하지만, 그것 또한 쉽고 민첩하게 처신해야만 한다. 안타깝게도, 사람들은 낡은 자동차의 녹슨 엔진과도 같았다. 차대, 차체, 의자(도시의 근교)는 아직 괜찮다. 그러나 엔진(도심지)은 **마모**되어, 멈추어 섰다. **도심지는 일종의 마모된 엔진이다.** 도시계획의 첫번째 문제가 이렇게 서술된다.

멈춘 도시는 곧 멈춘 국가다. 사람들은 진실을 고백하기를 주저한다. 사람들은

---

10) 1장을 볼 것.

진단할 용기가 없고, 또 위험을 인정하면서도 용기 있게 솔선수범하는 행동을 보이지 않는다. 그렇지만 단호한 결정을 내려야만 한다.

단호한 결정에 직면하여 다음 사항들을 반대한다.

최소 노력의 법칙,

책임감 부재,

과거에 대한 존경.

진보의 곡선은 명료하게 나타난다. 그것은 결과에 대한 원인의 조작이며, 규칙적이고 결과를 나타내는 단순한 연역적 놀이다. 그러나 편협한 이익, 기정 사실, 게으름의 불투명하고 무거운 덩어리, 그리고 사특한 감상적 성격인 병적 모호함이 커다란 장애가 된다. 이러한 진실 상태와 당면한 정신 상태는 엄밀히 말하면 도시계획의 모든 문제다. 사회적 현상인 짓누르는 복잡함에 통합된 단 한 번의 입김으로 생기를 불어넣어 준다. 마비가 일어나는 그곳에, 운동이 억제된다.

※
※ ※

20세기까지 도시는 군사 방어 프로그램에 따라 설계되었다. 도시 주변은 명확하게 만들어졌고, 성벽, 성문, 도심지에 이르는 길들과 도심지 밖에 이르는 길로 된 명쾌한 조직체다.

더욱이 19세기까지 사람들은 도시 주변을 통해 도시로 들어갔다. 오늘날 도시의 문은 도심지에 있다. 그 문은 역이다.

현대 도시는 더 이상 군사적으로 방어될 수가 없다. 주변은 순간적으로 무질서해진 가운데 마차들로 더럽혀진 집시들의 거대한 야영지에 비유될 만큼 혼란스럽고 질식할 듯한 지대가 되어 버렸다. 그래서 도시의 확장은 이제 커다란 장애에서 벗어나도록 해야만 한다.

가까운 교외에 대한 새로운 사실은 깨끗한 도시 주변이 치밀한 내부 조직에 좌우되는 군사도시의 시대에 존재하지 않는다는 것이었다.

도시의 중심은 치명적으로 병들고, 그 주변은 벌레에게 갉아먹힌 듯하다.

확장할 수 있는 자유로운 지역을 만들어라. 이것이 도시계획의 두 번째 문제다.

그래서 나는 대도시의 중심부를 파괴하여 그곳을 재건해야만 한다고 생각한다. 교외의 더러운 지대를 철거하여 훨씬 먼 곳으로 옮긴 다음, 오늘날 완벽한 이동의 자유로움을 제공하며 자산가치가 10배, 100배로 될 그곳을 저렴한 가격에 구입하여 자유보호지역으로 만들어야만 한다고 냉정하게 생각한다. 만약 도시의 중심부가 개인의 과도한 투기성 자금이 집약적으로 행해지는 자본시장이라면(뉴욕이 적절한 예다), 보호지역은 시의 서류에 막대한 비자금으로 설성될 것이다.

일부 국가의 시에서는 벌써 토지 징수 방법을 통해 시의 교외 지역을 매입하고 있다. 그것은 단지 숨쉬기 위해 필요한 공기량을 확보하는 것에 불과하다.

* * *

모든 것을 다 말하기에는 너무 간결하다. 주제가 너무 새롭고 결론이 너무 중대하여 반복하여 이야기하는 위험부담 대신에, 질문의 또 다른 양상을 전개하는 것이 아직까지는 아마 더 나을 것이다. 다음은 1923년에 스트라스부르Strasbourg 도시계획 회의에서 발표한 보고서 요약문이다.

대도시의 시청과 시의원들이 광범한 근교의 문제에 몰두하여 침략적인 기세로 대도시에 돌진하는 인구를 밖으로 끌어낼 방법을 강구하고 있다. 이러한 노력은 가상하지만 불완전하다. 문제의 본질인 대도시 중심부의 문제를 무시하고 있기 때문이다. 육상선수의 근육을 치료하면서도 심장이 병들어 생명이 위험하다는 것을 알아채지 못하는 것과 같다. 만약 변두리에 묻혀 사는 인구를 밖으로 꼭 끌어내려 한다면, 전원도시에서 더 나은 주거에 살고 있을 대다수의 사람들이 날마다 같은 시각에 도심지로 들어와야만 한다는 것을 알아야 한다. 전원도시라는 신제품을 통해 주거를 개선한다는 것은 도심지의 문제를 완전히 무시하는 것이다.

대도시의 현상을 정확하게 드러내는 것이 현명하다고 생각한다. 대도시는 우연히 일정한 장소에 인구가 4,000,000~5,000,000 모인 것이 아니다. 대도시는 존재 이유를 갖고 있다. 국가를 생물학적으로 비유한다면, 대도시는 그 주요 기관이다. 국가 조직은 대도시에 의존하며, 국가 조직은 국제 조직을 만든다. 대도시는 심장, 심장계통을 작동하는 중심이다. 그것은 두뇌, 신경계통을 이끄는 중심 그리고 국가의 활동, 국제적인 사건들이 대도시에서 생겨나고 유래한다. 경제, 사회, 정치가 대도시의 중심에 있고, 이 명확한 지점에서 나온 모든 변화가 저 멀리 지방에 묻혀 있는 사람들에게까지 영향을 미친다. 대도시는 세계의 활동적인 요소들의 접촉 장소다. 이 접촉은 손과 손을 잡는, 즉각적인 것이어야만 한다. 거기에서 발생한 결정은 빠른 리듬으로 이루어진 토론의 결과이며 국가와 국가 간의 활동을 유발한다. 전신기, 철도, 비행기는 50년

이내로 그것을 이용한 작업이 혁명적이었듯이 국제적 접촉의 속도를 이렇게까지 가속화시켰다. 사상의 진전이 대도시 중심의 협소한 공간에서 일어난다. 이 중심은 세계의 살아 있는 세포다.

그런데 대도시의 중심은 현재 거의 무용지물과 같은 작업 도구다. 필요한 접촉은 혼잡한 가로망을 통하는 불안전한 엄밀성으로만 이루어진다. 더구나 진짜 피로는 혼잡에서 생겨나고, 험난한 장애가 숨막히는 복도와 어둠침침한 방으로 이루어진 사무실에 침입한다.

먼저 다음과 같이 결론지을 수 있다. 작업 조건을 예외로 하더라도 해로운 소모는 민첩한 정신과 거대한 생각의 명철함을 보존해야만 하는 것들에 급속하게 영향을 미친다. 그 다음에 잘 조직된 대도시를 보유하고 있는 국가는 다른 국가에 대한 우월성, 훌륭한 기계를 보유한 산업의 우월성을 가질 모든 기회를 갖고 있다고 결론지을 수 있다. 국가 경제는 그것으로 인해 좋거나 나쁜 영향을 받을 것이다.

따라서 대도시의 병폐에 특별히 주의를 기울일 필요가 있다. 그것은 어느 것보다도 많은 주의를 필요로 한다. 오늘날 대도시의 평면은, 그 조촐한 기원(옛 취락)의 결과로서, 또 1세기 동안에 성취된 경이적인 발전에서, 중심부가 좁고 짧은 가로로 형성되었

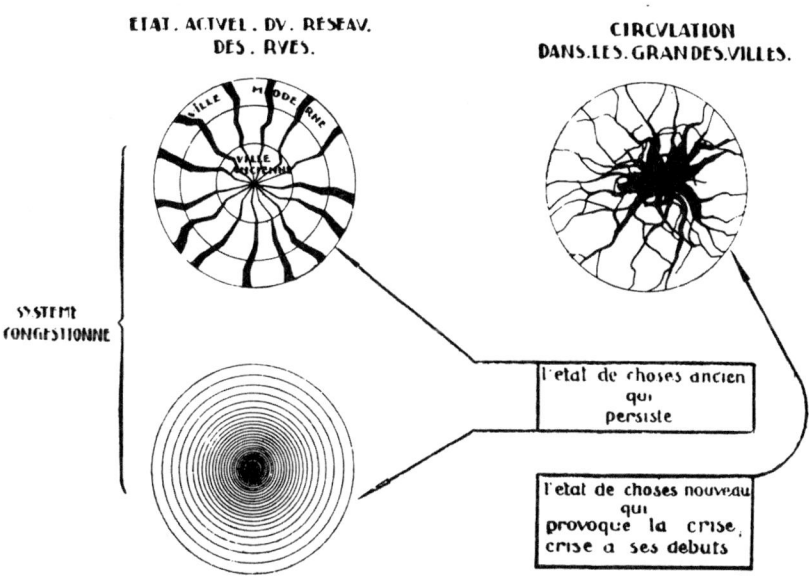

현재의 가로망 상태(왼쪽)와 대도시의 교통량(오른쪽)

음을 보여 준다. 교외만이 큰 도로를 유일하게 소유하고 있다. 가공할 만한 교통이 집중되는 곳이 바로 대도시다. 교외는 가족생활만을 받아들이기 때문에 상대적으로 쾌적하다.

만약 대도시의 거리를 나타내는 그래프에 교통 흐름 그래프를 적용해 보면 뚜렷한 대비를 볼 수 있다. 거리를 나타낸 그래프, 옛날 상태, 교통 흐름 그래프, 오늘날 상태. 그곳에 위기가 있다(말할 나위도 없이 모든 대도시에서 참담한 결과를 따르고 있다). 그러나 위기라는 고열이 그리는 그래프의 곡선을 생각해야만 하며 어지러울 정도로 상승하는 것을 인정해야만 한다. 머지않아 막다른 골목에 다다를 것이다.

숫자는 50년 전에 만들어진, 대도시에서 일어난 최근의 사건을, 그리고 도시지역의 인구 증가가 모든 예측을 초월했음을 입증한다. 1800년에서 1910년까지, 100년간 파리는 600,000명에서 3,000,000명, 런던은 800,000명에서 7,000,000명, 베를린은 180,000명에서 3,500,000명, 뉴욕은 60,000명에서 4,500,000명으로 늘어났다. 그런데 이 도시들은 인구와 교통량이 급격하게 늘어나기 이전, 즉 옛날의 도시 구조와 옛날의 도로 선에서 유지되고 있다(1885~1905년까지 인구·화물 수송을 나타내는 수송량 증가곡선 그래프를 보라). 걱정이 서서히 증대하면서 나타나는 것처럼 불안하다. 그 발아의 증거로 도시계획이라는 단어가 불과 몇 년 전부터 언급되기 시작했다. 매우 인간적 성향에 의해 첫 번째 노력은 자연히 힘이 덜 드는 곳으로 향한다. 그래서 근교에 관심을 갖는다. 훨씬 심각한 원인이 마찬가지로 영향을 끼친다. 기계화 시대로 완전히 변화된 가족생활에 응

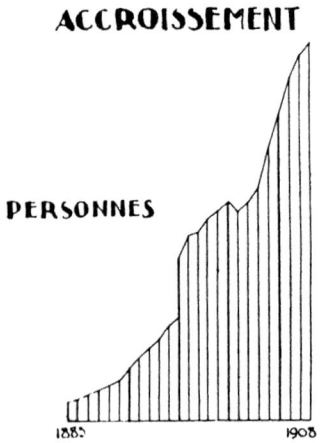
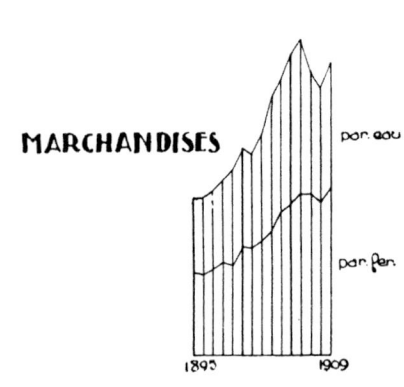

교통량의 증가 상태

답할 만한 주거의 근본 문제를 다시 연구해야 할 필요가 있다. 전원도시의 주택은 문제를 분리시켜 그것을 실험하도록 해 준다. 한편, 최소 노력의 법칙이라는 이름하에, 그리고 유일하게 가능한 치료의 비정함 때문에 대도시 중심부의 놀라운 광경 앞에서 사람들은 그 난해함에 등을 돌린다. 그리고 매우 저항력이 강한 자들이 선언한다. "중심부를 다른 곳으로 옮겨야만 하며, 새로운 도시, 새로운 중심부를 먼 곳에, 교외 바깥에 건설해야만 한다. 그곳이라면 안심할 수 있고, 어떠한 속박도 없으며, 어떠한 기존의 문제도 없이 지낼 것이다." 거짓 논증. 중심부는 제약받는다. 중심부는 그곳을 에워싸는 것 때문에 존재하고, 헤아릴 수 없을 정도로 많은 집중 현상과 모든 유형들에 의해 매우 먼 데서부터 정해져 있다. 그리고 사람들은 변화하는 것을 알지도 모른다. 바퀴의 축을 바꾸려면 모든 바퀴를 옮겨야만 하는 것처럼. 대도시를 직경 20이나 30km 멀리 이동하라고 주장하는데, 말 그대로 불가능한 것이다. 바퀴의 축은 고정되지 않을 수 없다. 파리에서는 천년 전부터 축이 노트르 담과 보주 광장, 앵발리드와 파리 동역gare de l'Est, 파리 동역과 생토귀스텡Saint-Augustin 사이를, 왼쪽에서 오른쪽으로 왔다갔다 움직였다. 바퀴(철도, 변두리 지역, 근교와 대규모 근교, 국도, 지하철, 전철, 수백 개의 행정 지역과 상업 지역, 산업 지역과 주거 지역)에 비해, 그 중심은 움직이지 않는다. 그곳에 머물러 있다. 머물러 있어야만 한다.

뿐만 아니라 이전시키기를 원한다면 그곳은 법령을 폐기해야 할 만큼 국가 재산의 중요 부분으로 이루어져 있다. "매우 간단하다. 파리의 새로운 중심을 생 제르멩 앙 레Saint-Germain-en-Laye에 만들자"고 말하는 것은 어리석다 못해 실행할 수 없는 일을 약속하는 것이다. 그것은 정지한 영원永遠이 늘 시간의 끝을 얻는 '널 타기'와 같다. 중심부는 그 스스로 변경되어야만 한다. 사람이 칠 년마다 피부를 갈고 나무가 해마다 잎을 갈듯이 중심부는 수세기 동안 쇠퇴되고 재건되었다. 도심의 중심부에 몰두하여 그곳을 변화시켜야만 한다. 그것이 가장 간단한 해결이며, 유일한 해결이다.

* * *

여기에서 개략적이면서 간결한 4가지 공리를 통해 현대 도시계획의 근본을 공식화하도록 우리를 인도한다.

  1° 교통상의 요구에 대응하기 위해 도시 중심부의 혼잡을 완화할 것.
  2° 사업상 필요한 만남을 실현하기 위해 도시 중심부의 밀도를 높일 것.
  3° 교통수단을 늘릴 것. 즉 현대 수송 수단인 지하철이나 자동차, 전차, 비행기에 대

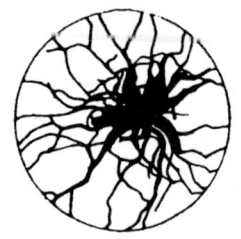

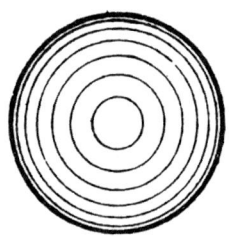

대도시의 교통량(위쪽)과 도심부의 혼잡 완화(아래쪽)

해 아무런 효과가 없는 것으로 드러난 오늘날 도로의 개념을 완전히 변화시킬 것.

4° 직장생활의 새로운 리듬은 세심한 작업을 하는 데 필요하므로 충분한 위생과 적절한 정숙을 유지하기 위한 유일한 수단으로서 식수植樹 면적을 늘릴 것.

이 네 개의 논점은 서로 양립되지 않는 것처럼 보인다. 정당성을 인정하고 절박한 것을 파악하는 것이 현명하다고 생각한다. 그 다음에 이와 같이 제기된 문제는 도시계획이 답할 것이다. 그리고 보기와는 달리 도시계획은 그것에 대한 대답을 잘 한다. 기술적 수단과 시대의 구성 방법이 조화로운 해결책을 제공한다. 문제가 흥미로워지고 사람들이 위대하고 장엄한 새시대의 출현이 가까이 왔음을 예측하는 것이 바로 이때다. 건축은 진화의 과정에서 절정기를 기록한다. 그것은 일종의 정신체계가 제공한 결과다. 도시계획은 건축의 버팀대다. 작품으로 표현하고, 더 이상 우유부단하지 않은, 새로운 건축의 출현이 눈앞에 다가온다. 사람들은 도시계획이 시작되기를 기다린다.

* * *

대도시에 거주하는 사람들의 다양한 성향을 파악하는 것은 유익하다. 능력의 자리(언어상 가장 광범위한 의미로, 사업, 산업, 재정, 정치의 지도자들, 과학, 교육, 사상의 스승들, 인간 영혼의 대변자인 예술가, 시인, 음악가 등)인 도시는 모든 야망이 숨쉬는 곳이며, 온갖 마법으로 눈부시게 아름다운 신기루로 꾸며진 곳이다. 군중들은 그곳으로 돌진한다. 능력을 갖춘 자들, 지도자들이 도시의 중심부를 차지한다. 그 다음에 그들의 보조자들에서 가장 온건한 자들까지, 그들의 존재는 도시 중심부에서 정해진 시간에만 필요할 뿐, 제한된 그들의 삶은 그저 가족 구성이 목적이다. 가족들은 대도시에서 열악하게 산다. 전원도시는 가족의 기능에 더 잘 응한다. 마지막으로, 여러 가지 이유 때문에 공장을 필요로 하는 산업이 대도시 주변에 많이 몰려들 것이다. 공장과 더불어 수많은 노동자들의 사회적 균형이 전원도시의 중심부에서 쉽게 실현될 것이다.

분류해 보자. 인구를 세 종류로. 도시 거주자들. 삶의 절반은 도시에서, 나머지 절반은 전원도시에서 보내는 노동자들. 하루를 근교의 공장과 전원도시로 분할해서 보내는 수많은 노동자들.

이 분류는 도시계획 프로그램의 일종이다. 실천 속에서의 객관화, 그것은 대도시에 대한 회계감사를 시작하는 것이다. 왜냐하면 오늘날 대도시는 급속한 성장으로 인한 혼돈에 휩싸여 있기 때문이다. 그곳에서는 모든 것이 혼란스럽다. 도시계획에 대한 이 프로그램이 명확하게 밝혀 줄 것이다. 예를 들면, 거주자 3,000,000명의 도시를 위해 순수 주간 노동인구는 500,000명에서 800,000명, 야간에는 도심지가 텅 비어 있다. 도시 주거지역이 그 일부를 수용하고, 전원도시가 그 나머지를 수용한다. 따라서 오십만 명은 도시(중심 지대)에, 이백 오십만 명은 전원도시에 거주하는 것을 허용하자.

원리상으로는 확실하지만, 숫자상으로는 불확실한 이 명확화는, 질서라는 측정들을 도입하여, 현대 도시계획의 주요 경계를 정하고, 도심지(중심)와 거주지의 비례를 결정한다. 통신과 수송의 문제를 제기하여, 도시의 위생 기반시설을 확정짓고, 분양 방식과 도로의 위치와 모양을 정하고, 인구밀도와 그 결과로 중심부와 주거지구 그리고 전원도시의 건설 시스템을 결정한다.

*
* *

고층 건축물에 대한 문제가 유럽을 좌우한다. 네덜란드, 영국, 독일, 프랑스, 이탈리아 등지에서 이론적 시도가 처음으로 이루어졌다. 그러나 고층 건축물을 가로에 대한 연구와 수평·수직 수송에 대한 연구로 분리할 수는 없을 것이다.

그래서 도심지는 가족생활에서 결정적으로 제외했다. 문제의 현 상황에서 고층 건축물은 가족생활의 은신처가 될 수 없는 것처럼 보인다. 고층 건축물의 내부조직은 교통과 조직의 비용이 업무만을 부담할 수밖에 없는 어마어마한 시스템을 연상시킨다. 공중 역과 같은 교통수단의 개발은 가족생활에 적합하지 않을 것이다.

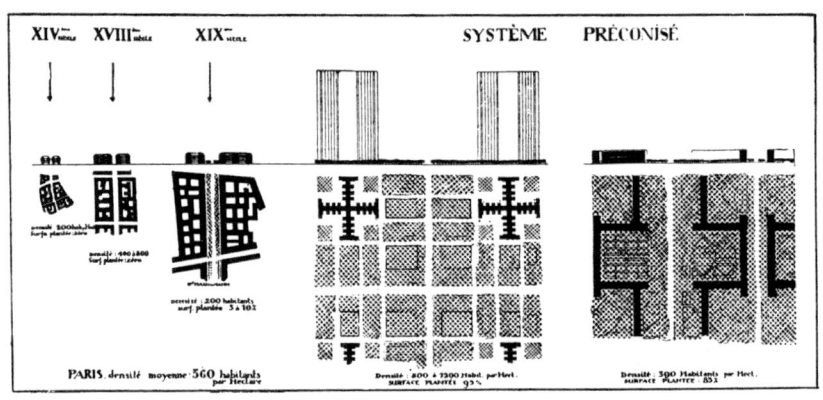

같은 스케일로 표시된, 14, 18, 19세기(고딕, 루이 15세, 나폴레옹 3세 시대)에 건설된 대규모 재개발 지역과 거리들. 그 다음에는 고밀도와 60층의 고층 건축물로 구성된 현대적인 분양 주거에 대한 제안(건폐율 50%, 녹지율 95%), 12층으로 이루어진 요철형 분양 주거(건폐율 15%, 녹지율 85%에는 산책로와 대규모 공원이 포함되어 있다)

도시 주거구역도 같은 합리적인 변화로 진행될 수 있을 것이다. 400미터의 주도로가 축과 축을 가로지를 것이다. 가장 안전한 사용과는 달리 주거 건물들이 수많은 안뜰로 분할된 내부와 함께 길 위로 불쑥 나온 장방형 덩어리로만 모여 있지는 않을 것이다. 안뜰을 완전히 배제한 요철형 분양 주거 시스템(『에스프리 누보』 제4호, 1921년에 제시되었다)은 튈르리 정원보다 넓은 면적에 200에서 400, 아니면 600미터 간격으로 주택을 둘 것이다. 도시는 하나의 거대한 공원이 될 것이다. 건폐율 15%, 녹지율 85%로, 오늘날 정체된 파리의 인구밀도와 같다. 400미터마다 교차하는 50미터의 넓은 축선 도로(자동차 교통에 의해 오늘날 도로의 2/3가 제거된다), 안뜰이 없는 주거에 인접한 쾌적한 체육공원, 도시 모습을 급진적으로 변형시키고 처음으로 중요한 건축 공헌이 될 것이다. 기타 등등.

이성의 체로 걸러지고 예의바른 서정抒情으로 활기를 되찾은 대도시의 도시화는 고도의 건축적인 것만큼 실용적인 해결을 제시한다. 그 해결은 문제의 순수한 이론적 분석에서 나온다. 우리들의 습관을 뒤바꿀 것이다. 그러나 몇년 전부터 우리의 삶 자체가 뒤바뀌지 않았는가? 인간은 이론적으로 생각하고, 이론적 정확함을 획득한다. 이론을 통해 인간은 나아가야 할 길에 전념하고, 실제 생활의 여러 경우에 대처한다.

* * *

이해에 얽힌 것, 기술적인 것과 핵심적인 것과 같은 많은 문제들이 도시계획을 통해 해결되듯이, 지금이야말로 이 연구의 프로그램을 서술할 기회가 온 것 같다.

　당나귀의 길과 인간의 길부터 시작된 연구는 가장 절망적인 상황에 관한 질문이었다. 그러나 잘못 내디딘 길에서 벗어나기 위해 이성의 격려를 따르자마자 푸가 음악 시스템으로 되어 있던 마음이 단조로운 노랫가락으로 따라 부르기 시작했다. 모든 위험으로부터 안심하기 위해 가장 기본적인 인간적 사실이 있다. **질서**. 그 다음은 이 민감하고 매력적인 마음을 위해 **넘쳐흐르는 감정과 영속성**. 여기서 미학자는 걱정스럽고 혼미해진다. 확고하고 인간적이며 시기적절한 바탕 위에 그것을 앉히기 위해서 **분류와 선택(검토)** 그리고 **분류와 선택(적절한 결정)**. 오늘날에는 **대도시**. 그 다음의 것들은 **통계**. 예측은 **신문 스크랩**. 획득된 것 **우리의 수단들**. 그 다음은 치밀한 계획과 함께 현대 도시계획의 객관적 제안은 **현대도시** 그리고 감동적인 경우는 **파리 도심지**. 이 감동적인 경우를 소개하기 위해 역사 속에서 한 조사는 **내과 치료 아니면 외과수술**. 20세기에 적합한 도시계획의 실현을 목표로 모든 이론을 뒷받침하고 열정을 소생시키기 위해서는 **수數**. 대담, 용기, 예견이 게으름, 두려움, 혼돈에 부딪히는 동시대의 사건을 끝내기 위해서는 **불협화음**[11].

　그래서 아마 냉정한 정신과 뜨거운 마음은 여기에 상상력이 풍부한 힘을 적용할 논점들을 찾을 것이다.

---

11) 나는 너무나 쓰라린 이 장을 마침내 포기했다. 장소가 없다. 그리고 좀 속이 매스껍다. 자료는 해학가들에게 일임한다…… 유감스럽게도!

통계는 과거를 제시하고 미래를 그린다. 통계는 수를 제공하고 곡선의 의미를 알려준다.
통계는 문제를 제기하는 데 쓸모 있다.

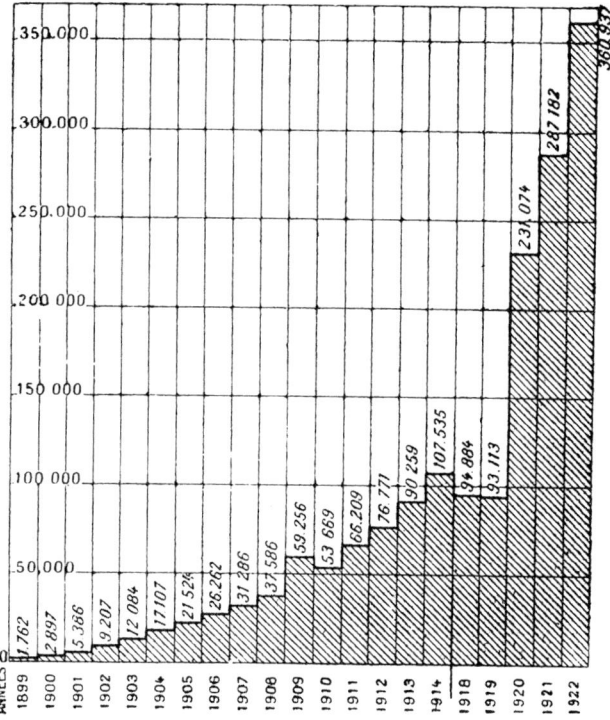

최근 23년간 프랑스 자동차 교통량 증가를 나타낸 그래프
전쟁 기간에는 약간 후퇴하였지만, 1920~1922년에는 비약적으로 증가하였다.
[그림 1] 마사르Massart의 보고

8. 통계
$$A : B = A^1 : B^1$$

통계는 도시계획가의 천마天馬 페가수스Pégase^{역주19}다. 소름끼칠 정도로 음산하고 꼼꼼하며, 열정도 없는, 냉정한 통계는 서정적 영감의 도약판이며, 시인이 수와 곡선으로, 인간의 진실로 굳건하게 믿고서 미래와 미지를 향해, 도약할 수 있는 발판이다. 사실, 이 서정적 영감은 우리에게 흥미를 불러일으킬 것이다. 왜냐하면 우리의 언어로 말하며, 우리를 좌우할 것들로 시간을 보내며, 우리의 시스템만을 해결하도록 우리를 이끌면서 우리의 운동 방향으로 몰아갈 것이기 때문이다.

통계는 현재의 정확한 상황뿐만 아니라 과거의 상황도 알려준다. 그리고 통계는 매우 의미 있는 선으로 그들을 연결시켜 주어 과거로부터 정확한 의견을 얻고, 곡선의 짜임새에 따라, 미래를 깊이 이해하여 예측된 확신을 가질 수 있다. 따라서 시인은 우리가 이루어야만 하는 행위에 대한 안전장치로 필수 불가결한 진실의 다발로 우리를 인도한다.

통계의 효력을 통해 문제의 복잡함으로 모든 것이 생소함에도 불구하고, 사람들은 이해할 수 있고, 창조적인 정신으로, 눈 깜짝할 사이에 확실한 방향을 인지할 수 있다. 복잡하면 갈피를 잡지 못한다. **갈피를 못 잡고 헤매는** 사람들보다 줄곧 위험을 피하는 사람들이 훨씬 적다. 도시계획은 사실상 물에 빠져 허우적거리는 파도가 일렁이는 바다다. 끊임없이 밀려오는 파도와 귀가 멍할 정도인 파도소리의 공격을 받는 동안, 처음에는 허우적거리다 곧 물 속에 잠겨 버린다. 기껏해야 배에 탄 승객에게, 눈가리개를 한 채 수레를 끄는 말이 갖고 있는 양심과 정확성 정도로, 일하는 양심과 정확성으로 구명띠를 매어 주는 것이 고작일 것이다.

도시의 본체本體를 바로잡고, 교화하고, 교육시켜 생산성을 유지하며, 혼돈의 질식으로부터 끌어올리려는 목적으로 서서히 오랫동안 행한 수고는 바로 미래를 위한 험난한 상황에서 전개되는 것이다. 엄청난 수고는, 늘 비판받고 칭찬받은 적도 없는 시의 행정 서비스가 이루어지는 것과 같다. 왜냐하면 이 서비스는 시민 축제날에 신경질적인 태도로 우리의 충동을 끊임없이 제지하며, 우리의 물결을 유도하는 경찰관과 유사하기 때문이다. 양심과 정확성으로 통계를 작성하는 사람들은 매우 꼼꼼하게 일하면서 만든다. 그리고 그들의 정신은 수천 개의 작은 돌이나 수천 개의 면사를 선별하기 위해 몸을 구부리는 모자이크 세공사나 직물 장인들의 변함없는 타입과 같다. 그것은 개념이 아닌 분석의 정신이며, 일시적인 사실의 정확성 안에서 폐지된 정신이며, 산뜻하고 참신하며 예언적인 구조물에는 기능적으로 맞지 않은 정신이다.

훌륭한 의지와 정직한 의식을 가진 사람들에 대해서는 정당한 평가가 내려져야만 한다. 그들의 훌륭한 의지는 엄청나며 그들의 노고에 심취된 영속성은 일종의 성숙된 힘이다. 그들은 전쟁터의 병사들처럼 겸손한 존재이지만, 일단 모이면 대군大軍을 이룬다. 그들의 운명은 힘든 일 속에서, 관련성 없는 곳에서 전개된다. 분석할 줄 아는 소중한 능력, 그들의 불행이 여기서 나온다. 그들에게 창조를 요구하는 것이다. 풀 수 없는 도시의 현상에 의지하는 사람들은, 사태의 흐름을 변경시킬 수 있는 격렬한 비약을 요구하는 사람들이 아니다. 그들은 통계가일 뿐이다. 통계는 일종의 원료다. 원료에 스스로 가공될 것을 요구해서는 안 된다. 원료를 가공하기 위해서는 전문가가 필요하다.

대도시의 경영이란 무엇인가? 토지대장 부처, 도시확장 부처, 교통관리 부처, 대중교통 지도부서가 무엇인지 시민들은 알지 못한다. 사람들은 대도시의 엄청난 기구가 무엇인지, 특별하고 개인적이고 무정부주의적인 열정에 모든 행위가 지배되는 사백만 개개인을 규율 상태로 유지시키는 자가 누구인지 잘 모른다. 사백만 개개인은 각자의 방식대로 살면서 자신들의 자유 의지에 따라 움직인다. 그 각자의 요구가 늘어남에 따라 엄청나고 극적인 긴장이 조성된다.

그러나 이 긴장은 군중들을 천천히 이끄는 저변에 흐르는 자극을 따른다. 긴장은 서서히 그러나 때론 모순되게, 격렬함과 혼란을 도발하면서 빠져 나간다. 이 흐름의 실체를 인지하고, 그 힘을 측정하고 방향을 판별하는 것이 통계가 하는 일이다.

나는 작업에 정확하고 치밀한 노동자들을 보았다. 조사를 마치면서, 나는 톱니바퀴가 더 엄밀하고 정교하게 맞물릴수록, 톱니바퀴가 늘어나고, 또 그 톱니자체가 다시 세분화되는 기계에 거의 현기증이 나려고 한다. 나는 사람들이 기계를 직접 마주할 때, 아주 작은 변화를 예상하는 것조차 두려워한다는 것을 느꼈다. 이미 기계의 작동 소리를 듣고서도 상태가 잘못되었다는 것을 짐작한다. 이에 사람들은 경의를 표하면서도 소심해진다. 개인의 생각은 억제된다. 굳은 결심으로 어떤 일을 하려면 기계를 너무 가까이 해서는 안 된다. 나는 도시의 시스템을 변화시키는 모든 제안이 되는, **순간의 정확한 진실**에 대해 일종의 경멸감을 느꼈고, 또 새로운 개념을 흔히 공식적으로 제시했을 때, 왜 진짜 분노가 일어나는지 알 것 같다. 결론을 내렸다. 섬세하게 꽉 맞물려 있는 톱니바퀴에 의해 치명적으로 끌려가는 이 환경에서는 아무것도 생겨날 수가 없다는 것을. 그 바깥쪽, 꽉 맞물려 있는 톱니바퀴의 존재 자체도 알아채지 못하는 곳에서 유용한 무엇이 발생할 수 있다. 통계는 복잡한 기계의 결과다. 통계에서 벗어나자. 왜냐하면 시간이 기계의 나태함을 파괴하러 왔기 때문이다. 통계로부터 떠날 시간이다. 후회가 없어야만 한다. 그뿐만 아니다. 솔직하게 구상하고 순순한 어린이와 같은 해결책을 찾기 위해서는 분해하기 힘든 기계의 추억에서 벗어나야만 한다. 나는 분해하기 힘든 기계에 맞서 싸우고 있는 가장 활동적인 한 사람인 파리 시의회의 제2위원회(일반 행정, 경찰, 소방, 공유지) 위원장 에밀 마사르Emile Massard에게 이렇게 말했다. "나는 당신의 수없이 명백한 진실 밖에 있기를 원합니다. **공유지**의 관리 등을 곤란하게 하는 서류와 같이, 투쟁 중에 있는 이해 관계의 극성스러움을 알고 싶지 않습니다. 단지 당신의 통계를 바탕으로 건전하고 명료한 개념을 자유로운 정신으로 완성하고, 유용성과 아름다움에 대한 순수, 기준 원리를 연구하며, 특수한 경우를 넘어선 문제를 제외한 현 대도시의 근본 원리를 공식화하기를 원합니다. 그러면 각자가 특별한 경우, 예를 들면 파리의 경우를 확신할 수 있을 원리로 고찰할 수 있을 것입니다."

    나는 1923년에 마사르가 제2위원회의 이름으로 낸 파리 시의회의 보고서를 읽었다. 그는 대도시의 교통에 관해 다루고 있었다. 모든 나라의 사람들은 위험이 점차 증대되는 불안한 상황에 놓이자, 끔찍한 기계의 톱니바퀴를 모두 새로운 톱니바퀴로 다시 조립하는 것처럼 여전히 남아 있는 해결책들을 옹색하게 대거 제안하고 있다. 그것은 더 이상 견딜 수 없는 상태이며 사람들은 막다른 골목으로 향하고 있다. 더 이상 이론은 없다. **각자 알아서 피신하라!**

✽
✽ ✽

인구 이동

500,000명에서 4백만 명에 도달한 대도시의 인구는, 점점 더 가파르고 빠르게 증가곡선을 그리고 있다. 곡선을 따라 달리는 순간에 대도시를 살찌우는 국가가 그 성장의 한계에 도달하는 순간, 곡선이 점진적으로 하강하는 것을 인정하지 않는다면, 이 곡선은 무한히 계속될지도 모른다. 과거부터 지금까지 보여 준 가속화에 따라, 대도시의 인구는 1백만 명에서 2백, 3백, 4백, 5백, 6백, 7백만 명으로 증가하게 될 것이다. 사실 우리에게, 성장은 무한한 것으로 여겨질 수 있다.

    만약 (도시의 한 구나 근교의 도시와 같은) 한 구역의 성장곡선을 연구하면, 이 곡선의 성질이 대도시의 것과 마찬가지임을 알 수 있을 것이다. 동시현상. 그렇지만 여기에 그 **성장한도**가 적용되는데, 다시 말해 구역의 용량이 결정적으로 그 **제한된** 면적(대도시의 면적이 무한한 반면)에 의해 제한되는 순간이 성장한도다. 이 순간에 정상적인 용량의 과포화로 주거의 위기가 나타난다. 그 다음에는 진동 작용

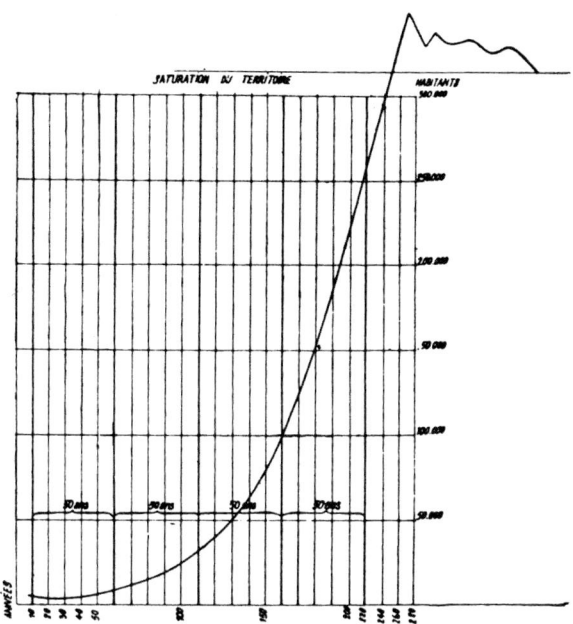

[그림 2] 인구 성장의 일반적인 곡선.
성장의 격심한 가속을 50년 단위를 통해 본다.

에 의해 완전한 포화 일치상태가 된다. (새로운 외적 사건이 개입될 때까지, 예를 들면 시공 법규의 변경을 가져오는 건축 방법의 변경. 어느날 현재 법규는 정해진 6층이나 7층 대신 20층 이상을 건설하도록 결정할 수 있다.)([그림 2])

파리 시 **확장 담당부서** Services d'Extention de Paris[12])가 근교 센 지역 département de la Seine의 각 구역에 대한 성장곡선을 이와 같이 작성했다. 이 곡선들은 지금부터 50년 동안 시나 구역이 어떻게 될 것인지를 알게 해 준다. 따라서 충분한 도로

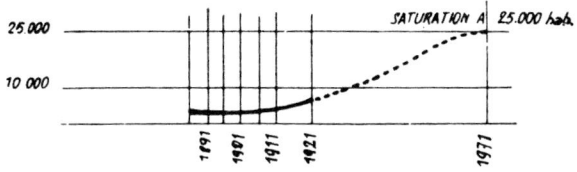

[그림 3] 파리 근교 르 부르제Le Bourget. 최근의 인구 밀집 지역

---

12) 본느퐁Bonnefond의 담당부서

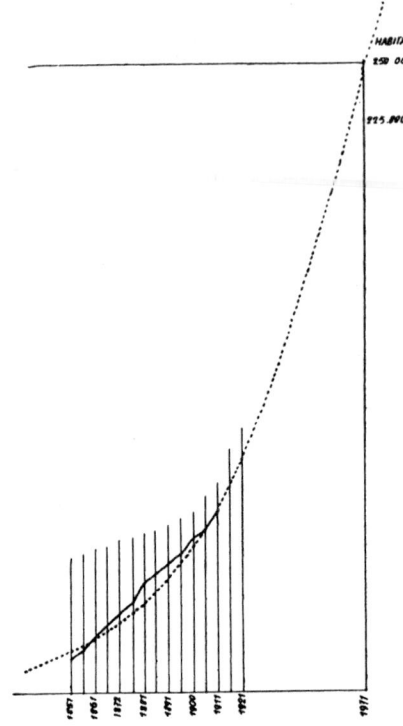

[그림 4] 파리 근교 생 드니 시Saint-Denis, 발전도상의 도시권역

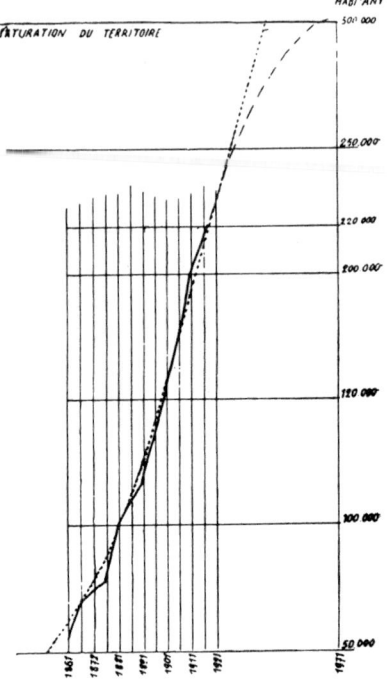

[그림 5] 파리 제15구역. 한계점에 도달한 도시권역(건축 고도 제한의 현 규정에 따라 결정되었다.)

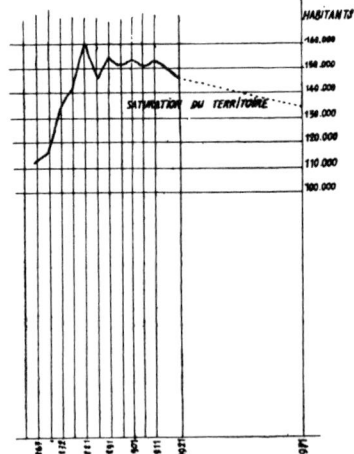

[그림 6] 파리 제10구역. 수용 능력을 초과한 도시권역(현재의 상황)

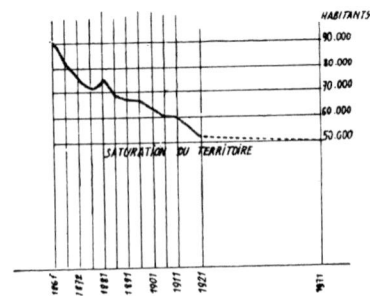

[그림 7] 파리 제1구역. 주민들의 전출로 인해 정상적인 수용 능력을 회복한 도시권역

(끝과 끝을 이은 다섯 개의 곡선 3, 4, 5, 6, 7은 [그림 2]에 나타난 일반적인 성장 현상을 재구성할 것이다.)

설계, 공원, 공동묘지, 공공시설의 면적 등을 지금부터 예측할 수 있도록 해 준다.
통계는 문제 제기에 유용하다.

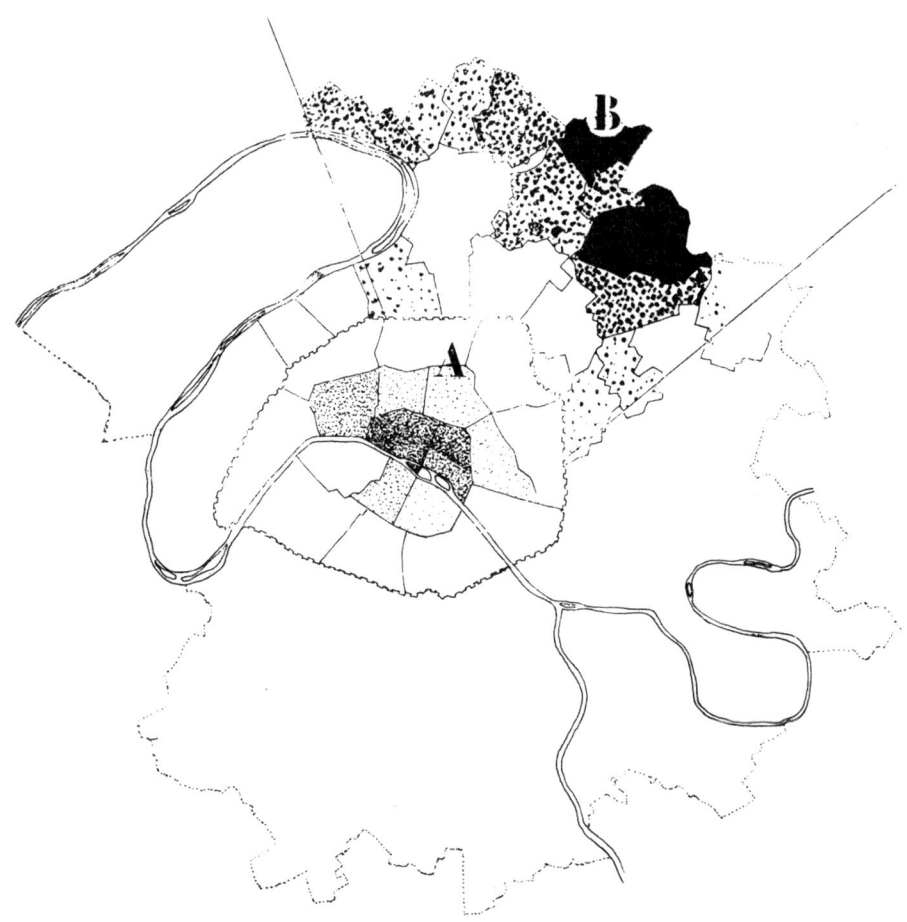

[그림 8] 센 지역. 파리 근교(1911년과 1912년의 통계조사)
A에서는 거주 인구의 전출 후, 업무군으로 바뀌었다(10년 사이에 사무소 중심지로 형성된 현저한 예시!). B에서는 근교의 과밀화
(이 현상은 모든 지역에 나타난다).

회사가 대도시의 중심부에 급속도로 집중된다.

무엇이 그것을 증명할까? 통계가 입증한다. 통계는 어느 지역에서 어떤 강도로 현상이 일어나는지도 명확하게 밝혀 준다.

표([그림 8])에서는 조사된 인구, 다시 말하면 주거를 소유한 거주자들의 성장과 감소가 두드러지게 나타난다. 제 1, 2, 3, 4, 5, 6, 7, 8, 9, 10, 11구역의 인구가 빠져나가는 것을 알 수 있다. 아파트는 사무소로 개조되었다.

파리 시 확장 담당부서에는 헥타르(ha)당 인구밀도의 규모를 나타내는 표가 있다. 어둡게 표시한 부분은 인구과밀 구역을 나타낸다. 결핵에 대한 통계가 같은 인구과밀 구역을 검은 점들로 가득 채운다. 그곳에서 쉽게 교훈을 이끌어 낸다. 건물 철거자들을 부르자, 어디를 철거해야 할지 안다. 또 다른 통계는 어떻게 재건되는가를 보여 줄 것이다.

오늘날의 대도시는 자멸한다.

대도시는 철도에서 태어났다. 예전에는 도시 입구가 시 성벽의 문을 통해 형성되

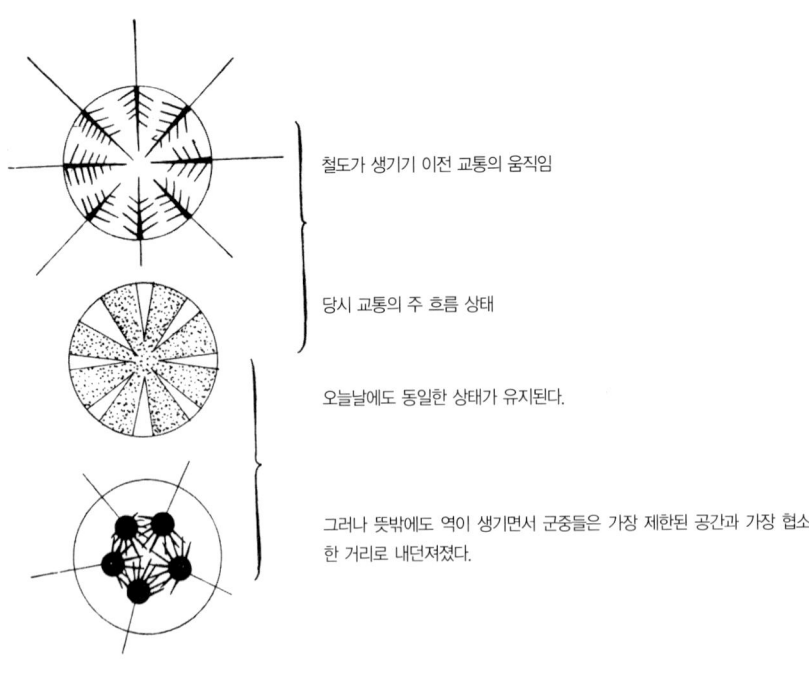

[그림 9]

었다. 수레와 사람들은 도심지로 향하는 길을 따라 흩어졌을 것이다.

도심지를 혼잡하게 만든 어떠한 특별한 이유도 없었다. 철도가 대도시의 중심부에 역을 만들도록 유발했다. 대도시의 중심은 가장 좁은 가로망으로 형성되어 있다. 군중들은 이 협소한 길에 내던져졌다. 교외로 역을 이전하자고 말할 것이다. 통계는 답한다. 아침 9시에 수십만의 통근자들이 일시에 회사가 있는 도시 중심부에 내리기를 강력히 요구하는 사무활동 때문에, **안 된다**. 통계는 사무활동이 발생하는 곳이 중심부임을 제시한다. 통계는 중심부에 매우 넓은 가로가 건설되기를 강력하게 요구한다. **따라서, 중심부를 철거해야만 한다**. 이러한 사태를 모면하기 위해 대도시는 중심부를 개조해야만 한다.

사무활동은 가장 빠른 속도의 교통을 강력히 요구한다.
자동차는 사무활동을 만들었고 사무활동은 예측의 한계가 없는, 자동차를 발전시킨다. 마사르의 보고서는 끊임없이 말한다. **속도? 속도는 현대 사회의 진보 그**

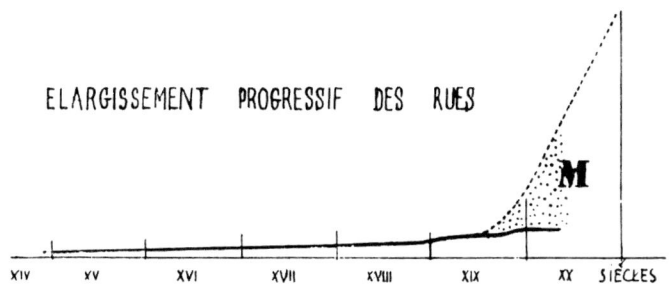

[그림 10] 도로의 점진적인 확장 — 점이 찍힌 M 지역은 도로 시스템이 발달되어야 할 곳을 나타낸다. 불행하게도 우리 계산이 틀렸다. 그 때부터 위기가 발생한다.

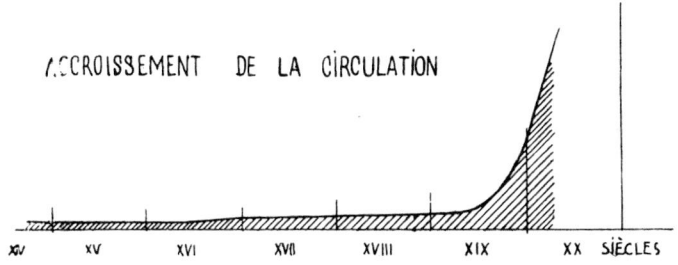

[그림 11] 교통량의 증가 — 20세기는 매우 오래된 현상에 대해 아주 심한 분열을 알리고, 곡선의 방향은 전혀 예상 밖의 상태에 대한 출현을 감수하도록 만든다.

자체로 요약된다. 이 의견은 1923년 세빌리아Séville[역주20]에서 개최된 도로에 관한 국제회의의 논쟁을 주도했다.

파리에서는 (자동차의) 순환 면적이 (차도의) 주행 면적보다 훨씬 넓다(마사르의 보고). 여기 도로와 (자동차의) 순환 면적에 대한 현 상황을 보여 주는 그래프([그림 10])가 있다. 자동차는 어디로 가는가? 도심지에 간다. 도심지에는 주행할 수 있는 면적이 없다.

도로를 만들어야만 한다. 도심지를 파괴해야만 한다.

이 장의 첫머리에 최근 23년간 자동차 교통량의 증가를 나타내는 표가 있다([그림 1]). 1921년과 1922년보다 훨씬 심각한 1923년과 1924년의 것은 빠져 있다. 자동차경주는 대도시에 심각한 결과를 초래하는 하나의 새로운 사건이다. 도시는 그것을 대비하지 않았고, 병목현상이 극심하여 뉴욕에서는, 사업가들이 자동차를 교외에 주차해 두고 지하철을 이용하여 자신의 사무실로 간다. 이 놀랄 만한 모순!

그리고 여기에, 1912~1921년 미국의 자동차 생산 증가곡선이 있다([그림 12]). 언제나 더 많이 기울어지는 절대적인 대각선.

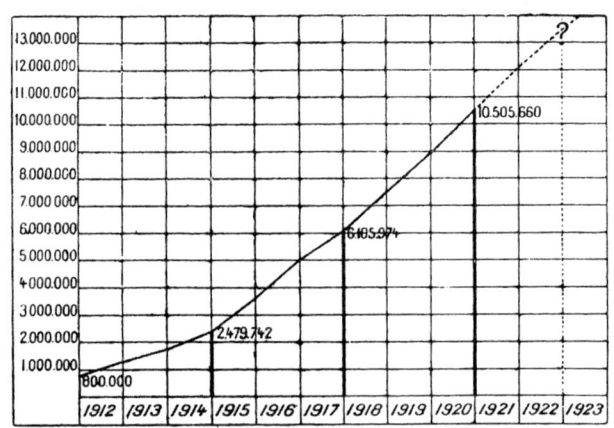

[그림 12] 마사르의 보고

게다가 여기에 밀물처럼 밀려드는 수치가 있다(경제활동 초기를 나타내는 1923년과 1924년은 빠져 있다). ([그림 13])

	Carrefour Rivoli-Sébastopol	Carrefour Drouot	Champs-Elysées-Ch.deMarly	Carrefour Royale-St-Honoré	TOTAUX
1908 du 3-9 Févr.	33.993	57.409	45.710	69.228	206.340
1910 du 18-24 Avril	37.528	60.711	71.237	73.178	242.654
1912 13 Mai-19 Mai	42.681	51.289	81.437	85.557	260.964
1914 27 Avr.-3 Mai	62.703	56.174	88.707	83.410	290.102
1919 19-25 Fév. 26 Mai-4 Juin	34.436 40.355	44.772 54.764	66.440 114.368	65.081 84.408	210.729 293.895
1920 3-4 Nov.	48.805	60.978	90.143	82.944	282.870
1921 30 Mai-5 Juin	50.702	65.970	100.656	81.174	298.302
1922 15 au 21 Mars	48.641	65.107	104.862	88.351	306.961

[그림 13] 파리 경찰청의 교통통제 부서가 시행한 계산치
여러 교차로에서의 자동차 통행량

대도시의 중심부는 모든 도로의 교통이 허둥대며 모이는 깔때기의 아랫부분과 같다. 파리의 공공교통 안내지도는 전차와 버스의 노선들이 중심지로 밀집되고 증가된 흔적을 보여 준다([그림 14]). 이 그래프 상에서, 같은 임계지점들에 자동차 교통을 나타내는 검은 덩어리가 첨가되어야만 한다. 그 밑의 지하에는, 지하철이 매일 수백만 명의 승객을 내려 주고 있다.

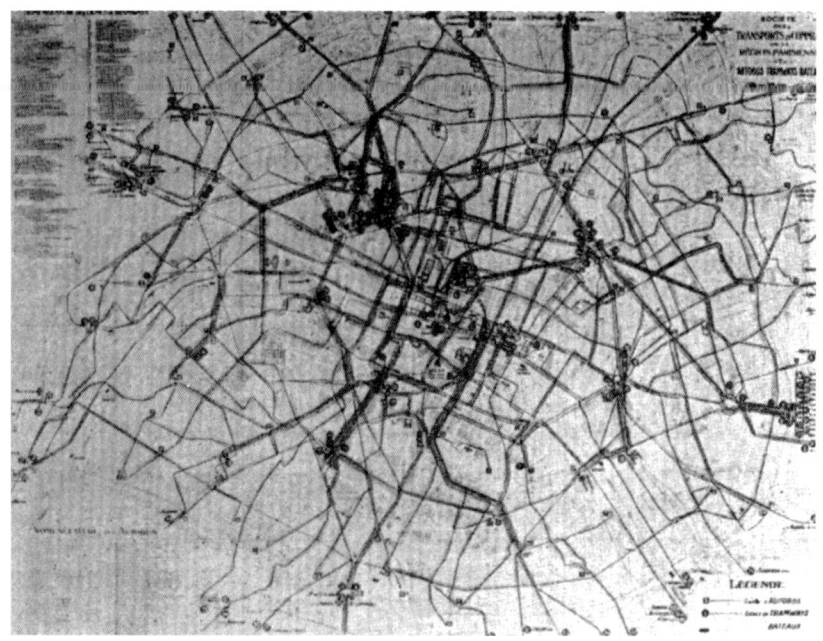

[그림 14] 파리의 공공교통망. 버스와 전차

    이 모든 기계장치는 속도에 적합하게 구성되어 있다. 그런데 현 도로 상태에서는, 그래프라는 고발자가 우리 시대 도시의 차들을 위해 적합한 속도가 시속 16킬로미터 불과하다는 것을 입증한다!!! 공장(국영기업)은 100킬로미터에서 200킬로미터로 속도를 내기 위해 악착스런 교전을 벌인다. 도시의 상태가 명령적으로 외친다. "16킬로미터입니다, 여러분." ([그림 15])

    왜냐하면 가로의 형태가 적합하지 않기 때문이다. 우리의 길들은 대다수가 아직도 16세기나 17세기의 것으로 거슬러 올라가기 때문이다. 16세기 중반의 파리에는 마차 두 대만 굴러 다녔음을 상기하기 바란다. 여왕의 사륜마차와 디안느Diane 공주의 사륜마차. 19~20세기의 가로는 말이 끄는 마차의 교통을 위한 길이다.

    사람들이 바라보는 곳, 그곳은 혼잡하고 숨막힌다. 현대 도시에서 수천 대나 되는 자동차를 어디에 주차할 것인가? 교통을 가로막는 보도를 따라서 교통이 교통을 망치고 있다. 뉴욕의 사업가는 자신의 차를 교외에 방치한다!! 근무시간 동안에 차를 주차하기 위해서는 넓고 비바람을 피할 수 있는 공공주차 공원을 만들어야만 할 것이다.

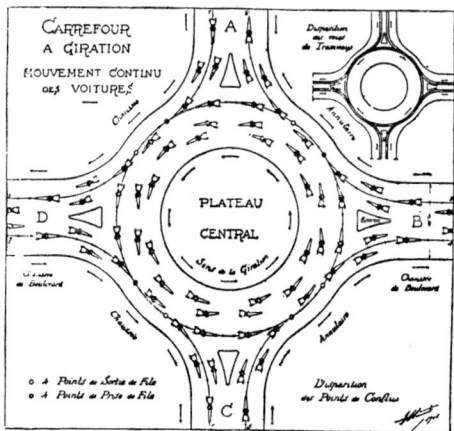

1906년, 에나르Hénard의 로터리식 교차로를 위한 제안. 이 그림은 마차만 고려했을 뿐 자동차가 아니다! 1909년, 자동차가 거의 없음을 보여 주는 두 개의 그림엽서가 여기 있다. 가속화된 진보에 대한 놀랄 만한 징표다.

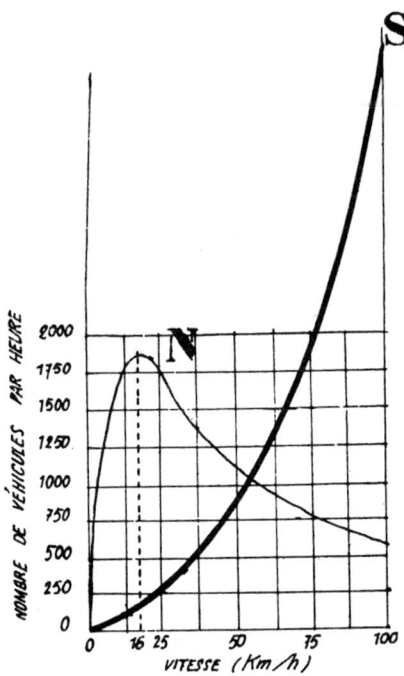

[그림 15] 곡선 N은 운송 능력과 속도의 최대 지점을 보여 준다(시속 16km의 자동차 1,775대). 만약 자동차가 시속 100km로 달린다면, 거리는 시간당 500대를 운송할 것이다. 이 곡선은 각각의 자동차가 어떤 경고에도 브레이크를 밟아 멈출 수 있기 위해 필요한 간격을 유지해야만 한다는 원리에서 성립된 것이다. 만약 도시의 필수적인 가로 위에 교차가 빈번하지 않는 자동차 경주로를 만든다면 N은 S로 대체될 것이다. 곧 속도가 빨라질수록 운송 능력도 증가하는 것이다.

현재의 도로는 거절한다. 복도형 도로는 더 이상 남아 있을 아무런 이유가 없다. 또 다른 형태의 도로를 창안해야만 한다.

이 도로 형태를 어떻게 결정할까? 대형 차량(화물 수송)의 통행 장소에 대한 통계를 작성한다면 대량이면서 서행하는 차량의 흐름 층을 알 수 있을 것이다.

또 하수구, 수도, 가스, 전기, 전화, 압축공기관, 기송관[역주21] 등의 설치비에 대한 통계도 작성한다. 도시의 가장 절박한 구역에 있는 이들 시설의 연간 유지비에 관한 통계도 작성할 것!

마지막으로, 이 구역의 한정된 면적에 건물을 짓기 위해 이미 있었거나, 현재 있는, 아니면 차후에 시행할 굴착과 토사처리 비용에 관한 통계를 작성하는 것이다.

그리고 나서 파리의 거대한 표면이, 습기 차고 불결한 땅 속에 시설을 파묻기 위해 지하 4미터까지 파헤쳐졌음을 머릿속에 잘 새겨 둘 것. 그런데 막대한 비용을 쏟아 부었으나 거의 사용이 불가능한, 보기에도 흉한 구축물로 된 엄청난 박스를 묻고 있지는 않은가? 주택의 기초를 견고하게 하기 위해서는 콘크리트 기둥으로 충분하기 때문에 주택의 밑을 판다는 것은 오늘날 불필요한 것이라는 확실한 결론을 내린다. 도로는 더 이상 소들이나 다니는 바닥판plancher des vaches[역주22]이 아니라, 새로운 기관으로, 그 자체가 구축물이자 길이가 긴 공장의 일종인 **통행용 기계, 통행순환기관**이라는 것이다. 도로는 일, 이층으로 되어야 할 필요가 있으며 또, 상식적으로 생각해 봐도, 순박한 결론, 원한다면 실행할 수 있는, 필로티형 도시villes-pilotis를 실현할 수 있을 것이라는 결론에 도달한다.[13] 통계는 몇 번이라도 가능하다고 대답할 것이다.

이것은 하나의 예에 불과하다.

※ ※ ※

드디어 마지막으로 (아마 작성되었는지도 모르지만) 작성할 또 다른 통계가 있는데, 그것은 우리에게 세계를…… 공식적으로 들어올리기 위해 필요한 지렛대의 받침[역주23]을 가져다 줄 것이다.

"단 한 번의 박차로, 페가수스는 헬리콘Héicon 산[역주24]에다 시인들이 시적 영감을 긷기 위해 간다고 알려진 히포크레네Hippocrène의 샘을 솟아나게 했다."

참된 현대 가로를 구상하기 위해,

1. 교통 혼잡 시간에, 각 역에서 내리는 근교의 통근자 수는 얼마인가?

2. 어떤 변화에 따라 가솔린이나 중유 그리고 연소된 윤활유가 연소하면서 발생하는 가스로 뒤덮인 공기 속에서, 또 오늘날 가여운 관계에 있는 집과 가로로 둘러싸인 좁고 기복이 심한 지형 상태에 의해 열이 발산되는 복사열 속에서 오늘날 가로변에 심어진 나무들은 고통을 받게 되는가?

3. 최근 10년 동안 대도시의 현상을 따랐던 도시 거주자들의 신경계통의 자극곡선은 어떤가? 마찬가지로 그들의 호흡기 계통은 어떤가?

도시의 혼잡을 완화하고 가장 좋은 위생 상태로 접근하기 쉬운 광대한 면적을 얻기 위해,

---

13) 『에스프리 누보』, 제4호, 1920년. 「필로티형 도시와 건축을 향하여」, 크레 출판사, 1923년판을 볼 것.

1. 전국에서 모든 건물 위에 만들어진 테라스, 방수가 되어서 쉽게 사용할 수 있는 테라스 면적의 증가는 얼마인가? 왜냐하면 그렇게 되면 영원한 '방해자들'이 진보를 이용하는 건전한 양식의 표현에 불과한 이 방법이 존재한다는(또 저항하는) 것을 알게 될 것이기 때문이다. 그리고 도시계획은 도면을 도시의 **지붕**에까지 확장, 접근 가능한 이 면적을 회복시키고 거기에 소음을 벗어나 녹음으로 둘러싸인, 휴식의 거리라는 새로운 질서를 설계할 수 있을 것이다.

미래의 실현자들에게 유용한 재정 수단을 제공하기 위해,

1. 도시의 지가地價는 어떻게 유지될 것인가?

a) 사무활동이 부르주아의 거주지를 빼앗고 그곳에 정착했을 때?

b) 노후한 건물집단이 철거되고 새로운 넓은 가로가 개통될 때?

등등…….

*
* *

통계는 과거를 나타내고 미래를 개략적으로 그려 준다. 그리고 수치를 제공하고 곡선의 의미를 나타낸다.

더구나 새로운 사건(철도, 자동차의 구동 장치, 전신 전화 통신 등이 있는 19세기처럼)은 현실의 일상적 흐름을 완전히 흔든다.

만약 A = 옛날 도로라면,

만약 B = (사람과 화물) 수송, 위생, 도덕 상태 등을 포함한 옛 인구수라면,

만약 A1 = 새로운 도로라면,

만약 B1 = 새로운 인구, (사람과 화물) 수송, 위생, 도덕 상태 등등이라면,

방정식은,

$A : B = A1 : B1$이 될 것이다.

A와 B는 서로 비례했다.

A1은 실제로 A를 변경시키지 않았기 때문에

$A = A1$.

B1은 엄청나게 커졌다.

방정식은 사리에 어긋났다. $A : B = A : B1$.

그것은 다음과 같은 기호로 나타낼 수 있다.

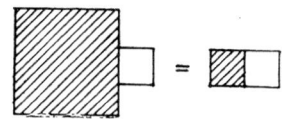

내항과 외항의 곱은 다음과 같다.

사리에 어긋나는 것이다.
현 상태에 있는 현대의 대도시는 일종의 사리에 어긋난 것이다.

* * *

그러나 사실 그것은 수백만의 인간 존재를 상하게 하고, 또 서서히 상하게 만든다. 그리고 그 배후에 있는 국가는 마비 상태에 빠지게 될 것이다.
통계는 가차없다.

"29세, 신중한 성격, 부양가족 없음. 직장이 있고, 독신이면서도 착한 젊은 여성과 결혼을 전제로 교제를 원함. 호의를 기다리며. 레이몽J. Raymond……"

삽화 : 카피Capy, 동역의 교차로를 건너기 전, 한 가족의 아버지와의 가슴 아픈 이별.

9. 신문 스크랩

하루에 한 가지 신문만 읽는데도 불구하고!

 전보는 세계 지진계에 등록된 그래프의 곡선을 그리고, '신문의 3면 기사(잡보 기사)'는 전국은 물론 집 앞에서 일어나는 드라마를 날마다 전한다. 과학이나 역사에 관한 일시적 사건들, 경제·정치에 관한 것들.

 일년 전부터 **도시계획**의 문제가 일상의 사건으로 등장하는 것을 볼 수 있다. 격납고, 창고, '찾아가지 않는 주문 상품들'을 보관하는 임시보관소가 심각한 문제로 등장하고 있다. 출생, 사회 안정, 상공업 단체, 알코올 중독, 범죄 행위, 대도시의 특수한 도덕성, 시민정신과 같은 것도 마찬가지다. 이것이야말로 **곳곳에서, 도시 안팎에서** 도시의 절대적인 존재를 알리는 말이다(그것은 오래되었다!). 도시 없이는 아무것도 존재하지 못한다. 사실 도시계획은 인간의 필연적 존재를 항상 조건 짓는 단체 계약의 의미심장한 산물이다.

 일년 전부터[14] 도시계획에 관한 기사가 신문에 빽빽하게 게재되고 있다.

내가 여기에 순서대로 늘어놓은 것은 우연히 보이는 대로 신문 스크랩한 것들이다. 가장 수수한 기사도 큰 제목의 기사만큼이나 분명하고 풍부하다. 신문은 시대의 체온을 전한다. 도시의 체온은 열병에 걸려 있다.

* *
*

그리고 도시계획은 조만간 더 이상 '찾아가지 않는 주문 상품'처럼 어정쩡한 것이 아닐 것이다. 도시계획은 심의중인 문제 중 가장 불꽃 튀는 것이 될 것이다. 사람들은 머지않아 도시계획이 날마다 제기하는 불꽃 튀는 문제에서 벗어나게 될 수 없을 것이다.

교통

통행하는 법을 배우자

한계점에 이른 자동차들

도시계획

교통 혼잡을 피하기 위해

교통경찰의 수가 늘어난다

말 한 마리가 천 마력의 증기 차를 정지시킨다

기계화 50년은 우리에게 자동 동력 장치를 가져다 주었다. 속도는 1 : 30의 비율로 증가했다. 공장은 자동차를 넘겨 주었다. 누구나 신속하게 일을 처리하기 위해 자동차를 원한다. 왜냐하면 일을 빨리 처리해야만 하기 때문이다.

40세기나 400세기 전의 길이 남아 있긴 하지만, 그 길은 더 이상 우리에게 의미가 없다.

도시는 꽉 막혀 있다. 신문은 우리의 항의 ― 우리의 고충도 ― 로 늘어만 가는 소문들을 싣는다.

* *
*

---

14) 1923년

Apprenons à circuler

ON VA CRÉER UN CODE DE LA RUE

Le comité permanent consultatif de la circulation dans Paris s'est réuni hier, sous la présidence de M. Naudin, préfet de police. Il s'agissait d'étudier la mise en application, dans la capitale, des prescriptions générales imposées par le code de la route. Le comité a été appelé à se prononcer sur divers points :

1° *Limitation de la vitesse.* — Le code ns en d'autres endroits. La commission a donc décidé, à l'unanimité, de ne pas imposer de vitesse maximum aux véhicules.

En cas d'encombrement, ne serait-il pas souhaitable d'établir un ordre de priorité pour faire avancer les voitures : d'abord les transports en commun, puis les voitures publiques, ensuite les véhicules privés, enfin les voitures à bras ? Le comité paraît adopter cette classification ; mais sera-t-elle réalisable dans la pratique ?

7° *Stationnement.* — Il est établi que dans les rues de moins de neuf mètres, deux voitures ne doivent pas stationner l'une en face de l'autre ; mais il arrive que, lorsqu'un agent veut verbaliser il ne peut jamais...

Comme conclusion, le comité a décidé de créer une sous-commission chargée d'élaborer un règlement clair et précis qui constituera le nouveau code de la rue. — L. B.

Journal 6 mars 1923

1923년 10월 12일자 『르 주르날』역주25

LE PROBLÈME DE LA CIRCULATION

Il n'y a que la multiplication des agents, aux places et carrefours encombrés, qui puisse faciliter le passage continuel des masses d'assaut faites d'autos de tous genres et de toutes forces.

(Interview de M. Guichard, de ce jour)

— Combien d'agents affectez-vous au service de la circulation ?

— Tous ! Mais, à tour de rôle. Aujourd'hui, tous nos agents possèdent le bâton qui n'est plus blanc. Chaque jour, de une heure à sept heures, nous occupons 4.000 hommes environ à faire circuler dans Paris. Et, vous le voyez, ça ne permet guère d'aller plus vite ! Le poste, aux carrefours et aux croisements est très fatiguant et dangereux. Nous avons eu des agents tués et beaucoup de blessés. Eh bien, nous avons, à certains endroits très encombrés, des spécialistes qui font cinq heures de service sans relève. C'est une mission très délicate que celle-là et je crois cependant qu'il n'y a que la multiplication des agents aux places ou dans les rues encombrées que nous pourrons faciliter le passage continuel des masses profondes d'assaut, faites d'autos de tous genres et de toutes forces et aussi de civils allant dans tous les sens.

— Le nombre augmente chaque jour, n'est-ce pas, des véhicules qui viennent du dehors à Paris ou qui y circulent régulièrement ?

— Je pourrais vous donner des colonnes de chiffres. Mais n'en prenez qu'un. Il est explicite. Place de la Concorde, à hauteur des Chevaux de Marly, il passait, entre trois heures et sept heures du soir, au mois de mai :

En 1908, 3.000 autos et 3.000 attelages divers, soit 6.500 véhicules.

En 1912, il en passait 11.000, dont 8.000 automobiles.

En 1922, il passe 14.000 autos, 860 autobus et 1.500 autres véhicules. Mais, notez-le bien, en 1922 les camions et les voitures de livraison sont interdits aux Champs-Elysées et ne sont donc pas compris dans le total. Les chiffres parlent-ils ?

— Et au carrefour de l'Opéra ?

— On n'a jamais pu établir un compte sérieux.

Allez-y voir, un jour, vous comprendrez pourquoi. — A. DE GOBART.

Intransigeant 12 oct 23

1923년 10월 12일자 『엥트랑지장L'intransigeant』역주26

Pour éviter la congestion

Pour se promener à Paris, une femme a-t-elle besoin de se réserver vingt mètres carrés de la chaussée ? Faites attention à ce que vous allez répondre, car, si vous répondez bien, le problème de la circulation est résolu.

Maintenant, prenez un crayon et le plan de Paris : tracez une ligne de la Concorde au Châtelet, une autre du Châtelet à la gare de l'Est, une troisième de la gare de l'Est à Saint-Augustin, une quatrième de Saint-Augustin à la Concorde. Vous obtenez ainsi un quadrilatère où se trouve à peu près localisé tout le mal, (du moins tant que l'Exposition des arts dits décoratifs ne l'aura pas aggravé). Eh bien ! rien ne sera fait tant qu'on n'aura pas *interdit aux voitures des particuliers l'accès de ce quadrilatère*. Tout le reste, sens unique, manuel de piétons, signaux électriques, agents à bicyclette, à cheval ou à chameau, tout cela n'aura guère plus d'effet sur la circulation qu'un emplâtre sur un bâton de sergent de ville.

Ça n'empêchera pas, sans doute, de recourir à quelques mesures complémentaires, comme celle-ci, par exemple : n'admettre que le matin les camions et les voitures de livraison dans la zone congestionnée. Mais ce n'est là qu'un gros détail. L'essentiel est de ne pas souffrir qu'un particulier, quel que soit son sexe, puisse accaparer, sous un prétexte quelconque, vingt mètres carrés des « grands » boulevards ou des petites rues voisines.

Les gens de bien, que leurs affaires ou leurs plaisirs amèneraient en automobile de la périphérie au centre, descendraient gentiment de voiture à l'entrée du quadrilatère et en seraient quittes pour achever leur trajet en autobus, en métro ou de préférence à pied. En cultivant leurs muscles, ils apaiseraient leurs nerfs ; et au bénéfice de la marche s'ajouterait la joie trop rare de pouvoir atteindre leur but sans encombrement et sans encombre. Bien entendu, tout autour du quadrilatère, des stationnements seraient organisés de manière à leur permettre de retrouver aisément leur voiture. Et je n'ai pas encore dit tout ce que l'hygiène y gagnerait, car je n'ai parlé que des jambes. Gardons-nous d'oublier les poumons. Les Parisiens ne sont-ils pas empoisonnés par les vapeurs méphitiques des voitures à pétrole ? Regardez les arbres des Champs-Elysées : ils n'y résistent plus. Peu ou prou, comme eux, nous sommes tous gazés. Quel bénéfice pour la santé publique si dans les quartiers du centre on pouvait réduire au minimum ces exhalaisons malfaisantes !

Mais c'est trop beau, trop simple, trop hardi. Combien faudra-t-il d'années et d'accidents pour convaincre les intéressés qu'il n'y a pas d'autre solution ?

Gustave Téry.

1923년 10월 27일자 『뢰브르 L'Œuvre』 역주27

Cette photographie montre qu'un cheval tirant un coche suffit à arrêter mille chevaux-vapeur et à embouteiller la circulation parisienne

L'Intransigeant

『엥트랑지장』 역주28

15 Centimes

L'INT

Le Journal de Paris

CIRCULER

Les voitures au plafond

Le problème de la circulation dans Paris est un des exemples les plus nets de la timidité d'esprit et de l'impuissance d'action dont nous souffrons pour tout ce qui touche à l'organisation des services publics, et dont les républicains rénovateurs veulent radicalement guérir notre pays.

Passants et véhicules marchent et roulent de plus en plus serrés dans le centre de la capitale ; l'afflux augmente tous les jours ; c'est devenu la thèse quotidienne de lamentations pour les journalistes et les hommes d'affaires, pour les Parisiens et les banlieusiens, et de tout ce concert de gémissements ne paraît sortir aucune idée pratique, aucune formule de réalisation.

Pensez-vous qu'environ cinq cent mille personnes passent aux heures d'affluence dans le Paris encombré ? Pensez-vous que les embarras de la circulation leur font perdre à chacune un temps énorme ; prenons vingt minutes par jour, car elles y passent plusieurs fois, c'est près de 200.000 heures quotidiennement perdues ou de 60 millions par an. Et souvent ceux dont la voiture se trouve arrêtée comptent parmi les chefs d'entreprise, parmi les hommes dont le travail procure aux autres hommes du travail. La perte qui peut résulter, pour l'ensemble du pays, de cet encombrement absurde est de l'ordre de grandeur de plusieurs centaines de millions annuellement ! Aviez-vous pensé à cela ?

Et en présence d'un problème de cette importance, alors que tout fait prévoir une augmentation de la crise, on se borne à des lamentations ou à des sourires, parfois à cette suggestion hardie : « Mettons quelques agents de plus », ou bien, au contraire : « Rétablissons les deux sens de circulation dans la rue Auber. »

Elevez donc vos esprits, mes chers concitoyens, à la hauteur des besoins de la vie moderne. Vous êtes en présence d'une grosse difficulté. Voyez la en face, et dites-vous bien que vous n'en sortirez pas sans un effort considérable.

PROBUS

1923년 11월 23일자 『르 주르날 드 파리』 역주29

LE JOURNAL

Il y a trop de voitures et pas assez de rues

On a distribué hier à l'Hôtel de Ville le rapport de M. Emile Massard, sur les travaux du congrès de la route, à Séville, sur les différents moyens d'améliorer la circulation.

Les conclusions du rapport sont à retenir : déjà, en 1910, M. Massard avait pu écrire : « A Paris, la surface circulante (des voitures) est plus grande que la surface circulable (des chaussées). » Donc, déjà à cette époque, si tous les véhicules étaient sortis simultanément, ils n'auraient pu se mouvoir. Or, en 1910, il y avait 54.000 autos en France ; aujourd'hui, il y en a 361.000, et on annonce que ce chiffre sera doublé dans cinq ans. Mais les rues auront-elles augmenté de superficie ? Non, sans doute. Toute la question est là.

Pour l'instant, on ne peut que se contenter d'améliorer la circulation en obtenant le maximum de rendement des systèmes adoptés et à appliquer le plus strictement possible les règlements.

Mais cela sera insuffisant. En présence de l'énorme et continuel développement du « voiturisme », il faut songer à créer des voies nouvelles pour les machines nouvelles.

C'est la question des routes qui se pose et celle aussi des passages sous les rues pour voitures. Les routes nouvelles pourront être souterraines ou aériennes dans les villes. De toute façon, il faudra qu'on les construise.

1923년 10월 27일자 『르 주르날 드 파리』 역주30

LES HEURES NOUVELLES

L'urbanisme

Le préfet de police vient de prendre une initiative qui marque un esprit nouveau et qu'on ne saurait assez encourager. Il demande au Conseil général de la Seine de décider que les tramways de Paris dits « de pénétration » cesseraient désormais d'être des tramways d'encombrement ; et, par exemple, les deux lignes qui parcourent les rues Réaumur et du Quatre-Septembre, renonceraient désormais à pousser leur tête de ligne jusqu'à l'Opéra.

C'est un fait que le problème de la circulation dans Paris appelle des solutions radicales et même, si l'on veut, radicales-socialistes. Il faut cesser de considérer l'intérêt de tel groupe d'habitants de la ville ou de la banlieue pour courir au secours de l'intérêt public si gravement menacé. L'accroissement du nombre des véhicules est mathématique ; et personne ne pense s'en plaindre, puisque celui-ci est signe de prospérité et d'indépendance pour les petites classes appelées de plus en plus à en profiter.

Ainsi le torrent des voitures se gonfle sans cesse ; mais le lit de ce torrent n'est pas agrandi : on court dès lors à la catastrophe.

Comment la conjurer ? En réglant le cours des voitures circulantes, d'abord. Ensuite en retirant de la circulation les voitures non indispensables.

LEON BAILBY

『엥트랑지장』,역주31

교통사고

한 장의 스크랩만으로도 충분하다. 같은 주제가 날마다 단조롭게 반복하여 게재된다. 신문은 날마다 사망자와 부상자에 대한 소식을 우리에게 간결하게 알려 준다.

LES ACCIDENTS DE LA RUE

Un assez grave accident a ouvert, hier, la série habituelle des méfaits imputables à la circulation. Boulevard Voltaire, un taxi conduit par le chauffeur Jean Guilhem, demeurant à Asnières, a happé au passage et projeté sur le sol Mme Joséphine Cardine, âgée de soixante-quinze ans, demeurant 18, cité Popincourt, et deux enfants, Jean, douze ans, et Georgette Zussy, huit ans, qui se trouvaient sur le bord du trottoir. Mme Cardine, le crâne fracturé, a été transportée à l'Hôpital Saint-Antoine. Quant aux enfants, simplement contusionnés, ils furent reconduits chez leurs parents, 26, rue de la Folie-Méricourt.

— Collision d'autos rue Montorgueil : installée dans le taxi tamponné, Mme Andrée Petit, âgée de trente-huit ans, demeurant 12, rue de Savoie, est fortement contusionnée.

— Et voici la longue liste des piétons mis à mal par les chauffeurs : M. Boucher, trente et un ans, 38, rue du Rocher, renversé rue du Sentier ; Mme Marie Lefebvre, cinquante ans, 6, rue Arsène-Houssaye, tamponnée avenue Wagram : clavicule fracturée ; Mlle Anna Carquet, vingt-trois ans, caissière, rue du Cherche-Midi, violemment heurtée rue de Rennes ; Mlle Proserpine Rafale soixante-dix-huit ans, rue de Rennes, légèrement blessée par un taxi rue de Vaugirard ; M. Pierre Cheberville, vingt ans, 116, rue Damrémont, renversé rue Marcadet par un motocycliste qui a pris la fuite ; M. Alexis Chenu, soixante-quatorze ans, 4, cour Debille, projeté à terre par une auto faubourg Saint-Antoine.

Enfin, place Saint-Michel, c'est un garçon livreur, Robert Sorthivir, quinze ans, demeurant à Rueil, qui s'engage avec un tri-porteur sur la voie du tramway et qui se fait serrer entre deux voitures qui se croisent. La jambe droite fracturée, il a été transporté à l'Hôtel-Dieu.

1924년 12월 16일자 『르 주르날』역주32

LE PIÉTON FAUTIF — Comment voulez-vous que je lui flanque une contravention? Il manque la partie où sont ses papiers!

1924년 12월 16일자 『르 주르날』역주33

거리

곡괭이의 일격

에드거 포Edgar Poe[역주34]의 시? 천만에. 이제는 더 이상 시의 운을 맞추지 않는 천년의 이 거리에 파국적인 곡괭이의 일격이 가해졌다. 거리는 일종의 교통순환용 기계다. 그곳은 공장도구가 순환되도록 실현시켜야만 하는 공장이다. 현대의 거리는 일종의 새로운 기계장치다. 공장처럼 시설이 갖춰진 거리의 형태를 창조해야만 한다.

주의할 것! 만약 현대의 거리 문제를 주시하고 해결책을 말한다면, 도시는 그

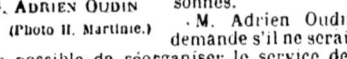

1923년 7월 12일자 『엥트랑지장』[역주35]

근본부터 흔들릴 것이며, 도시계획의 대규모 작업의 세기, 위대한 세기인 새로운 세기가 열릴 것이다.

파리 시의회의 제2위원회 위원장 마사르는 모든 연구를 **지켜져야만 하는 속도요인**에 근거를 두었다. 그러한 정책 발표는 일종의 프로그램이다. 그러한 프로그램은 일종의 정책 발표다.

말은 파리에서 거의 대부분 사라졌다. 그러나 자동차는 여전히 사치의 증거로 인식되고 있다. 여기에 도시생활에서 화물차가 어떤 역할을 해야 되는지를 말하는 신문 스크랩이 있다. 그래서? 그래서 화물차를 고려한 도로를 구상해야만 한다.

LES DERNIERES CARTOUCHES

Les transformations nécessaires dans la circulation parisienne.

M. EMILE MASSARD
Président de la deuxième commission du Conseil Municipal

LES RÉSUME ICI POUR LES LECTEURS DE "L'AUTO"

de ralentissement ? Il faudrait être logique. La vitesse a augmenté de 1 à 400 en soixante ans : c'est l'élément primordial du Progrès. Gagner du temps, c'est gagner de l'argent.

Et maintenant, comme rapporteur des questions de la Circulation auprès de la Préfecture de Police et du Conseil Municipal, je crois avoir tiré mes dernières cartouches.

Emile MASSARD,
Conseiller municipal (président de la 1ʳᵉ commission)

Réglementer la Circulation des piétons sur les chaussées.

Prendre comme base, pour l'estimation de la vitesse d'un véhicule, la distance parcourue entre le moment où le signal d'arrêt est donné et l'arrêt effectué.

On a construit des chemins de fer ; il faudra construire de nouveaux chemins de terre, chemins affectés spécialement aux nouveaux systèmes de locomotion.

Les rues ne peuvent être élargies. Alors ? Alors, on doit chercher la place en haut ou en bas. En présence d'un accroissement formidable, en présence des difficultés de circulation chaque jour croissantes, des mesures radicales s'imposent. Il faut employer un remède d'acier : ouvrir, répétons-le, des passages souterrains pour les voitures, aux carrefours encombrés.

Il faut envisager aussi l'idée d'une voie en tunnel sous les boulevards et réservée aux véhicules. Cette voie serait peut-être plus utile, étant donné que les autobus y passeraient, que le métro projeté.

Hors de cette solution, point de salut.

L'Auto

『로토 L'Auto』 역주36

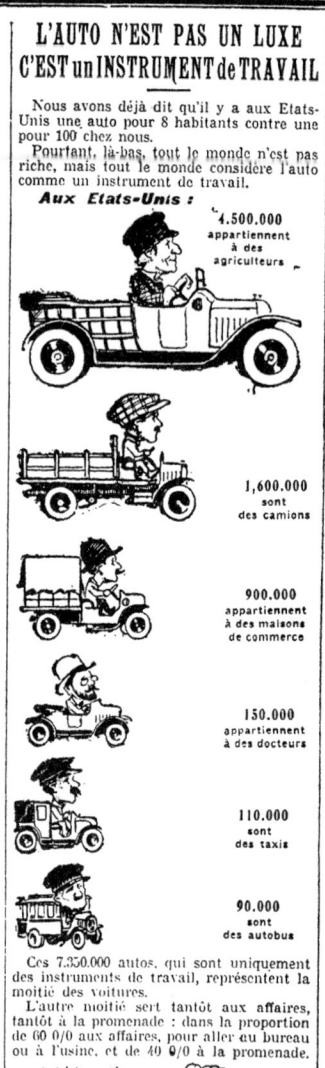

역주37

결론

나무가 시든다

집세의 비극

『파리-플뢰르트PARIS-FLIRT』 신문역주38

『푀플Peuple』 신문은 걱정한다

객관적 결론 : 나무들이 죽어 간다! 그리고 도시의 거주자들은?

시시껄렁한 오락 신문 『파리-플뢰르트』에는 고독 속에서 서로 알지 못하는 수백만의 존재를 짓누르는 번민이 묻어 나오는데, 그들 중 대부분은 공장, 사무소, 지하철, 거리 등의 사람들이 붐비는 곳에서 벗어나면, 고독, 고독, 못내 고독을 느껴 어쩔 줄 몰라한다. 『푀플』 신문은, 도시계획이 초라한 사람들의 분노를 가라앉히기 위해 제한적이지만 만족할 만한 행복을 줄 수 있을지, 염려한다.

거대한 도시의 물리적 재앙, 도덕적 불안.

1923년 7월 20일자 『엥트랑지장』 역주39

『파리-플뢰르트』 역주40

A propos d'une visite à la Cité des Lilas

Jamais la réaction n'a trouvé un «terrain» plus favorable à la consolidation de la servitude sociale et économique. L'illusion de la propriété individuelle multiplie les esclaves et les accule à la plus lamentable existence de parias. Des millions économisés sur le nécessaire, s'engouffrent dans les poches des flibustiers du lotissement à tempérament. La terre devient une affaire de spéculation, de beaux domaines sont pulvérisés, mais nulle part ne s'indique une vraie politique d'urbanisme.

La société bourgeoise se débarrasse du lourd poids que faisait peser sur elle le problème du logement, en créant l'illusion de la tranquillité chez des gens qui, leur vie durant, n'auront ni confort, ni paix, car ils n'auront jamais un foyer digne du travailleur.

*Peuple
24 avr. 23*

1923년 4월 24일자 『푀플』역주41

* * *

솔선

사람은 원할 때, 할 수 있다. 나의 어머니는 이 힘찬 교훈을 내가 받아들이도록 노력하셨다.

> 쓰레기
> 여름 시간제역주42
> 자유지대

증명, 낙천주의. 사람은 원할 때, 할 수 있다.
원하는 것은 무엇인가? 도시계획에 관한 문제를 입안하려는 시도로서 대답할 것.

AU G.Q.G. DU NETTOIEMENT

Mais la « collecte » n'est rien, si on la compare au nettoiement des 10 millions de mètres carrés de chaussées et des 9 millions de mètres carrés de trottoirs.

Pour que le centre des chaussées soit balayé au moins une fois par jour, 263 engins automobiles, parqués dans leurs 12 garages, s'élancent, chaque matin, et accomplissent furieusement leur corvée de balayage sur le pavé de pierre, de lavage, suivi d'un caoutchoutage du pavé de bois et d'arrosage à grande eau.

Ces 263 voitures font, quotidiennement, un voyage de 10.000 kilomètres, ce qui, au bout de quatre jours, leur fait accomplir le tour du monde.

1923년 7월 12일자 『엥트랑지장』 역주43

Grâce à l'heure d'été

Marseille, 11 juillet (de notre corr. part.). — Dans 354 jardinets de 200 mètres carrés chacun, donnés dans la banlieue marseillaise à des familles ouvrières, seront récoltés environ 250.000 kilogs de légumes cette année — ce qui représente un rapport de 700 francs par jardin qui en coûte à peine 50.

Et leur culture par les 2.145 personnes (dont 1.454 enfants) auxquelles ils sont attribués représente près de 80.000 journées de travail passées en plein air les dimanches et le soir après la sortie de l'atelier — grâce à l'heure d'été. — P. C.

118 MILLIARDS
consacrés par la France au relèvement des régions dévastées

Maisons reconstruites ; terres cultivées

Sur 22.900 usines détruites ou endommagées, plus de 20.000 sont actuellement exploitées. Sur 3.306.000 hectares de terres bouleversées, près de 3 millions d'hectares sont remis en état; sur 333 millions de mètres cubes de tranchées, plus de 286 millions de mètres cubes sont comblés; sur 375 millions de mètres carrés de fils de fer barbelés, plus de 291 millions de mètres carrés sont enlevés; sur 4.809 kilomètres de voies ferrées à reconstruire, 4.495 kilomètres sont restaurés; sur 774.993 maisons détruites, pulvérisées ou gravement endommagées, 598.000 maisons sont réparées ou reconstruites. Enfin la vie économique renaît dans nos dix départements dévastés, puisqu'en 1923 il a pu être mis en recouvrement dans ces régions 3 milliards de francs d'impôts.

Voilà ce qui a été effectué jusqu'à ce jour ! Voilà, pour répondre à certaines calomnies, l'emploi qui a été fait des milliards que nous avons avancés à l'Allemagne défaillante; pour relever nos ruines.

Ce qui reste à faire

Le Journal

『엥트랑지장』 역주44

프로그램

모든 것은 프로그램에 있다.

부분적이든 총체적이든 간에, 여러 프로그램이 있다. 해결책을 판별한 사람들은 프로그램을 작성하려고 시도한다! 사건들이 몰려든다. 새로운 시대가 끝나고, 죽은 한 시대를 대체하는 중이다. 새로운 사람들에 의해 치밀하게 구상된 프로그램들! 시대가 최근 수십년 동안 어지러울 정도로 앞서간다. 프로그램은 항상 지나치게 미시적인 예측만 했을 뿐, 거시적인 예측은 결코 하지 않았다. 프로그램을 따른다는 것은, 결코 지나친 것은 아닐 것이다. 앞으로 몇년 안에 도시계획은 모든 이해관계를 다 사용하여 기술·산업 활동의 중요한 부분이 도시계획에 몰두하도록 할 것이다.

LES CONSEILLERS IMPRÉVOYANTS

Le Grand Paris

Un plan d'extension dort dans les cartons administratifs, il faudra bien le réveiller

Ce sera le grand Paris. On y viendra, sans plan rationnel peut-être, puisqu'on s'obstine à n'en point avoir. Mais on y viendra parce qu'on ne peut pas faire autrement. Et ce jour-là il faudra bien sortir le projet administratif du grand Paris, lequel somnole dans les cartons de la préfecture. Mais on conçoit très bien que le Conseil municipal de Paris attende cette heure sans impatience. Car son règne absolu, autocrate et incertain sera bien près de finir. — HENRI SIMONI

l'œuvre, 30 juillet 23

1923년 7월 30일자 『뢰브르』^{역주45}

*
* *

신문은, 날마다, **도시계획**에 관한 기사를 빽빽하게 게재하는데, 이러한 종류의 사건은 우리의 존재가 무엇을 유기적으로 체계화하는가에 관한 것이다.

1823년 10월 2일자 『르 주르날』역주46

여기에 우리의 꿈에 대담성을 제공하는 것이 있다. 그 꿈들이 실현된다.

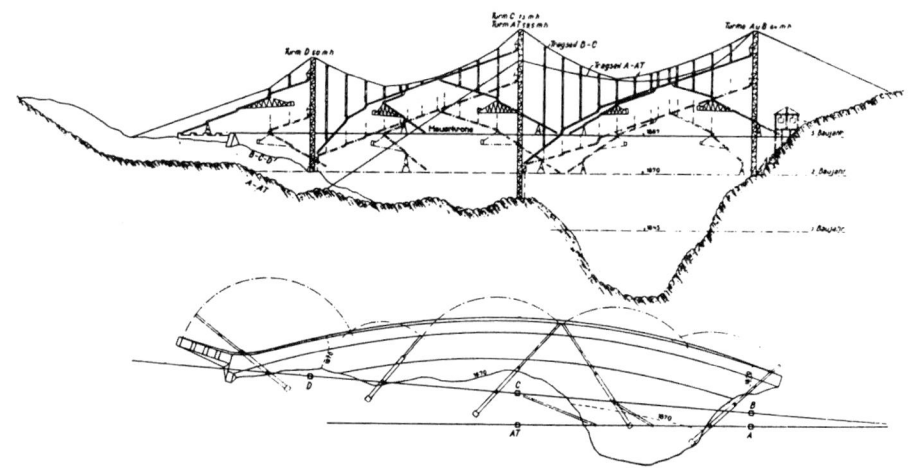

댐. 콘크리트 살포기의 평면도와 입면도. 이 기구는 길이 375m와 높이 125m까지 작동된다. 콘크리트의 승강용 비계 탑과 케이블 장치에 매달린 살포용 철제 Y자형 운반 틀이 보인다.

10. 우리의 힘

"인류에 대한 어떠한 기록도 보불전쟁^{역주47}만큼이나 터무니없는 민족 대결을 언급한 적은 없다. 역사의 어떠한 시대에도 불과 몇 개월 만에 소름끼칠 정도로 엄청나게, 되풀이된 사건으로 잉태시킨 적도 없다."
(『1870~1871년 전쟁의 시민역사』의 머리말에서)
……이것이 바로 1871년에 사람들이 생각했던 것이다!

소심한 열정을 자극하기 위해, 기대속의 힘을 대담하게 하기 위해, 민주적 타협과 침체의 엄습에 열정과 힘을 주기 위해, 과거의 노고로부터 우리에게 베푼 능력을 명쾌하게 보여 줄 필요가 있다.

대도시에 압도당한 집단 현상 앞에 우리의 솔선, 우리의 힘, 우리의 능력이 더 이상 옛날처럼 개인적이 아니며, 또 그런 방법으로 제한되고 비효과적이지도 않음을 보여 줘야만 한다. 그러나 이러한 것들이 우리의 시대를 단련시켰던 전혀 새로운 진보로부터 탄생한, 모든 에너지의 강렬한 융합에서 생겨났음을 보여 줘야만 한다. 이러한 솔선, 힘, 능력 들은 일종의 거대한 피라미드, 이 피라미드의 중첩된 토대가 오늘날의 보편적인 사상운동에 의해 모이고 뭉쳐지며, 조직화된 개인들로 이루어졌음을 보여 줘야만 한다. 인간과 인간, 국가와 국가, 대륙과 대륙 사이의 유대라는 이 최근의 사건을 보여 줘야만 한다. 20세기에는 생각은 세계의 모든 곳에서 끈끈하게 이어져 있다. 하나의 행위는 더 이상 한 사람의 힘에서만 나오지 않는다. 행위, 행동, 계획은 보편적 능력을 사용한 것이다. 이 보편적 능력은 모든 사람들의 수없이 많은 작업에서 나온 것이다. 진정한 협력. 인간은 아주 작고 그 생각이 하찮을 수 있다. 그러나 인간은 이 세상의 도구를 마음대로 사용한다.

이 진보 — 최근의 — 는 매일 증대된다. 과학의 시간이 왔음을 울렸다(지금까지, 기계화 이전에는 울리지 않았다). 미래에 대해 알지 못한다면, 이미 20년간의 급속한 출발로 인해 숨가쁘게 헐떡거렸던 우리는 오늘날 예측할 수 없는 변화를 맞이할 수밖에 없다. 우리 아버지, 할아버지들은 또 다른 생활태도와, 또 다른 환경을 갖고 있었다. 우리의 현 생활태도는 비정상적이며 불안정하다. 그리고 우리의 상반되는 환경은 견딜 수 없다. 피할 수 없는 기일의 도래, 임박한 날을 위해 정신이 품고 있는 것을 실현하기 위해 우리는 지금부터 보편적 협력체계를 갖는 것이다. 천 개의 예 가운데 하나가 그것을 설명할 것이다.

* *

알프스 산맥에 건설 중인 거대한 댐이 그 예 가운데 하나다. 단순한 기술적 문제 — 계곡과 사면의 높이를 측정하기 위한 인내와 정확성. 건설할 인공호수의 수량을 측정하기 위한 곱셈. 비교적 간단한 몇 개의 공식을 풀기 위한 소량의 계산자. 결론을 내린다. 길이 몇 미터, 높이 몇 미터의 댐을 건설해야만 한다. 댐의 수압은 얼마 정도 되니까 댐 바닥의 두께는 얼마, 상부의 두께는 얼마의 값을 가질 것이다. 평범한 머리로도 이러한 계산을 검토할 수 있다. 시시한 단계다.

그러나 수치는 압도적이며 그곳에 부어 넣어야만 하는 콘크리트의 양은 엄청나다. 댐은 고도 2,500미터로, 만년설의 경계에 위치한다. 이 계곡은 이 세계의 끝에

댐

있으며, 모든 역과 모든 철도에서 멀리 떨어져 있다. 주위는 절벽과 암벽이 길을 가로막고 있다.

눈은 겨울마다 댐이 위치할 좁은 장소에 두께 20미터의 층으로 쌓이고 5개월 후에는 작업자들을 내몰 것이다. 폭풍우는 이 높이 있는 산들의 전유물이다.

이 지역에는 단 한 사람도 살지 않으며, 여름에 등산가들이 묵는 산악회의 통나무집을 제외하고는 단 한 채의 집도 없다. 필수품 공급도, 식량 보급도, 난방용 땔감도 없다. 아무것도 없다.

이것이 바로 기적이 일어날 조건이다.

……파라오는 채석장에서 신전까지, 돌 한 개를 운반하기 위해 3,000명을 고용했다. 뱃사공 2,000명이 다듬어진 화강석 제단 하나를 운반하는 데 3년이 걸렸다. 아우성, 채찍질, 이 인간 무리들의 고통, 말로 표현하기 어려울 정도로 야만적이고 치욕적인 혼잡을 상상할 수 있을까?

. . . .

험준한 고개 너머 높은 계곡에서 음악이 흘러나온다. 부드럽게 윙윙거리는 소리, 강철 케이블을 타고 가는 기름칠 잘된 롤러의 윙윙거리는 소리. 해야 할 모든 일이 다 여기에 있다. 원격 철구, 수 킬로미터 사이에 걸쳐 있는, 바위와 목초지 위에 10미터 높이의 비계 탑 위에 걸쳐져, 아침 5시에서 저녁 5시까지 작업하는 이중 강철 케이블. 계곡 전체가 부드럽게 윙윙거린다. 저 끝, 빙하의 아랫자락에서 자갈 채취기가 충적지를 파내어 콘크리트에 사용될 둥근 자갈을 채취한다. 채취된 엄청난 양의 자갈들이 분쇄기, 벨트 컨베이어, 세정기, 선광기, 긴 케이블을 따라 일정 속도로 보내는 하물 적재기가 설치되어 있는 높은 전나무 비계 틀 안을 지나면 일정한 크기를 한 양질의 자갈로 바뀐다. 50미터 간격으로 한 바구니씩 연이어 댐 공사장이 있는 100미터 위의, 콘크리트 믹서기가 있는 건물 안에 자동적으로 부어진다. 반대편에 이르면, 또 다른 계곡으로 폭이 800미터로 좁아지는 아래쪽 계곡으로부터, 날렵하면서도 듬직한 작은 철길이 험난하고 어지러운 수백 개의 샛길을 가로지르면서 댐보다 2000미터 아래에 있는 큰 계곡까지 연결된 고산 역을 향하는, 운반용 바구니가 두세 개의 자갈바구니가 지나갈 때마다 시멘트 포대를 나르는 광경을 차례로 보여 준다. 제어장치의 조정으로 이 두 대의 원격 운반기 가운데 하나는 빙하 지역으로부터, 다른 하나는 멀리 있는 계곡으로부터 와서 사람의 손보다도 훨씬 더 정확하게 작업한다. 그리고 날마다 정확하게 조합된 1,200,000킬로그램의 재료가 포열처럼 늘어선 콘크리트 믹서기에 부드럽게 주입된다. 따라서 그곳에서, 엄격하게 정확히 저장되고 조합되며, 섞여서 반죽된다. 댐 위로 불쑥 나온 비계 탑 상부로 요란한 소리를 내며 순간적으로, 운반되는 콘크리트는 통 안으로 굵게 분출된다. 자동으로 기울어지는 콘크리트는 관을 타고 흐른다. 이 콘크리트 관들! 하늘의 푸른빛 안에 걸려 있는 현수교처럼 계곡을 가로지르는 케이블망을 상상해 보라. 사실상 미끄럼틀인 이 관들이 높은 하늘로부터 일정한 기울기로 댐 아래쪽을 향해 내려온다. 마침내 그곳에 비로소 작업을 하는 사람들이 있다. 그들은 이 엄청난 뱀 모양의 관의 턱을 잡고, 작업해야 할 장소에 콘크리트를 붓는다. 그렇게 해서 몇 시간 동안 — 그리고 세 번의 여름이 바뀌는 동안 — 콘크리트는 끊임없이 부어질 것이다.

부드럽게 윙윙거리는 소리가 산 속 곳곳에서 울린다. 산악회의 통나무집에서 아침 5시에 일어난다. 아름다운 선율의 이 음악에 귀를 기울이면서 편안함과 안전, 일정한 감정을 느낀다. 댐에는 이십여 명밖에 없다. 여기저기서 일꾼들은 기계에 기름칠을 하고 닦고, 기계공들은 기계를 점검한다. 그곳에는 분담 청소원들도 있다. 그렇지! 현기증이 날 정도로 어지러운 광경, 한 일꾼이 저 높은 곳의 관으로 들어가 청소를 한다. 또 댐의 왼쪽 끝에서 댐의 오른쪽 끝으로 십여 명의 사람들이 건너간다. 하늘에서 승강기 한 대가 내려왔다. 승강기는 이들을 싣고 하늘로 올라간다. 그리고 그 높은 곳에서 승강기가 케이블을 따라 움직이면 승강기는 댐의 다른 끝부분으로 내려가는 것이다. 공사장 발 아래에서 조그마해진 붉은 비계 탑과 하얗게 빛나는 케이블을 본다. 알프스 산맥이 압도한다. 어처구니없는 비유지만, **바랄라Walhall**^{역주48}를 건설한 거인들에 대한 **4부작 가극Tétralogie**을 생각하게 한다(여기에 비유해서 죄송합니다!). 신들은 지상에서 기계실의 키를 조작한다. 오르간 소리가 자연의 풍경 위로 부드럽게 울려 퍼진다. 소와 염소 떼는 얼마 남지 않은 마지막 목초에 몸을 비비고 있다. 높이 솟은 봉우리들의 말없는 광채.

사람들은 말한다. 인간은 위대하여 하늘을 공격한다! 바벨 탑에서 프랑스 어로 말하고 작업을 진행한다. 참으로 사람을 감동시키고, 마음을 사로잡는다. 아름답다!

. . . .

이것이 바로 댐이 주는 교훈이다.

댐이 발 아래에 서부의 야영지와 같은 것 — 댐 공사를 맡은 사람들이 먹고 자는, 마치 병원처럼 완벽하며, 표준화되었고, 안락하고, 깨끗한 가설 막사 — 이 있다.

그곳에는 댐 공사를 지휘하는 긴 가설 막사도 있다. 현장소장들이 있는 가설막사로 올라간다. 여러분이나 나처럼 평범한 세 사나이가 있다. 난처하게도 그들은 『에스프리 누보』의 사상에 대해 자지러지게 웃는다. 우리는 그들의 작업에 대해 찬양했다. 그들은 "천만의 말씀"이라고 하면서 "우리는 하루에 600입방미터의 작업만으로도 충분합니다". 우리는 그들에게 우리의 흥분을 고백했지만 아무 반응도 없었다. 우리는 그들에게 말한다. "얼마나 아름다운가!" 그들은 우리를 바보로 여기며 생각한다. 시인들이군! 우리는 엄청나게 실망했다.

"이러한 공사장은 머지않아 다가올 시대의 웅대한 전조입니다. 도시가 이러한 수단으로 건설될 때…… 파리의 대공사가 시작할 때, 어떤 위대한 작업을 꿈꿀 수 있겠습니까?" 등등. 우리는 말한다. "파리, 파리의 중심지, 대규모 공사. 그러나 여러분은 그렇다면 모든 것을 뒤죽박죽으로 만들기를 원합니까? 그리고 아름다움은? 과거는?"(저 멀리, 창 너머 하늘에서 강철로 만든 바랄라를 본다.) 이러한 조직은 새로운 시대의 힘을 드러내며 우리 눈앞에 눈부시게 아름다운 지평선이 펼쳐진다고 우리는 말한다. "아, 그렇게 생각합니까? 하루 8시간의 노동. 어디에서나 춤추고, 영화 보며, 더 이상 정숙하지 않은 아가씨들뿐인!……"

그리고 우리는 날개가 부러져 하늘에서 다시 추락한다. 정말 실망했다.

* * *

천만에, 마침내 여기에 댐이 주는 교훈이 있다.

a) 계산자. 계산자는 우주의 방정식을 푼다. 우주의 물리학은 인간의 작업의 바탕이다.

b) 세심한 감시, 5시에 일어나 기계실의 키를 누른다. 윙윙거리는 소리가 나기 시작한다. 구르고 도는 모든 것의 기름칠 상태를 검사한다. 소비량에 따라 주문을 한다.

c) 심부름꾼이라 부르는 임시 고용인, 댐을 건설하려면 산악용 기관차와 객차, 원격 조종 철구鐵具, 비계 탑, 콘크리트 분배 장치, 콘크리트 믹서기, 자갈 채취기가 필요하다. 이 설비들을 주문한다.

댐의 현장소장은 우연히도 우리가 20년 전에 한 작은 마을에서 조그마한 집들을 지을 때 알았던 건설업자였다. 그러나 당시 그의 공사 보고서는 놀라우리 만큼 정확했고, 아주 작은 그 공사현장에 정확하게 재료가 공급되었음을 주목했다. 이 사나이는 일요일에도, 주일에도 항상 엄격하고, 정확하게 감독하고 결코 실수를 하지 않는—매우 보기 드문—사람들 중 한 명이었다. 타고난 현장소장감이었다. 20년 후에 댐의 현장소장이 되었던 것은 바로 **그가 결코 실수를 하지 않았기 때문이다.**

따라서 자연은 다양하고 풍요하며 무한하지만, 인간은 그곳에서 간단한 법칙을 끌어내어 간단한 방정식을 만든다. 인간의 작업은 질서 속에서 이루어져야만 하며, 질서만이 대규모의 작업을 가능하게 한다. 대규모 작업을 위해 위대한 사람은 필요가 없다.

그러나 여기에 다시 한 번 더 댐이 주는 교훈이 있다.

하나의 댐을 만들기 위해서는, ……을 해야만 한다.(앞의 c 항목을 볼 것)

이곳에서 움직이는 기계의 엄청난 힘을 가까이 가서 검토해 보자.

그것은 모든 발명가의 국제적 만남이다. 케이블을 감는 틀에는 '프랑스', 기관차에는 '라이프치히', 비계 탑과 관에는 '미국', 전기 기계에는 '스위스'라고 쓰여 있고, 그 밖의 것들도 마찬가지였다. 호두 굵기만한 작은 부품들이 두 개 있는데, 이것은 두 개의 케이블을 연결하는 데 사용되는 것으로, 그 금속에도 '미국'이라는 글자가 새겨 있다.

심사숙고해 보면 기적은 이해가 된다. 오늘날 전세계가 협력하고 있다. 단 한 개의 물건, 한 개의 나사처럼, 한 개의 액자걸이처럼 작은 것도 기술자의 발견이며, 그것이 모든 것을 대신하여 휩쓸고 승리한다. 곳곳에서! 바다도, 국경도, 언어도, 지역 관습도 문제가 되지 않고 존재한다. 이러한 현상들이 배로 증가되면, 여러분은 결론에 도달할 것이다. 진보하는 모든 것, 즉 인간의 도구인 모든 것이 긍정적인 가치로서 더해져 합계가 나온다. 진보는 상승한다. 과학은 우리에게 기계를 주었다. 기계는 우리에게 무한한 능력을 주었다. 이번에는 우리가 기적을 자연스럽게 이룬다.

우리는 인간이 이룩한 합계인 도구를 손에 쥐고 있다.

그리고 홀연히 나타나 순식간에 거대해진, 이 도구로 우리는 **위대한 것들**을 만들 수 있다.

이것이 바로 댐이 남긴 교훈이다.

뉴욕, 철도와 역(6번 가)으로 이루어진 5층 도로, 아래의 터널에는 '펜실베이니아 철도' 노선이 있다.

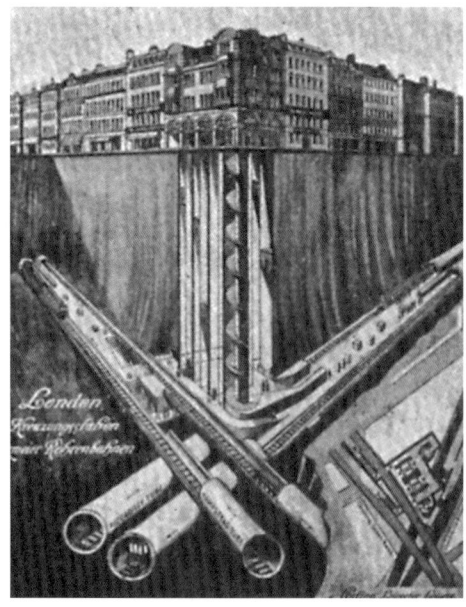

런던, 지하에서 교차하는 두 역(헤게만 박사Docteur W. Hegemann의 『도시계획der Stadtebau』에서 인용)

파리, 지하철 공사장, 1907

위대한 일을 하는 것만 남았다. 그리고 거기 새로운 바랄라의 신들은 이제 우리를 영속적으로 감동시키기에는 부적절한 원자재에 지나지 않는다.

따라서 그것은 정신과 관련된다. 이제는 더 이상 국제적인 것도 엄청난 것도 아닌 단지 개인적일 뿐 그 이상도 아닌 우리 마음에 집착된 그 무엇과 관련된다. 그것

센 강변의 점토층에 묻히기 전의 금속 잠함 구조물

은 **인간 내면에 존재하는** 무엇이며 이 힘은 인간과 함께 죽는다. 고귀한 통합의 힘. 그러므로 **예술**과 관련된다.

* * *

댐의 사람들은 여러분과 나처럼, 매우 한정된 범위의 전문가들인 여러분이나 나처럼 평범한 무리들이다.

댐은 웅장하다.

이것은 사람들이 왜소하고 옹색해질 때마다, 사람은 내면에서 위대함에 대한 힘을 갖는 것과 같다.

어려움은 더 이상 현기증이 날 정도의 것이 아니라, 그것은 무한히 분할되어 배열된다. 배열된 세트는 개개인에게 적응되고, 어려움은 우리 어깨의 크기에서 머문다.

인간은 하찮은 존재일 수 있다.

인간의 본질은 위대하다.

댐은 위대하다.

이것이 바로 우리의 꿈을 대담하게 한다. 꿈은 실현될 수 있다.

* * *

여기에 역사상의 위대한 도시계획가, 루이 14세가 있다. 당시 파리는, 치명적으로 무질서함에 고용된 하녀와 같은 개미 무리에 불과했다.

파리, 방돔 광장

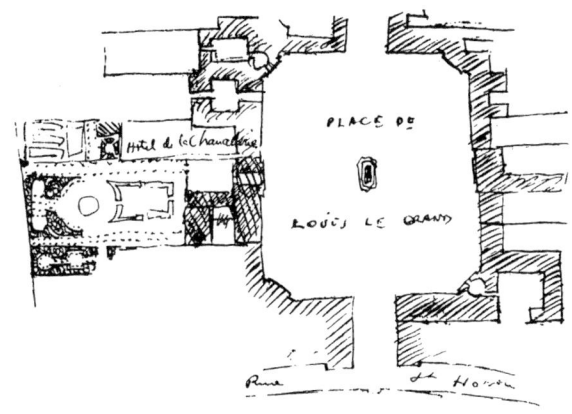

방돔 광장의 한 구역

파리의 모든 곳이 꽉 조이는 좁은 골목길, '삼총사' 방식으로 되어 있다. 이 혼잡에서 아름다움에 대한, 건축의 아름다움에 대한 꿈을 꾸다니! 그러한 꿈을 실현하려면, 정확히 말해서 바로 이 다음에 서술하게 될 것을 이어받은 지금 이 순간이 원하지 않는 것보다 더 무모한 것을 해야만 했다.

전제군주적 인간은 모든 것을 할 수 있었다고 빈정거리지 말 것. 권한을 갖고 있는 내각이나 부서가 법적으로(만약 일종의 무기력에 의해 실제로 그들이 그렇게 되지 않는다면) 실력자가 아닌가? **아니다. 어떤 사상을 갖고** 깊이 생각하여 그 사상을 명료하게 해야만 했다.

그는 명했다. 방돔 광장은 너무 작고 화려하지 않다고. 그곳의 건물들은 헐렸으며 재료는 새로운 방돔 광장의 재건에 사용될 것이다. 이것이 망사르Mansart^{역주49}의 계획으로 건설될 방돔 광장이다. 광장의 전면은 왕의 재정으로 만들어질 것이다. 전면 뒤의 땅은 구매자의 의향에 따라 팔릴 것이다.

구매자들은 두 개의 창이 있는 전면이나, 전면에 열 개의 창이 난 건물을 구입할 것이다. 개인 저택용 건물들은 안쪽 길이 방향으로 확장될 것이다.

방돔 광장은 세계 유산 중에서 가장 순수한 보물들 가운데 하나가 되었다.[15]

---

15) 생각의 혼동은 크다. 우리 시의 운명을 쥐고 있는 책임자들 가운데 한 사람이 외쳤다. "여러분은 방돔 광장의 문제가 바보 같다고 생각하는가? 각각의 건물은 제멋대로 전면의 뒤편을 분할한다. 틀렸고, 부도덕한 것이다. 그것은 건축에 반대하는 것이다. 각각의 건물은 자신의 정면을 가져야만 한다. 그것은 지켜야 할 규범의 문제이다. 등등"
중세 시대로 다시 돌아간다. 커다란 돌파구가 루이 14세에 의해 열렸고, 나폴레옹에 의해 넓혀졌다가(리볼리Rivoli 거리), 다시 폐쇄된다……

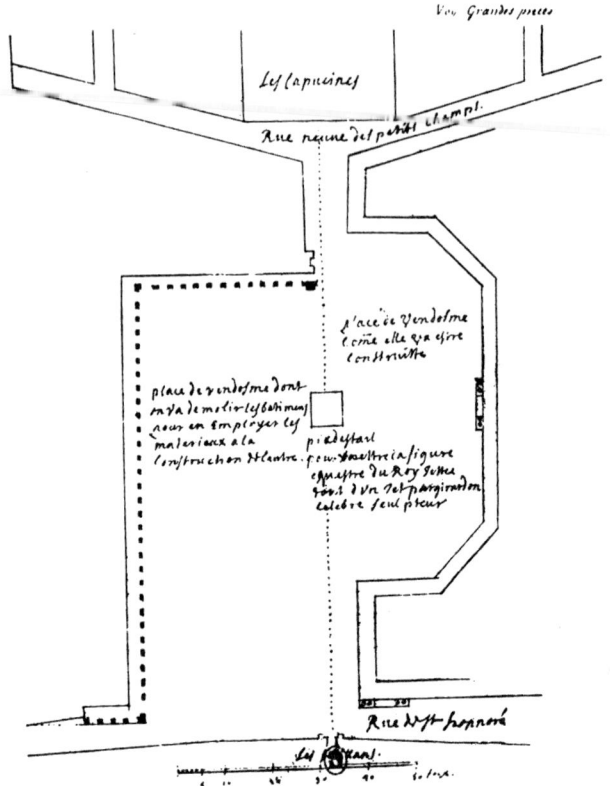

"방돔 시 소유의 부동산과 그 외의 부동산 그리고 이 평면에 노란색으로 표시된 뇌브 생 토노레 거리rue Neuve Saint-Honoré의 카퓌 신Capucine역주50 소속의 옛 수도원 내에 포함된 광장들을 팔 것을 알린다. 그랑드 플라스Grande Place까지 이르는 광장들을 구입하기를 원하는 사람들은 국왕이 짓도록 명령한 회랑Arcade의 확실한 소유자가 될 것이며, 적어도 두 개 이상의 회랑을 구입하는 조건으로 땅을 사기를 원하는 경우는 그만큼의 전면을 구입할 수 있을 것이다. 인근 거리까지 이르는 땅만큼 그랑드 플라스 주변의 땅을 구매한 자는 소유권 구실을 위한 어떠한 의무도 없을 것이다. 영주에 속하는 영주권은 해제될 것이며, 1686년 5월 2일 국가위원회의 판결에 따른 모든 내용은 문의할 시청의 사본에서 찾아볼 수 있을 것이다."

※ ※
※

하나의 생각, 하나의 개념, 하나의 프로그램을 가질 것! 이것이 필요하다.

수단?

우리는 수단을 갖고 있지 않은가?

루이 14세는 삽과 곡괭이를 사용했다. 겨우 파스칼Pascal이 손수레를 막 발명한 상태였다.

시민을 독점하고 구역질나는 전쟁으로 그들을 몰고 가는 것마저 알고 있는, 재정 조직은 오늘날 그 절정에 있지 않은가? 루이 14세를 통한 방돔 광장의 작은 조직은 미세한 것이지만, 그래도 광장은 우리의 신념과 기쁨을 위해 여전히 존속하고 있는 것이다!

여기 왕이, 역사상 마지막 위대한 도시계획가 루이 14세가 있었다. 파리는 당시 치명적인 무질서함에 고용된 하녀와 같은, 개미 무리에 불과했다. 파리의 모든 곳은, 꽉 조이는 좁은 골목길이었다. 이 혼잡 속에 아름다움을 꿈꾸고, 건축의 아름다움을 꿈꾸는가? 하나의 생각을 갖고 심사숙고하여, 생각을 명료하게 만들어야만 했다.

권한을 갖고 있는 내각이나 부서는 법적으로 전제군주들이지 않은가?

한때 총애를 받았다가 노여움을 사면 바스티유Bastille 감옥으로 끌려갈 수도 있었다. 오늘날 퇴역은 배려, 염려 그리고 경의로 가득하다. 생각을 갖는다는 것은 더 이상 위험한 것이 아니다.

※
※ ※

하나의 생각, 하나의 개념, 하나의 프로그램을 가질 것. 이것이 필요하다.

수단?

우리는 수단을 갖고 있지 않은가?

오스만Haussmann 남작은 파리에 가장 넓은 구멍을 파고, 가장 뻔뻔스럽게 흠 자국을 내었다. 파리는 오스만의 외과수술을 견딜 수 없을 것처럼 보였다.

그런데 오늘날 파리는, 이 무모하고도 용기 있는 사나이가 만든 것에 의해 **살아 가지 않는가?**

그의 수단은? 삽, 곡괭이, 짐수레, 흙손, 손수레, ……새로운 기계 시대까지 갖고 있었던 모든 시민의 유치한 무기들이었다.

오스만이 할 수 있었다는 것은 참으로 경탄할 만하다. 그리고 혼돈을 파괴함으로써, 그는 황제의 재정을 다시 증가시켰다!

……당시 소란스런 집회에서, 상하 양의원들은 걱정되는 이 사나이에게 비난을 퍼부었다. 그리고 어느 날, 의원들은 질겁을 하여 파리 중심부의 한복판에, **무인 지경**을 만든 것에 대해 문책했을 것이다! 세바스토폴 큰길boulevard Sébastopol을 (1년 전부터 이 큰길은 너무나 혼잡하여 모든 수단을 다 시도했다. 경찰의 하얀색 경찰봉, 호루라기, 기마 경찰, 전기 표지, 전망대와 경적을!), 이것이 바로 인생이다!

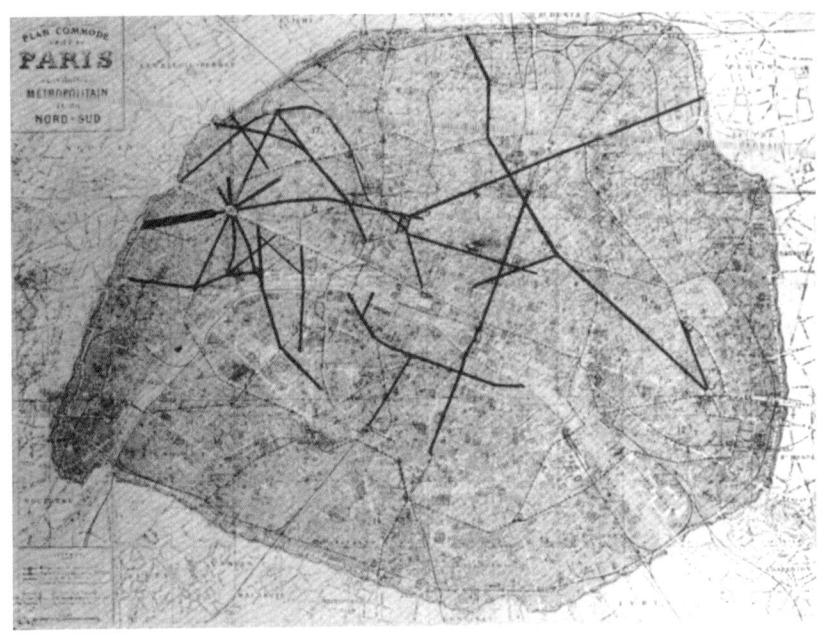

오스만의 주요 흠 자국들

오스만의 힘

길이 3,000km의 중국 만리장성(그림엽서)

역주51

미국. 12동의 호텔과 6,000실을 갖춘 190층 건물 계획

대서양 한복판의 항공모함

1921년, 프리부르Fribourg의 페롤 다리Pont de Pérolles. 경간 56m, 높이 70m의 볼트 5개로 이루어진다.

UN TRAV
LABORA
UNE ÉTU
THÉORI

2부
연구실 작업
이론적 연구

이끌어 갈 방향이 필요하다. 현대 도시계획에 대한 근본 원리가 필요하다.
엄격하게 이론적인 건축물을 세움으로써 현대 도시계획의 근본 원리를 공식화하는
것에 도달해야만 한다.

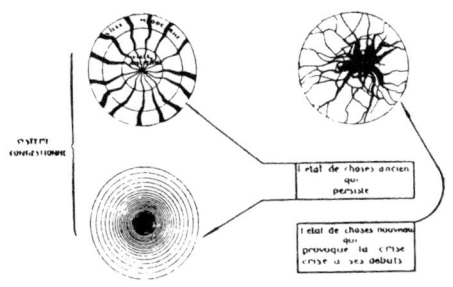

II. 우리 시대의 도시

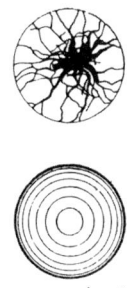

나는 기술적 분석과 건축적 종합이라는 방법을 통해 3백 거주자를 위한 우리 시대의 도시계획을 세웠다. 이 작업은 1922년 11월 파리의 살롱 도톤에 전시되었다. 일부 사람들은 어리둥절해했다. 한편에서는 분노하였고, 다른 한편에서는 열광했다. 내가 제안한 해결은 껄끄러웠으며, 타협이 없었다. 전시된 계획안은 해석이 빠져 있었다. 안타깝게도! 계획안을 모두 알아보지 못했다. 감정의 저 밑바닥에 이유를 담은 본질적 질문에 답하기 위해 출석해야만 했다. 그러한 질문들은 중요한 흥미를 제공함으로써, 대답하지 않을 수가 없을 것이다. 이어서 도시계획에 대한 새로운 원리를 제시하기 위해 마련된 이 연구를 집필하도록 요청받았을 때, 나는 **먼저** 이 본질적인 질문에 단호하게 답하려고 마음먹었다. 나는 논의에 대한 두 분야를 활용했다. 먼저 본질적으로 인간적인 분야들, 즉 정신의 표준화, 마음의 표준화, 감각생리학이며, 그 다음은 역사 분야와 통계 분야다. 그래서 나는 인간의 근본을 접하였고 우리의 행위가 전개되는 환경을 파악했다.

따라서 나는 독자가 스스로 어느 정도 확신을 갖게 된 단계들은 넘어갈 생각이다, 그렇게 되면 내가 제시할 계획안들이 전개될 때, 독자의 놀라움은 더 이상 놀라운 것이 될 수 없고, 그들의 불안은 더 이상 혼란에 빠지지 않을 것임을 나는 인심하고 인정할 수 있다.

* * *

300만 거주자를 위한 우리 시대의 도시

실험실에서 하는 전문가의 방식에 따를 뿐, 특수한 경우는 없다. 나는 모든 우연성을 멀리했고, 이상적인 땅을 택했다. 목적은 기존의 현 상태를 극복하는 것이 아니라, **엄격한 이론적 건축물을 세움으로써, 현대 도시계획의 근본 원리를 공식화하는 것에 도달하는 것이었다.** 만약 허위가 아니라면, 이 근본 원리들은 우리 시대의 모든 도시화 시스템의 뼈대를 구성할 수 있을 것이다. 이 원리들은 게임이 지속될 수 있는 데 따른 **규칙**일 것이다. 이후의 특수한 경우, 즉 어떤 경우라도 검토해 보자. 만약 얻어진 확신에서 출발한다면, 파리, 런던, 베를린, 뉴욕 아니면 작은 시골마을에 곧 참전할 전투에 대한 지침을 내리도록 내버려두는 것과 같다. 왜냐하면 우리 시대의 대도시를 도시화하기를 원하는 것은 바로 그 무시무시한 전투를 위임하는 것이기 때문이다. 그런데 여러분은 공격 목표에 대한 정확한 지식 없이 전투가 벌어지는 것을 본 적이 있는가? 우리가 바로 그 경우에 처해 있다. 궁지에 몰린 당국은 경찰봉을 든 헌병, 기마 헌병, 음향 신호와 조명 신호, 도로 위의 육교, 도로 아래의 움직이는 보도, 전원도시, 전차 철거 등등의 모험에 뛰어든다. 모든 것이 차례차례 숨가쁘게 어리석은 일에 정면으로 대항하기 위한 것이다. **어리석은 일**, 대도시는 이보다 훨씬 강하다. 대도시는 호기심만 불러일으킨다. 내일은 무엇을 발명할까?

이끌어 갈 방향이 필요하다.[16]

---

16) 충고가 날아온다. 포탄으로! 어떻게 통제할까? 충고를 읽은 독자들처럼 그 글쓴이도 '자기만의 작은 센세이션'을 갖고 있었다. 그들은 그것을 기꺼이 믿는다. 만약 중대한 실수였다면? 이성적인 부분과 너무나도 시적인 몽상 부분을 어떻게 받아들일 것인가. 주요 일간지는 생각들을, '유언비어'마저도 기꺼이 열광적으로 받아들인다. 그래서 2년 전부터 장단을 맞추어 왔던 『엥트랑지장』은 보도할 것이다. "내일의 도시는 새로운 나라에서 건설되어야만 한다." 천만에, 오래된 도시를 보아만 한다. 조사가 그 사실을 입증한다. 일뤼스트라시옹Illustration은 우리에게 단 한 번으로도 위험적인 충고를 주는 가장 위대하고 가장 합리적인 건축가가 제안한 것으로 믿었다. 파리 둘레에 고층 건축물을 세우다니! 막을 수 없는 시적인 생각. 고층 건축물 구역은 도심지에 만들어져야지 근교에 만들어져서는 안 된다.

현대 도시계획의 근본 원리가 필요하다.

땅

평지가 이상적인 땅이다. 교통량이 늘어나는 곳은 어디서나 평지가 이상적인 해결책을 제공한다. 교통량이 줄어드는 곳에서 땅의 기복은 그다지 방해가 되지 않는다.

강은 도시의 먼 곳을 흘러간다. 강은 물 위의 철도이며, 화물역이며, 교통을 연결하는 역이다. 잘 가꾸어진 집의 서비스용 계단은 객실을 가로지르지 않는다. 예를 들어, 브르타뉴Bretagne 출신의 하녀가 매력적이라 할지라도(예를 들어, 거룻배가 다리 난간에 기대어 서 있는 구경꾼에게 즐거움을 줄지라도).

주민

도시인, 교외인, 혼합인.

a) 도시인들: 도시 중심지Cité의 사람들이며, 그곳에서 일하고 도시에 거주하는 사람들.

b) 교외인들: 근교의 공장 지구에서 일하며 도시에 오지 않는 사람들로, 전원도시에 거주한다.

c) 혼합인들: 도시의 사무 지구에서 일하지만, 전원도시에서 가족들을 부양하는 사람들.

a, b, c로 분류하는 것(그리고 분류를 통해 확인된 종류의 **변모를 실제로 깨닫는 것**과 관련된다)은, 커다란 실마리를 통해 도시문제를 파악하는 것이다. 왜냐하면 이것은 세 가지 단위구획을 결정지어, 그 안에서 범위를 확정짓는 것이기 때문이다. 그 결과 다음의 문제를 제기하고 답할 수 있다.

1° **도시 중심지**, 사무 지구와 도시주거 지구

2° **산업도시와 전원도시(교통)**

3° **전원도시와 통근 교통**

조밀하고, 빠르고, 민첩하며, 집중된 기관, **도시 중심지**(적절하게 조직된 중심지)를 인정할 것. 유연하고, 펼쳐지고, 탄력적인 또 다른 기관, **전원도시**(주변)를 인정할 것.

이 두 기관 사이에 보존지구와 확장지구, 수목과 초원, 맑은 공기가 보존된 **보**

조지역의 필수 불가결한 출현을 **법적으로** 인정할 것.

인구밀도
도시의 인구밀도가 높을수록, 이동거리는 짧아진다. 따라서 사업 중심지인, **도심지의 인구밀도를 높일 것.**

폐
현대의 작업은 우리의 신경계통이 항상 가장 위험한 상태까지 가도록 요구하면서, 점점 더 집약된다. 현대의 작업은 조용함, 정화된 공기 그리고 오염되지 않은 공기를 요구한다.

현재의 도시는 도시의 폐 구실을 하는 식수植樹를 희생시켜 가면서 인구밀도를 높이고 있다.

새로운 도시는 식수 면적을 늘리면서 인구밀도를 높여야만 한다.

식수면적을 늘리고 노선용 도로를 감소시킬 것. 도심지의 중심을 **높게** 건설해야만 한다.

도심지의 주거용 아파트는 소란함으로 가득하고, 먼지가 들어오는 '복도와 같은 가로'변과 어둠침침한 중정에 면하여 건설될 수는 없을 것이다.

도시의 아파트는 중정이 없고 거리로부터 멀리 떨어진, 창들이 넓은 공원에 면하도록 건설될 수 있을 것이다. 요철형 주거단지와 상자형 주거단지.

거리
현재의 거리는 상부에는 포석을 깔고, 하부에는 몇 개의 지하철 노선을 깐 옛날의 '소들이나 다니는 바닥판'[역주52]과 같다.

현대의 가로는 긴 공장의 일종, 즉 복잡하면서도 섬세한 많은 기관들(설비용 배관)로 성기게 엮은 창고와 같은, 새로운 유기체다. 도시의 설비용 배관들을 묻는 것은 모든 경제성, 안전성, 양식에 위배된다. 설비용 배관들은 어디서든지 쉽게 접근할 수 있어야 한다. 이 긴 공장의 바닥은 다양한 직무를 갖는다. 이러한 공장이 실현되기 위해서는 배관을 도외시하는 것을 당연하게 생각하는 주택이나, 계곡을 가로지르거나 강 위를 지나는 다리와 마찬가지로 **건설**되어야만 한다.

현대의 거리는 토목공학의 걸작품이 되어야지 더 이상 토목 공사를 맡은 노동자들의 작업이 되어서는 안 된다.

복도형 거리는 여기에 면한 주택들을 더럽히고 폐쇄된 중정 건설을 부추기기 때문에 더 이상 용납할 수 없다.

교통

교통은 다른 어느 것보다도 잘 분류된다.

오늘날 교통은 분류되어 있지 않다. 거리의 통로에 던져진 한 묶음의 다이너마이트. 보행자는 죽음의 위협에 시달린다. 더불어 교통은 더 이상 원활하게 이루어지지 않는다. 보행자의 희생이 헛되어졌다.

교통을 분류해 보자.
 a) 중량 차
 b) 경량 차량(근거리를 모든 방향으로 달린다.)
 c) 고속 차량(대부분 도시를 통과한다.)
세 종류의 도로, 다른 도로 위에 도로가 있다.
 a) 지하층에는[17] 중량 차가 지나간다. 주택은 주택과 도로 사이에 매우 넓은 자유로운 공간을 둘 수 있는 필로티로 만들어진 상부에 있어, 중량 차들은 주택의 화물창고로 구성된 필로티 아래에서 화물을 내리거나 싣는다.
 b) 건물 1층은 교통이 가장 좁은 목적지까지 유도되는 일반도로의 다양하고 눈에 띄는 시스템으로 되어 있다.
 c) 남북으로, 동서로, 도시의 두 축을 구성하면서, **고속교통을 위해 일방향으로 가로지르는 자동차 전용도로**가 폭 40미터나 60미터 콘크리트로 만든 광대한 고가도로 위에 만들어지고, 800미터 또는 1,200미터마다 경사를 통해 일반도로의 높이와 맞게 연결된다. 자동차 이동거리의 어떤 지점에서도 가로지르는 자동차 전용도로에 진입하며 가장 빠른 속력으로, 어떠한 교차도 없이, 도시를 가로질러 교외에 도달한다.

현재의 도로 수는 **3분의 2로 감소되어야만** 한다. 도로의 교차점 수는 도로 수에

---

17) 내가 지하층이라고 말하지만, 일반적으로 사람들이 지하층으로 부르는 위치 높이와 같은 곳이라고 말하는 것이 훨씬 더 정확할 것이다. 왜냐하면 일부 구역에서 필로티형 도시ville-pilotis를 실현한다면(크레 출판사에서 발행한 『건축을 향하여Vers une Architecture』, 제4장), 이 지하층은 더 이상 땅에 묻히지 않을 것이다. 이 책의 13장에서 '벌집형 상자 모양 주거단지'를 볼 것.

따라 결정된다. 이것은 도로 수에 엄청난 부담이다. **도로의 교차점은 교통의 적이다.** 현재의 도로 수는 아주 먼 역사에 의해 결정되었다. 소유권의 보호가 원시마을의 가장 작은 오솔길도 거의 예외 없이 보존하였고 그 길을 도로로, 큰길로 승격시켰다(제1장, '**당나귀의 길, 사람의 길**'을 보라). 그렇게 해서 도로는 50미터, 20m미터, 10미터 간격으로 잘린 것이다! 그때부터 우스꽝스러운 병목현상이 나타났다.

지하철이나 버스의 두 정류장 간격이 도로 교차 간격의 유효 모듈, 곧 차량속도와 보행자의 적절한 저항을 통해 조건지우는 모듈을 제공한다. 400미터라는 이 평균치 수는 도로의 일반적 간격이며, 도시거리의 표준 단위다. 나의 도시는 400미터 간격, 때로는 200미터 간격으로 잘린 도로가 있는 규칙적인 바둑판 무늬 위에 설계되었다.

중층 도로로 된 이 삼중 시스템은 자동차 교통(화물차, 임대 차량이나 자가 차량, 버스), 빠르고 **유연한** 모든 장치에 부합한다.

레일 위의 차량은 수송열차에 연결되어 그와 같이 거대한 운송 능력을 제공할 때에만 존속 이유가 있다. 그 다음에는 지하철의 열차나 교외 열차다. **전차는, 이제 더 이상 현대도시의 중심부에서 시민권 자격을 갖지 못한다.**

한 면이 400미터로 된 구획은 이제 사무용도나 주거용도에 따라 50,000에서 6,000명까지 수용하는 16헥타르 크기의 구역이다. 파리 지하철의 평균 구간(400미터) 적용을 따르고 각 구획의 중심지에 지하철역을 설치하는 것이 더 자연스럽다.

도시의 두 축에 대한 도시횡단 자동차 전용도로의 2층 밑에는, 전원도시 근교의 네 끝 지점에 이르는 관통 지하철이 있고 지하철망의 간선을 구성하고 있다. (다음 장을 보라.) 도시를 가로지르는 두 개의 거대한 도로 중, 지하 2층에는 일방향으로 (환상형) 연속적으로 순환하면서 운행하는 교외열차가 있고, 지하 3층에는 동서남북 네 구역으로 분류한 지방으로 가는 4개의 주요 간선, 즉 종착 지점 cul-de-sac이 있는 노선이지만, 더 좋게 말하면 환상형 기관과의 연결을 통해 직접적으로 가로지르는 노선이 있다.

역

단 하나의 역만 있다. 역은 도시의 중심지에만 있을 수 있다. 그곳이 유일한 장소다. 이외의 장소에 역을 설치해야 할 어떠한 이유도 없다. 역은 바퀴의 축이다.

역은 무엇보다도 지하 건조물이다. 도시의 자연 지반에서 2층 높이에 있는 역의 지붕은 전세항공기 aéro-taxi를 위한 공항이다. 전세항공기용 공항(보조구역에 위치한 주 공항에 소속된)은 지하철, 교외철도, 지방철도, '대규모 횡단도로'와 수송 행정부서와 인접되어 있어야 한다[18].(다음 장에 있는 '역의 평면'을 보라.)

도시계획

근본 원리들.
  1° 도심지의 혼잡을 완화할 것
  2° 인구밀도를 높일 것
  3° 교통수단을 늘릴 것
  4° 식수 면적을 늘릴 것

도심지에, 전세 항공기 착륙장을 갖춘 역이 있다.

남북, 동서에 고속차량을 위한 **대규모 횡단도로**(폭 40미터 높이로 들어올려진 고가도로)가 있다.

고층 건축물의 발 아래와 그 주위 전체에는, 정원과 공원 그리고 주사위의 5점형처럼 심은 나무들로 이루어진 2,400×1,500m의 광장(3,640,000평방미터)이 있다. 고층 건축물 아래와 주위의 공원에는 레스토랑, 카페, 고급상가, 두세 개의 테라스가 있는 계단형 건물, 극장, 홀 등등, 그리고 지붕이 있거나 없는 차고들이 있다.

고층 건축물은 사무소를 수용한다.

왼쪽에는 대규모 공공건축물, 박물관, 시청, 공공 서비스부문이 있고, 왼쪽 더 멀리에는 영국식 정원이 있다(영국식 정원은 도시 심장부의 논리적 확장으로 정해졌다).

오른쪽에는 '대규모 횡단도로'의 지선支線 중 하나가 통과하고, 화물역과 함께 화물창고와 산업구역이 있다.

도시의 주위 전체에는 **보조지역**으로, 수목과 초원이 있다.

그 너머에 넓은 띠를 형성하는 **전원도시**들이 있다.

따라서 도심지에는 중앙역이 있다.

a) 플랫폼: 200,000평방미터의 공항
b) 중 2층: 대규모 횡단도로(로터리를 통해서만 교차하는, 고속 자동차용 고가도로)
c) 지상 1층: 지하철, 교외철도, 주요 노선과 비행기를 위한 홀과 개찰구
d) 지하 1층: 도시 내부를 연결하는 지하철과 도시를 통과하는 간선용 지하철

---

[18] 1923년, 살롱 도톤이 끝나고 8개월 뒤에 『엥트랑지장』은 보도했다. **역 지붕위에 있는 공항은 영국인의 생각이라고.**

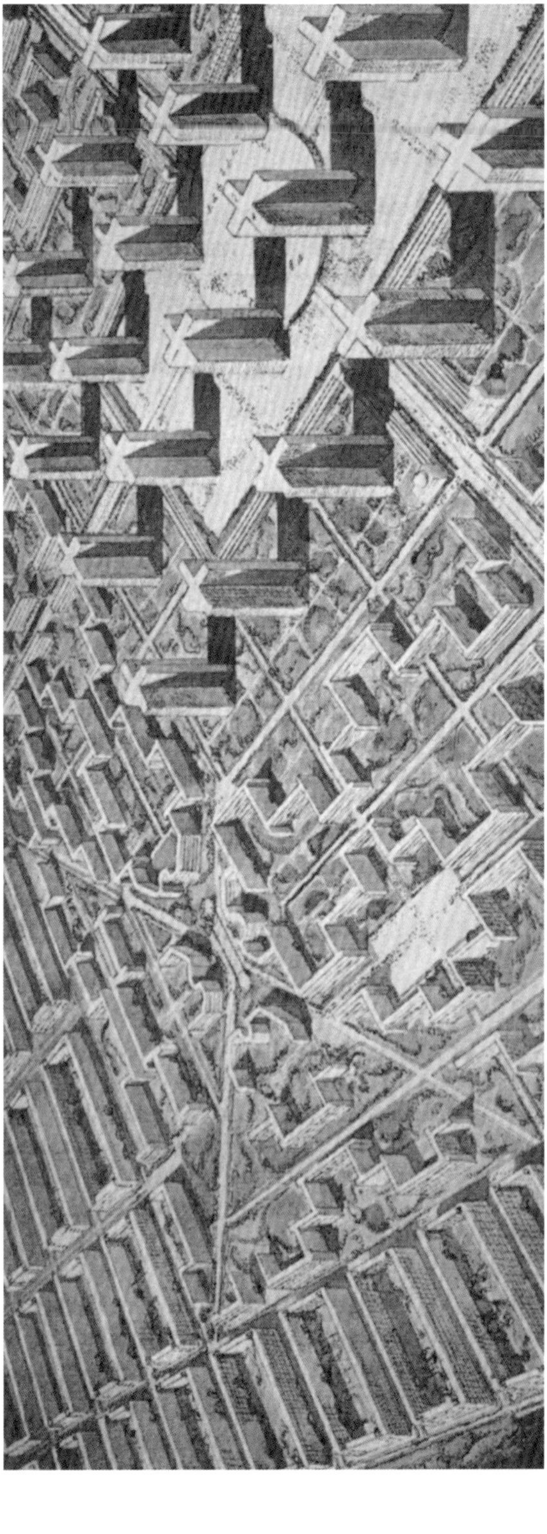

같은 축척, 같은 각도에서 뉴욕의 도심지와 '우리 시대의 도시'의 도심지를 바라본 것. 놀랄 만한 대조다.

e) 지하 2층: 교외열차(일방향으로 진행하는 환상형)

f) 지하 3층: 철도의 주요 간선(동서남북 방향의 출발 기점)

도심지(CITÉ)

각 건물마다 10,000명에서 50,000명을 수용할 수 있는 24동의 고층 건축물은 사무소, 호텔 등이 있으며, 400,000명에서 60,000명을 수용한다.

도시의 거주자는 '요철형'과 '상자형'의 주거 단위에서 살며, 6만 명을 수용한다.

전원도시는 2,000,000명 또는 그 이상을 수용한다.

중앙 광장은 카페, 레스토랑, 고급상가, 다양한 종류의 홀, 거대한 공원으로 격리된 연속 계단형으로 되어 있으며, 질서 정연하고 강렬한 광경을 즐길 수 있는 장려한 대광장 forum으로 되어 있다.

인구밀도

a) 고층 건축물: 헥타르당 3,000명

b) 요철형 주거단지: 헥타르당 300명, 호화 주거

c) 상자형 주거단지: 헥타르당 305명

이 높은 인구밀도는 거리를 축소시키고 모든 통신의 신속함을 보증한다.

주의: 성벽 내 파리의 평균 인구밀도는 364명, 런던은 158명, 파리 과밀지구의 인구밀도는 533명, 런던의 과밀지구는 422명

식수 면적

a)의 땅의 식수 면적은 95%(광장, 레스토랑, 극장)

b)의 땅의 식수 면적은 85%(정원, 스포츠 시설)

c)의 땅의 식수 면적은 48%(정원, 스포츠 시설)

교육·시민 센터, 대학교, 미술관과 산업 박물관, 공공서비스, 시청

영국식 정원(도심지의 확장은 영국식 정원이 있는 땅에 이루어질 것이다.)

스포츠 시설 — 자동차 경주장, 경마장, 경륜장과 관람석, 수영장, 원형경기장

비행장이 있는 보조지역(시 소유)

시의 계획에 따라 도심지 확장을 위한 유동자산으로 모든 건설이 금지된 지역, 대수림(大樹林), 초원, 운동장, 가장 근교에 있는 작은 소유지의 점진적인 구매를 통한 '보조지역'의 구성은 시청에서 하루빨리 해야 할 일이다. 그렇게 함으로써 이곳은 10배의 자본 가치가 보증된다.

산업구역[19]

지구 구획

사무소: 60층 고층 건축물, 안뜰이 없다(다음 장을 보라).

  주거지: 중 2층형 6층 '요철형 주거단지', 안뜰이 없다. 아파트는 양쪽이 공원에 면해 있다.

  주거지: '상자 모양의 주거단지', 중 2층형 5층, 공중 정원, 공원에 면함, 안뜰 없음, 공동 서비스를 갖춘 건물 시스템(임대용 주택의 새로운 유형)

전원도시

아름다움, 경제성, 완벽성, 현대 정신

단 한 마디가 내일의 필요성을 요약한다. **자유로운 공중에 지어야만 한다**. 초월적 기하학이 모든 설계를 지시하고 지배하며, 가장 작고 무수히 많은 결과를 유도해야만 한다.

  현재의 도시는 기하학적이지 못하기 때문에 죽어 가고 있다. 자유로운 공중에 짓는 것은 **오늘날 유일하게 존재하는** 삐뚤고 **기묘한** 땅을, **반듯한** 땅으로 대체하는 일이다. 이 밖에는 구제할 도리가 없다.

  반듯한 설계의 결과, **대량생산**이.

---

19) 여기에 산업구역에 대한 새로운 해결책이 제시된다. 산업구역은 무질서와 불결함 속에서 사는 것이 일상화되어 있다. 끔찍한 모순이다. 질서를 바탕으로 한 산업은 질서 속에서 발전되어야만 한다. 산업구역의 한 부분은 미리 사용할 수 있는 홀의 다양한 타입에 대한 표준화 요소로 구축될 수 있을 것이다. 땅의 50%는 특별한 시설을 위해 남겨질 것이다. 괄목할 만하게 증가할 경우, 공장은 훨씬 더 넓은 새로운 지역 그룹으로 이전될 것이다. 공장건물에 **대량생산 정신**을 도입하고, 유감스럽게도 좁아진 장소에 빼곡하게 넣는 대신 움직일 수 있는 여유를 가져다 준다, 등등.

대량생산의 결과, **표준화**, 완벽성(유형의 창조)이 있다. 반듯한 설계, 그것은 작품에 도입하는 기하학이다. 기하학 없이 좋은 인간적 작업이란 없다. 기하학은 건축의 본질 그 자체다. 도시건설에 대량생산을 도입하기 위해서는, **건물을 산업화해야**만 한다. 건물은 지금까지 산업화를 기피했던 유일한 경제활동이다. 따라서 건물은 진보에서 벗어났고, 정상적인 가격 밖에 머물고 있는 것이다.

건축가는 직업적으로 타락했다. 그는 비뚤어진 땅에서, 독창적인 해결의 비밀을 발견하는 척하면서 좋아하기 시작했다. 건축가는 잘못을 하고 있다. 이제부터는 더 이상 부자를 위해, 아니면 손해(시의 예산)를 보면서 지을 수 없다. 건축가는 거주자에게서 필수 불가결한 편안함을 박탈하면서까지 주택을 짓는다. 대량생산된 자동차는 편안함, 정확, 균형, 취미에 대한 일종의 걸작품이다. (비뚤어진 땅에다) 맞추어 지은 주택은 몰상식한 걸작품으로, 마치 괴물과도 같다.

공사현장을 산업화하면, 자동차 수리공 팀 못지않게 섬세하고 지적인 직공 팀을 구성할 수 있을 것이다.

자동차 수리공의 역사는 20년 전으로 거슬러 올라가며 직공의 세계에서 상급 계층을 이루고 있다.

석공은 ……로 거슬러 올라간다, 항상! 그는 발로 차고 망치로 치면서 두드려 넣는다. 그는 주변의 모든 것을 망친다. 석공에게 맡긴 재료는 몇달 만에 없어진다. 산업화된 공사현장의 엄격하고 정확한 톱니바퀴 틀에 들어가게 하여 석공의 정신을 개조해야만 한다.

원가는 10에서 2로 내릴 것이다.

건물의 공임은 테일러식 경영 합리화^{역주53} 에 따라 분류될 것이다. 작업 결과에

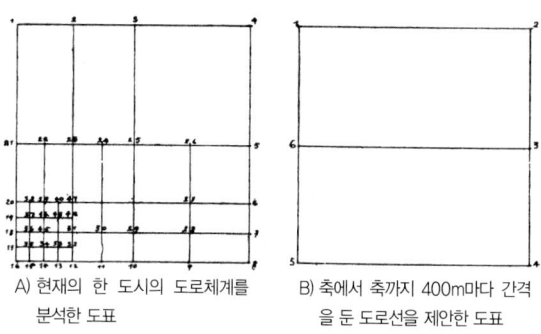

A) 현재의 한 도시의 도로체계를 분석한 도표

B) 축에서 축까지 400m마다 간격을 둔 도로선을 제안한 도표

도표 A는 46개의 교차를, 도표 B는 6개의 교차를 표시한다.

대한 보상은 각자의 공적에 따라 지급된다.

비뚤어진 땅은 건축가의 모든 창조력을 흡수하고 사람을 기진맥진하게 한다. 그 결과로 나온 작품은 당연히, 비틀리고, 발육 불량의 미숙아이며, 그 이면을 아는 사람만이 기뻐할 난해한 해결이다.

자유로운 공중에 지어야만 한다. 성벽 안에서나 성벽 밖에서도.

경제에 의해 유도된 작업이 모든 (기술적) 단계에 올랐을 때, 비로소 기하학으로 지탱된, 예술의 강렬한 기쁨이 작용할 것이다.

도시의 미학

(여기 그린 도시는 기하학적인 결과에서 나온 하나의 순수한 유희다.)

하나의 **광대한**(400미터) 새로운 모듈이 모든 것을 활기 있게 한다. 400미터와 200미터마다 잘린 거리의 규칙적인 바둑판 무늬는 일률적이지만(통행자가 방위를 알기 쉽다), 다른 일반적인 거리체계와 비슷한 모습 가운데 하나가 아니다. 여기서는 푸가 형식의 교향곡으로, 기하학의 힘을 연주한다.

영국식 정원으로 들어가 보자. 속도가 빠른 자동차는 자동차 전용 고가도로를 따라 달린다. 24동의 고층 건축물이 서 있는 장엄한 가로 사이를. 그곳으로 다가가면 24동의 고층 건축물 공간들이 퍼져나간다. 왼쪽으로, 오른쪽으로, 광장 저 끝에 보이는 공공 시설물들, 공간을 죄면서, 박물관과 대학교가 나타난다.

갑자기 맨 앞줄의 고층 건축물군 아래에 이른다. 그들 사이로 보이는 것은 고뇌에 신음하는 뉴욕의 빛의 틈바구니가 아니라 광대한 공간이다. 공원들이 펼쳐진다. 테라스들은 잔디밭에, 작은 숲에 면해 계단식으로 늘어서 있다. 낮게 펼쳐진 균형 잡힌 건물들은 우리의 시선을 멀리 일렁이는 나무들의 푸른 물결로 이끈다. 왜소해진 **베니스 총독관저**는 어디에 있는가? 그곳은 사람들로 가득한 **도심지 CITÉ**가 고요함과 청정한 공기 속에 우뚝 솟아 있고 소음이 나뭇잎 아래에 웅크리고 있다. 혼돈의 뉴욕은 정복되었다. 이곳은 빛 아래에 있는, 현대의 도심지다.

자동차는 시속 100으로 고가도로를 벗어난다. 주거지역을 부드럽게 달린다. 요철형 주거단지가 건축적 전망을 저 멀리까지 뻗어나가게 한다. 정원, 놀이터, 운동장들. 어디에나 하늘이 있고, 저 멀리 끝없이 펼쳐진다. 테라스 지붕의 수평선은 공중 정원을 형성하는 녹음이 우거진 수목들로 둘러쳐진 선명한 면들을 뚜렷하게 드러낸다. 세부 요소의 규칙성이 끝없이 펼쳐진 거대한 숲의 확고한 선들을 강조한다. 벌써 멀리 하늘빛으로 부드러워진 고층 건축물이 온통 유리로 덮인 장대한 기하학적 입면들을 우뚝 일으켜 세운다. 위에서 아래까지 정면을 덮은 유리에 푸른빛이 반짝이고 하늘이 빛난다. 눈이 부시다. 거대한 프리즘. 그러나 빛을 발하는 프리즘.

여기저기서 펼쳐지는 광경은 다양하다. 400 간격으로 된 바둑판 분할, 그러나 건축이라는 작위성을 통해 낯설게 변화되다니!(요철형 주거단지는 대위법으로, 600×400 모듈이다.)

콘스탄티노플에서 또는 베이징에서 비행기로 온 여행객은, 강과 수목의 소란스러운 윤곽 속에서, 인간이 만든 명철한 도시를 의미하는 선명한 흔적이 갑자기, 시야에 들어오는 것을 본다. 인간 두뇌의 고유한 것인 이 선을.

해질 무렵, 유리의 고층 건축물은 불꽃같이 타오른다.

이것은 쳐다보고 있는 자 앞에 외치면서 내동댕이치는 문학적 다이너마이트와 같은, 위험한 미래주의가 아니다. 이것은 빛 속의 형태놀이인 조형예술의 재료를 갖고 건축으로 구성된 광경이다.

도시의 성공은 속도에 달려 있다.

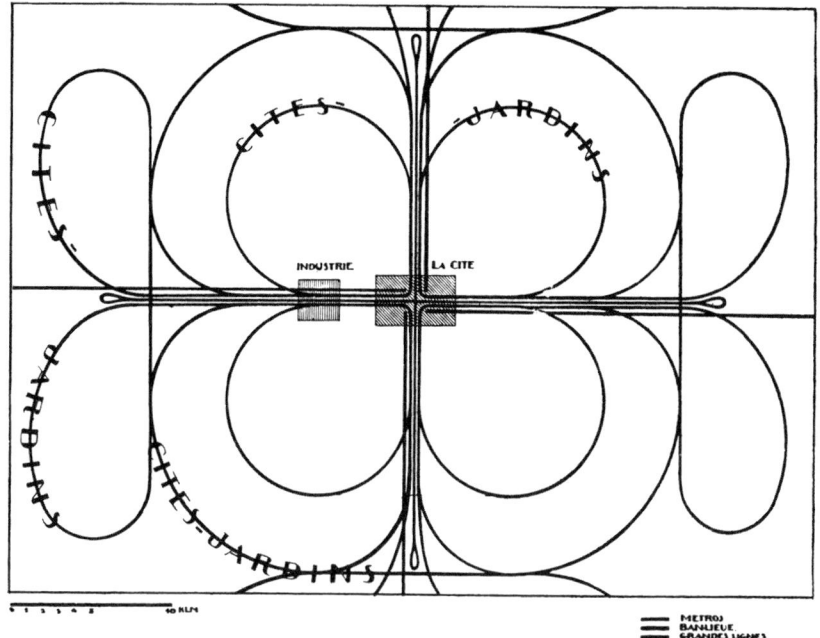

도시 사이의 철도망, 주요 횡단 노선인 지하철, 일방향 교외행 노선, 지방의 주요 간선

12. 작업시간

다음에 보여 줄 논거는 장난이 아니라, 다시 한 번 더, 특별한 경우에 일어나는 구속을 벗어나, 자연스러운 결과 안에서 따르는 추론의 결과다. 순수추론의 결과, 특별한 경우를 해결할 규칙을 발견한다.

*
* *

아침 9시.
  역은 각각 250미터 넓은 4개의 출입구를 통해, 교외선을 타고 온 통근자들을 토해 낸다. 교외선은 매분마다 **연속적인 움직임으로**(일방향으로) 이어진다. (수많은 노선의 접점인, 베를린의 '초오Zoo' 역에서 이 정확성이라는 걸작이 수년 전부터 실천되고 있다.) 역 광장은 너무나 넓어 누구든지 마침 없이 자신의 일터로 향한다.

지하에서는 지하철이 교외선으로 갈아타는 지점에서 규칙적으로 통근자들을 싣고 각 고층 건축물의 지하층으로 데려다 준다. 이곳은 통근자들로 가득하다. 각 고층 건축물은 하나의 지하철역이다.

한 동의 고층 건축물은 하나의 수직도시 구역이다. 1인당 최소 10평방미터의 공

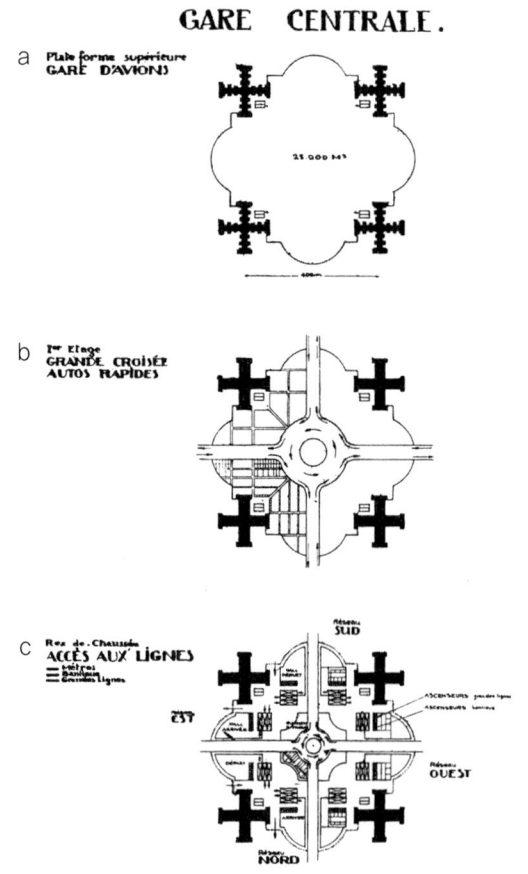

중앙역
a) 상부의 플랫폼. 전세 비행장, 250,000평방미터
b) 중층. 고속 자동차의 주 교차 지점
c) 1층. 노선 통로, 홀, 개찰구

간을 사용하는 10,000에서 50,000명의 회사원들이 매일 그곳에서 서로 만난다. 고층 건축물의 조직은 미국에서 건너와 싹텄다. 그러나 총체적 관점이 필수적인 요소의 상호관계를 결정짓는 정확하게 합리적인 개념으로부터 뉴욕(뉴욕의 고층 건축물은 맨해튼을 혼잡하게 한다)의, 대담하지만 역설적인 실현과 구분되는 것을 계획안(180쪽)에서 추정해 보라. 뉴욕에서는 20,000명이 좁은 거리에 갑자기 몰려들어 가장 심각한 혼잡을 일으켜, 그곳에서 모든 고속교통을 마비시킨다. 개념이 그 의미 자체를 박탈한다. 혼잡을 완화하는 기관은 지독한 불균형으로, 교통에 가장 방해되는 것이 되어 버렸다. 고층 건축물이 혼잡을 일으킨다. 따라서 고층 건축물을 비난하고 또 수직도시에 반대하면서, 교통의 원활한 흐름이라는 명목하에 수평

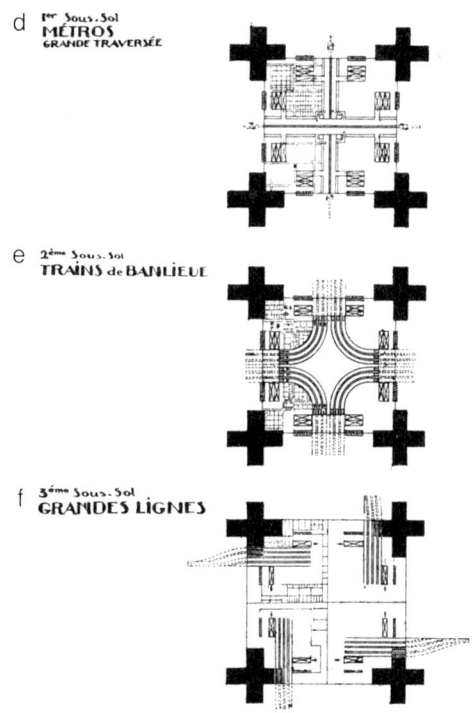

d) 지하 1층. 지하철(주 횡단 노선)
e) 지하 2층. 교외선
f) 지하 3층. 주요 노선(파리의 종착역 시스템이 아닌 연속 시스템인 '브와쟁' 계획Plan 'Voisin'에 대해서는 뒤에서 다루어진다.) 출구 홀의 반대편에 있는, 입구 홀은 각각의 교통망을 위한 것이다. 일방통행이기 때문에 결코 충돌이나 혼란은 없다, 준비된 엄청난 큰 공간에서, 교통망에 대한 기술적 서비스는 가까운 곳에서 즉시 이용된다. 한가운데에 역을 둔 4동의 고층 건축물이 교통망에 관련한 행정 부서를 수용한다.

뉴욕, 교통 혼잡

으로 펼쳐진 도시를 요구하는 반대 목소리가 높아진다. 이는 새로운 모순이다.

뉴욕(맨해튼)은 일종의 난센스이기 때문에, 사상(거기에서는 완전히 찌푸린)은 격렬하게 공격당한다. 그 결과, 뉴욕의 고층 건축물은 적절하지 못하다. 뉴욕은 필요한 도로망을 준비하지 않고 광적으로 인구밀도를 높였기 때문이다. 뉴욕은 잘못되었고, 고층 건축물은 권리를 유지한다. 인구밀도를 높이고 거리의 혼잡을 완화하는 것은 동전의 양면과 같은 것이다. 한 면은 다른 면 없이 완전할 수가 없다.

순식간에 도심지는 꽉 찬다. 작업이 시작되면, 완벽한 도구 사용의 결과로 작업 속도가 빨라져 훨씬 효율적이 된다. 작업은 밝다 못해 빛나기까지 한 사무실 환경에서 업무가 진행되고, 사무실의 커다란 창문은 하늘을 향해 열려 있으며, 높이 펼쳐진 지평선, 저 멀리 떨어진 소음, 청정한 공기만 있다. 로스Loos^{역주54}가 어느 날 나에게 잘라 말했다. "교양인은 창문을 통해 바라보지 않는다. 그의 창문은 반투명유리로 되어 있다. 창유리는 채광을 위해 거기 있지, 시선이 투과되도록 하기 위해 있는 것이 아니다." 그러한 기분은 무질서가 슬픈 이미지로 나타나는 혼잡한 도시에서나 이해될 수 있다. 숭고한, 너무나 숭고한 자연의 광경 앞에서도 마찬가

뉴욕, 교통 혼잡

미국의 한 제조공장의 6,000명 사무원과 노동자들. 이들 뒤로 공장 건물이 보인다.

에펠탑에서 바라본 전망

지로 이 역설이 인정될 것이다.

　그런데도 에펠탑의 전망대에 올라갈 때, 기분이 유쾌해질 것이다. 한순간 즐거울 것이다. — 마찬가지로 엄숙해진다. 지평선의 위치가 높아짐에 따라, 생각은 훨씬 넓은 궤적을 그리며 던져지는 것 같을 것이다. 만약 신체적으로 모두가 확장된다면, 만약 폐가 훨씬 격동적으로 부푼다면, 만약 눈이 더 넓게 멀리 본다면, 정신은 경쾌한 원기로 활기를 띨 것이다. 낙천주의가 숨을 쉰다. 수평으로 뻗은 시선이 멀리까지 나아간다. 결국 그것은 애써 노력을 하지 않고도 얻는 큰 성과다. 이제까지 지평선은 우리에게 거의 땅 위에 붙어 있는 것이나 마찬가지인 눈높이에서만 보여 주었다. 지금까지 엄청나게 충격적인 이 절벽들을 알지 못했다. 등산가들만이 도취된 감정을 느꼈다.

　에펠탑으로부터 이어받은 100, 200 그리고 300미터 전망대에서 수평 시선은 무

에펠탑 높이에서의 전망

한한 공간을 소유하며, 거기에서 우리는 충격과 영향을 받는다.

따라서 업무를 보는 이 사무실에서 우리는 질서정연한 세계를 압도하면서 망을 보는 듯한 기분을 느낄 것이다. 사실 이 고층 건축물은 도시의 두뇌, 모든 나라의 두뇌를 품고 있다. 고층 건축물은 일상 활동을 따르는 정교하면서도 명령적인 작업을 연상시킨다. 시간과 공간을 무너뜨리는 기기들인 전화, 전보, 라디오. 은행·상거래·공장에 대한 의사 결정기관인 재정, 기술, 상업. 이 모든 것이 그곳에 집중된다. 역은 고층 건축물들의 중심에 있고, 지하철은 지하에, 두 줄의 자동차 전용도로가 고층 건축물의 아래를 통과한다. 그 주위로, 공간이 넓게 펼쳐진다. 자동차가 무수히 많이 있을 수 있다. 이 자동차 무리들은 지하 보행자 도로와 연결된, 지붕이 있는 주차장에 집결하여 날마다 그곳에서 머물고 장차 자유로운 길을 통해

연구실 작업, 이론적 연구 | 195

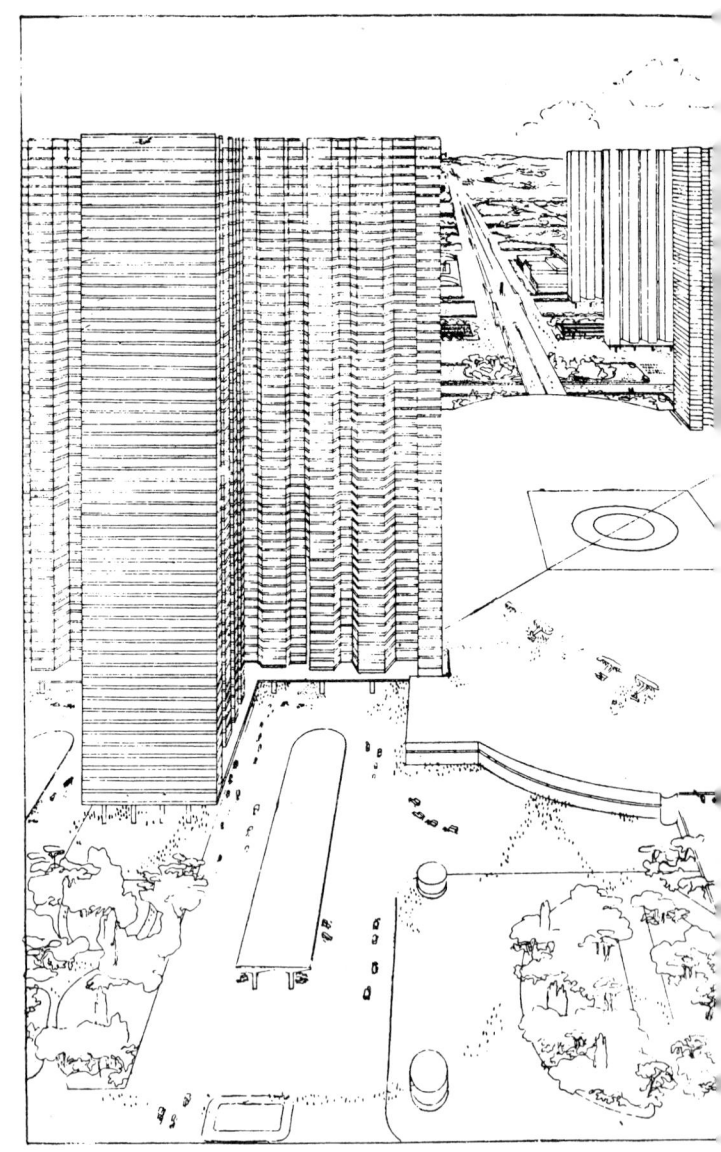

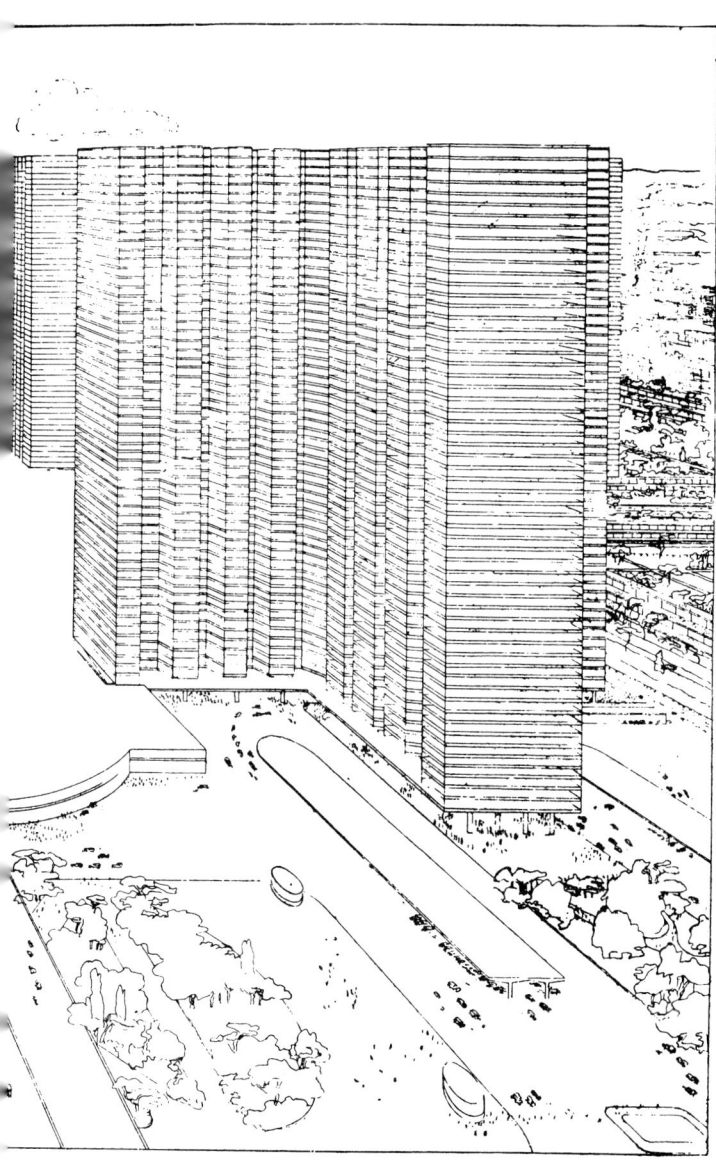

4동의 고층 건축물을 끼고 있는 중앙역의 전경
자동차 전용도로가 공항 아래로 지나간다. 고층 건축물의 자유로운 1층 부분과 필로티들이 언뜻 보인다. 지붕이 있는 주차장도 보인다. 오른쪽에 수목 사이로 카페, 상점 등이 보인다.

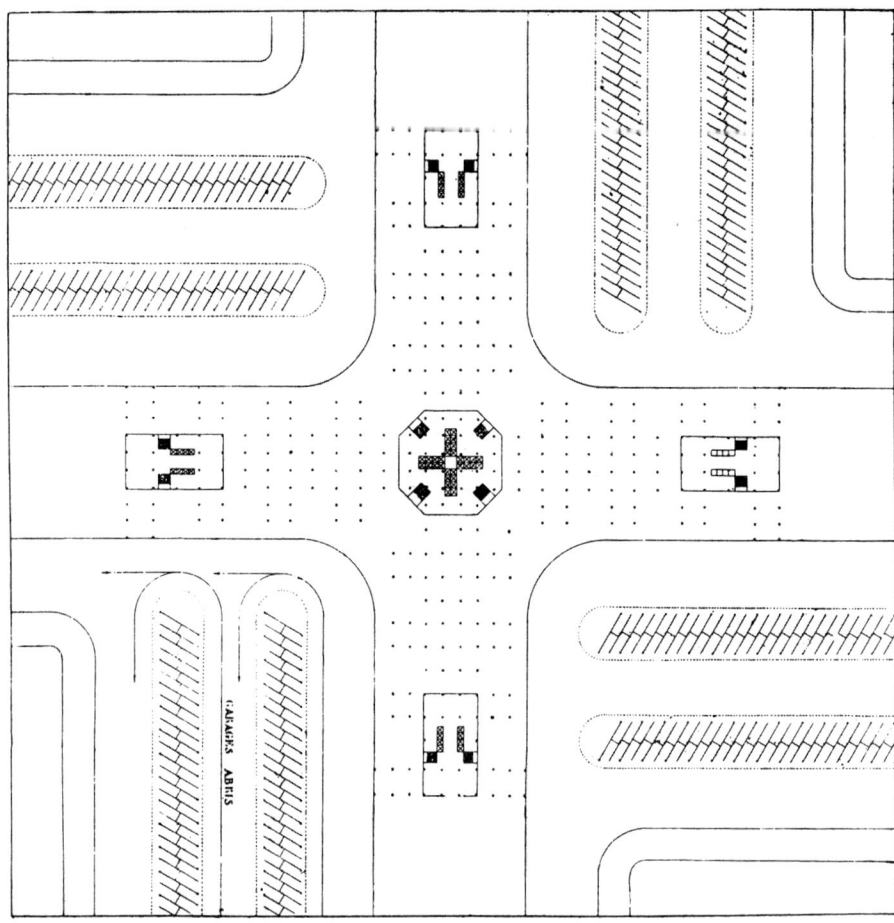

고층 건축물들 중 한 동의 지상 1층. 그러나 공간은 높이 220m의 60층을 지지하는 수많은 강철 기둥이 받치고 있어, 완전히 자유롭다. 승강기와 계단 홀만 벽으로 둘러싸여 있다. 각 구역의 고층 건축물 날개 부분 사이에, 자동차 주차를 위한 보호 주차장이 있다. 교통 흐름은 로터리 방식으로 이루어진다.

빠름의 대명사 역할을 수행한다.

  비행기가 도심지, 공항에 도착한다. 또한 고층 건축물의 높은 테라스 위에서 단일 분도 지체하지 않고 지방이나 국경 너머로 날아가기 위해 비행기들이 이곳에 정확하게 도착할 수 없을 것이라고 누가 말하는가?[20] 4방위의 주요지점으로부터

---

20) 현재로서는 공원에 예정된 공항은 (보조지역에 위치한) 비행장과 연결된 일종의 전세 비행기 착륙장이다. 국제선 대형 비행기가 중계 없이 중앙역에 착륙하기엔 착륙 방식이 아직 완벽하지 않다.
임대건물의 테라스에 착륙하는 문제도 미해결 상태다. 언제, 어떻게 가정용 자가 비행기를 보유할지는 아직 알 수 없다.

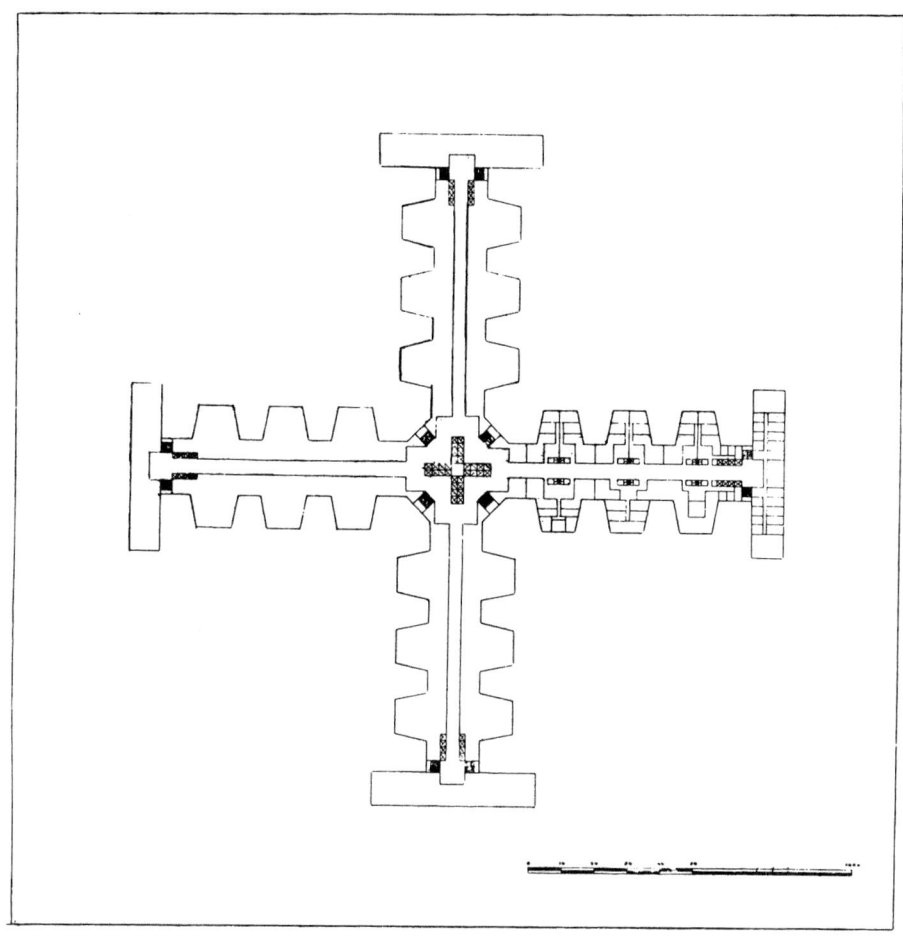

고층 건축물의 기준 층. 안뜰을 없애고 최대한 안정성을 주는 십자형이다. 정말로 빛을 위한 방열기 모양의 요철형 정면. 승강기와 계단은 5그룹으로 나뉘어 있다. 오른쪽 날개는 사무실의 분할 유형을 보여 준다. 측면 150m² 고층 건축물의 인구 수용 능력은 1인당 10m²로 간주하면 30,000명이 된다, 175m 고층 건축물의 경우 40,000명을 수용한다.

철도의 주요 간선이 중심까지 다다른다.

이상 도시! 사무 지역의 모델! 속도에 관해 지나치게 몰입하는 몽상가에게는 어린아이의 시시한 딸랑이 장난감! 속도는 꿈 저편에 있는 것이 아니라, 단도직입적

---

21) "사실 속도의 정복은 언제나 인간의 꿈이었고, 이 꿈은 기껏 100년 전부터 겨우 구체화되었다. 이전에는 이 정복 과정이 여러 시대 동안 믿을 수 없을 정도로 느렸다. 아득한 옛날, 인간은 스스로의 힘으로만 이동하는 법을 알았고 이 모든 진보는 돛을 제외하고는 동물의 이동 속도만 이용하였다.

사실, 인간은 창조물 중에서 아주 느린 동물 가운데 하나였다. 땅바닥을 겨우 간신히 기어다니는 애벌레와 같은 것이다.

으로 필요한 것이다.[21] 나는 여기에 대해 딱 잘라 말한다. 도시의 성공은 속도에 좌우된다고. — 시대의 진실이다. 유목민 시대를 후회해 봤자 무슨 소용이 있는가! 작업은 집중되어, 작업 속도를 가속화시킨다.

사실 이것은 시장의 상황을 결정하고 작업조건을 결정할 의견 교환을 매일 정확하게 행하는 것에 관한 일이다. 의견 교환에 대한 기계수단이 빠를수록, 일상의 거래는 빠르게 끝날 것이다. 고층 건축물 덕분에 고층 건축물에서의 작업시간이 줄어들 것임을 가정할 수 있다.

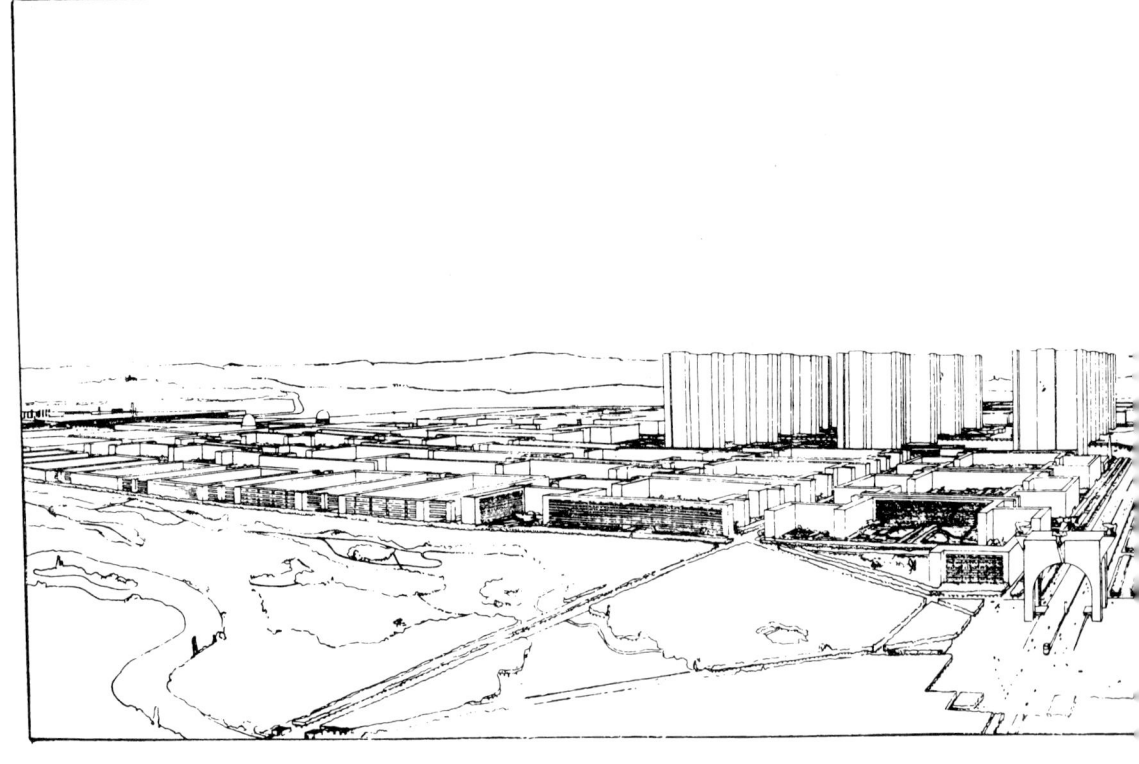

존재하는 것 대부분은 경주를 위해 잘못 만들어진 이 두 발 동물보다 훨씬 '빠르다'. 지구상의 모든 종류의 동물 한 마리씩이 모여 시합한다면, 인간은 아마 마지막 대열에 있거나 기껏해야 양의 대열에 있을 것이다.
(『속도의 지배 le Règne de la Vitesse』, 푀조 자동차회사 사장 필립 지라르데, 메르퀴르 드 프랑스, 1923)

정오가 지나자마자 얼마 되지 않아 업무가 끝나게 될 것이다. 도심지는 지하의 깊숙한 들숨으로 인한 것처럼 텅 비게 될 것이다. 전원도시의 생활은 그 결과를 발전시킬 것이다. 게다가 도시 그 자체 내에서, 주거지역은 기계시대의 새로운 사람들에게 새로운 주거 조건을 제공한다.

(우리의 할아버지들이 사륜 포장마차로 이동했던 것을 잊지 말 것. 콩스탕뎅 귀Constantin Guys)

* *
*

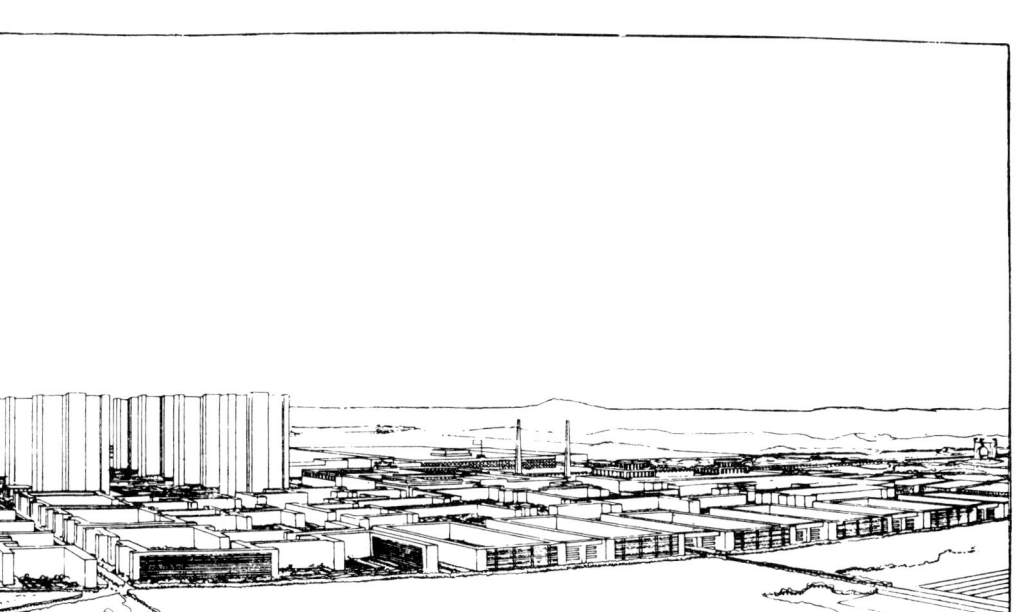

우리 시대의 도시, 보호용(초원, 수목) 보조지대로 에워싸인 도심지Cité 투시화의 원근 전경

주 : 나는 하찮은 예언자처럼 낙원Cocagne이라는 미래의 이 피난처에 대해 묘사하는 것에 한없이 싫증이 난다. 나는 자신이 미래주의자가 되었다고 생각하는데, 이것은 나를 기쁘게 하지 못한다. 진정한 존재로부터 주저함 없이 떠나 기계적으로 몰두한 저술에 내 몸을 내맡기는 것 같다.

반대로, 글을 쓰는 섯모나 세모面에서 밀빅힌 이 세계를 구성하는 것에 언마나 열정적이었는지. **말이 공허하게 울리고 사실만이 중시되는 그곳에서!**

그러므로 정확한 발명, 진실한 체계, 생존 가능한 유기체와 관련된다. 모든 질문이 동시에 밀려 온다. 문제를 제기하고, 정리하고, 구성하고, 유지하도록 하고, 또 홀로 심사숙고한 끝에 마음을 고양시켜 우리를 행동으로 옮기도록 하는 데 없어서는 안 될 서정성을 생각할 것이다.

그것은 결코 제도판 위에서 해결하기 힘든 탐구 속에서 이루어진 것이 아니라, 무의식적으로 애쓴 노고의 성과다. 그것은 시대를 위한 서약 행위. 나는 마음 속 깊이 시대를 믿는다. 나는 규정을 갖춘 도식화를 초월한 미래를 위해 이 시대를 믿는다. 나는 특별한 경우의 까다로운 전개 안에서 시대를 믿는다. 특별한 경우를 정복하기 위해, 나는 결코 지나치게 명백한 개념, 지나치게 정확한 자동화를 손 안에 넣지 않을 것이다.

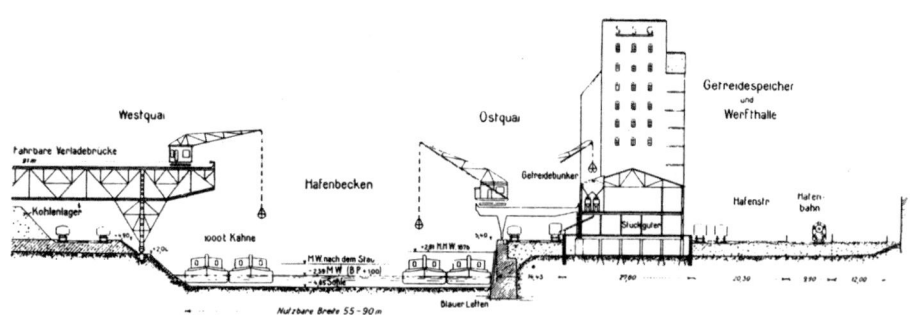

이 그림은 합리적인 과정을 통해 어떻게 유용한 작업이 완성되는지를 보여 준다.

빌딩…… 우리는 그 둘레에 유리를 끼운다.

1925년 5월 9일. 샹젤리제 가로변 마로니에의 절반 가량의 잎이 거무스름하다. 봉오리 상태의 잎은 꽃을 피울 수가 없었다. 작은 잎들은 미숙아의 오므라든 손처럼 움츠리고 있었다.

. . . .

대도시에서 3대째 살면 그 후부터는 아이를 낳지 못한다는 것을 사람들은 인정한다.

사진 : 웬딩겐Wendingen. 이러한 모습이 완벽한 조화의 이미지 가운데 하나일 수 있을 것이다.

13. 휴식시간

'8시간 노동'.

아마 하루 '6시간 노동'을 해도.

정서적으로 비관적이고 불안정한 사람들은 다음과 같이 중얼거린다. 불안의 구렁텅이가 우리 앞에 있다. 이 자유롭고 공허한 시간에 무엇을 할 것인가?

그 시간을 메울 것.

여기에는 주거라는 건축 문제가 있고, 숨쉬기 위한 기계와 같은 주거지역의 구성이라는 도시계획의 문제가 있음이 이해된다. 휴식시간, 그것은 숨쉬는 시간이다.

건축과 도시계획이 유기적인 구조를 갖기 이전에, 이미 스포츠는 우리들 생활 속으로 들어왔다. 유해한 행위에 대한, 건강한 반격.

* * *

나는 다행히도 오늘 포레스티에Forestier를 만났다. 그는 산림보존관리국Eaux et Forêts 기사이며, 불로뉴 숲Bois de Boulogne과 파리 수목 지역의 조경가다. 이 경험가는 나무와 꽃에 몰두하여 그들의 생존 이유를 파악한다. 그는 생리적 존재의 조건 자체에 몰두한다. 그는 나의 도시계획 연구에 대해 알지 못한다. 그의 모든 말은, 이론적 체계에서 나온 나의 결론에 대한 자연현상에서 얻어낸 확신들이다.

그는 말했다. "**파리 확장계획 Extension de Paris**에 따라[22] 사람들은 전원도시 형태로 커다란 교외지역에 주거지를 건설합니다. 좋은 일입니다. 그러나 전원도시의 거주자들은 날마다 도시의 심장부로 일하러 옵니다. 이 심장부에는 손도 대지 않고 있습니다. 이 도시의 심장부는 자동차 매연으로 오염된 좁은 길들이 성벽으로 둘러싸여 있습니다. 사람들은 거리에서, 집에서 중독됩니다. 인체에 유해한 공기 덩어리들이 주위의 전원도시로 이동할 것입니다. 교외에 시도한 노력은 낡아빠진 도시 심장부의 잔존에 의해 소용없게 될 것입니다."

"가솔린 가스와 아스팔트 먼지는 유기체에 치명적인 영향을 줍니다. 이러한 발산물에 직업상 노출되어 있는 사람들은 생식 기능을 잃은 성 불구자가 됩니다. 대도시에서 3대째 살면, 그 후부터는 아이를 낳지 못한다는 것을 사람들은 인정합니다.[23]"

"나무들은 무서울 정도로 고통받고 있습니다. 나무들을 한번 보십시오. 이제 7월인데도 잎들이 모두 없는 것을, 그것도 완전히 말라 버리면 뻘겋게 되는 잎들을, 최근 몇년간 구루병에 걸려 생긴 붉은 반점들을 보십시오.[24] 현재의 도시는 죽음의 위험에 처해 있습니다. 어떻게 벗어날 수 있을까요? 시청에서는 아무것도 할

---

22) 파리 확장계획 상임부서
23) 분방한 사람, 건설업자, 무모한 사람은 일단 자신의 시간이 끝나면, 스스로 떠나고, 사라진다! 숭고한 희생, 고귀한 시적 사건. 아쉽게도 현실은 다르다. 지치고, 신경쇠약자로서의 2, 3세대 그리고 불임으로 끝난다! 가득한 영광 속에서 갑작스런 죽음은 5대에 걸쳐 달팽이의 점액처럼 오랜 고통으로 질질 끌려간다.
24) 5월 9일, 샹젤리제 가로변 마로니에의 절반이 거무스름한 빛을 띠고 있다. 봉오리 맺은 꽃들도 더 이상 피지 못한다. 잎들은 미숙아의 오므라든 손처럼, 웅크리고 있다. 5월 9일! 그러나 계절은 도대체 어디에 있는가? 5월 9일은 나무들에게 가을로 다가온다. 우리의 폐는 겨울이나 여름이나, 해로운 가스를 마시고 있다. 우리는 그것을 인식하지 못한다. 그러나 수난을 겪고 있는 나무들이 우리에게 외친다. 조심하시오!

수 없습니다. 도시 면적의 20, 30, 40, 50%를 녹지대로 만들어야만 할 것입니다. 꿈만 꾸는 것은 소용없습니다. 상황이 심각합니다."

이 평결에서 나는 내가 문제 제기했던 요소들, 즉 1922년부터 '우리 시대의 도시ville contemporaine'에 관한 계획을 작성했던 요소들의 본질적인 한 부분을 찾았다.

※
※ ※

8시간 노동.

이어서 8시간 휴식. 도시계획가는 답해야만 한다.

스포츠 활동을 도시의 모든 거주자에게 허용해 주어야 할 것이다. **스포츠는 집 주변에서도 할 수 있어야만 한다.** 그러한 것이 전원도시의 프로그램이다.[25] 경기장의 스포츠는 일상의 스포츠와 아무런 관계가 없다. 그것은 서커스, 오락과 같은 연극이다. 그것은 구경거리다. 사람들은 그곳에서 타인의, 전문가들의 신체적 현상인 이두박근과 관절을 본다. 집 주위에서의 스포츠는 집에 와서, 제복이나 모자를 벗고, 밖으로 나와서, 하는 것이다. 숨쉬기운동을 하고, 근육을 단련하고, 근육을 유연하게 한다. 남자와 여자, 아이들 모두가 전차나 버스나 지하철을 타고, 손가방을 들고 수 킬로미터를 기대어 서서 가야만 하는가? 아니다. 이러한 조건에서 할 수 있는 스포츠는 없다. 운동장이 집 주변에 있다. 이 이상향을 실현하기 위해, 수직으로 짓기만 하면 된다. 그런데 파리 시의 건축 주무부서는 사람들이 수직으로 짓는 것을 원하지 않는다고 한다. 그들은 파리의 옛 성터에 들어설 건물을 6층이나 7층 대신에 5층으로 제한하는 새로운 규정들을 지키기 위해 투쟁한다!

이것은 너무나 혼란스러운 모순에 직면한 것으로, 도시계획가는 문제를 제기해야만 한다.

※
※ ※

---

25) 이번 2월, 스트라스부르 시 확장계획에 대한 국제현상설계 심사위원인 나는 다음과 같은 믿지 못할 무분별함을 볼 수 있었다. 제한된 현상설계는 성벽 지역의 공지에 대한 정비를 제시했다. 성벽 지역은 스트라스부르 도심지에서 5분 또는 10분 거리에 있다. 참가자 가운데 스포츠 계획을 제시한 사람은 아무도 없었다. "이 빈 지역, 그러나 이 지역에는 무조건 거대한 체육관이 들어서야만 했을 것이다. 천만에! 녹색과 노란색으로 칠해진 도면은, 모두 영국식 정원의 물결 모양, 프랑스식 정원의 체스 판 모양이었다. 스트라스부르 판 뤽상부르Luxembourgs 공원들, 알자스의 유모nourrices alsaciennes에게나 유용한 장소들! 심사위원은 당선작을 내지 않았다.

팔레 루아얄 Palais-Royal

앞으로 대도시의 땅은 이와 같이 될 것이다.
(87쪽을 볼 것)

튈르리 정원

뤽상부르, 팔레 루아얄

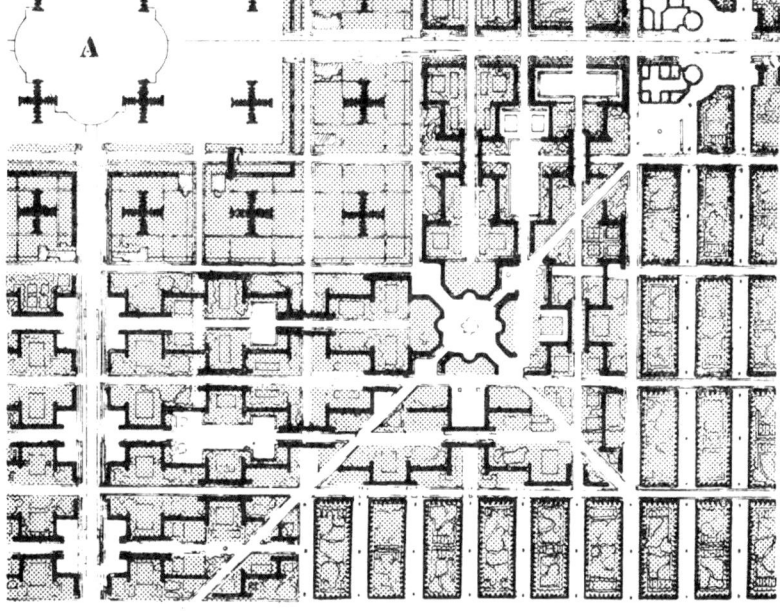

우리 시대의 도심지
ville contemporaine

고층 건축물 gratte-ciel

요철형 주거단지
redents

벌집형 상자 모양의
주거단지 lotissements
fermés à alvéoles

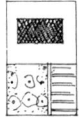

샹젤리제와 튈르리 정원

이 세 평면들, 즉 파리의 팔레 루아얄 구역, 튈르리와 샹젤리제 구역 그리고 중간에 같은 축적으로 우리 시대의 도심지 한 부분의 구역이, 건설된 지역(요철형과 상자형 주거단지)과 여기서 나온 식수 면적(도시는 수목으로 뒤덮였다)으로 가져올 급진적 변화를 보여 준다. 도로의 교차로와 폭도 비교해 볼 수 있다.

전원도시에 관하여

우리는 대도시에 관한 장에서, 두 부류의 인구를 인정했다. 여러 가지 이유로 도시에 거주하는 도시인과, 도시로부터 멀리 벗어나야만 용익하게 살 수 있는 '교외인'으로.

이 교외인들은 자신들의 사회적 조건에 따라, 빌라나 근로자 주거단지의 주택 또는 근로자 임대주택에서 산다.

여기 문제제기를 시도해 보자.

a) 세계의 모든 국가가 인정하고 이상적이라고 주장하는, **현재의 해결책**은, 400평방미터(300 또는 500평방미터) 단위를 한 별장형 주택으로 할당한다. 나무가 심어진 별장형 주택, 장식용 정원(꽃과 조약돌), 작은 과수원, 작은 채소밭 등이 있다. 안주인과 바깥주인의 희생(낭만적이고 목가적인), 즉 청소하고, 나뭇가지를 치

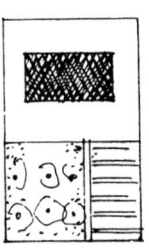

집 한 채, 정원과 채소밭을 갖춘 400m² 단위의 예

고, 물 주고, 달팽이를 잡는 등, 황혼이 사라진 지 꽤 오래되었는데도 여전히 물뿌리개를 휘두르고 있다. 신체단련이라고 할 수 있을까? 분명히 잘못되었고, 불완전하고, 때로는 위험하기까지 하다. 아이들은 놀 수 없으며(뛰어다니기), 부모들도 마찬가지다(스포츠를 할 수 없다). 수확한 농작물은 감자와 배 한 바구니 그리고 당근, 오믈렛용 파슬리 조금 등으로 그 가치는 형편없다.

b) **내가 제안한 해결책**은 집은 50평방미터의 2층 건물, 총 주거면적은 100평방미터. 장식용 정원 50평방미터. 스포츠를 즐기기 위해 나는 150평방미터를 할당하였다. 채소밭으로는 150평방미터를 할당했다. 이로써 총 400평방미터가 사용되었다.

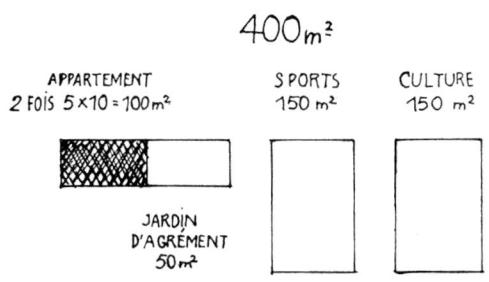

내가 제안한 400m²의 용도

주거와 장식용 공중정원은 3층 높이로 '요철된' 큰 건물 안에 나란히 놓인다. 태양과 공기는 곳곳에 스며든다. 정원엔 붉은 벽돌이 깔려 있고, 벽은 담쟁이덩굴과 참으아리과 꽃들로 덮인다. 오쿠바스, 참빗살나무, 월계수, 측백나무 들은 시멘트로 만든 큰 통이나 항아리 안을 가득 채운다. 철마다 꽃들로 화려하게 꾸며진다. 쉽게 돌볼 수 있는 진정한 아파트의 정원이다. 테이블은 비를 맞지 않는 곳에 놓는다. 정원에서 먹고, 이야기하고, 휴식을 취한다.

주택 근처에 스포츠용으로 허용된 150평방미터가 이웃의 모든 주택에 할당된 것과 합쳐진다. 축구, 테니스, 농구, '체조용 회전 기구pas-de-géant', 트랙, 놀이용 잔디밭 등. 모두 갖추어져 있다. 집에 오면 제복모나 모자를 벗고, **주택 근처**로 운동하러 간다.

바로 옆에, 텃밭으로 할당된 150평방미터가 인접 구획에 속해 있는 것과 합해진다. 그래서 400×100평방미터(4헥타르)의 경작지가 만들어진다. 물주기는 이제 끝! 고정된 수리시설이 포대처럼 일렬로 정렬해서, 물주기를 대신하면서 기계적으로 물을 주며 기계로 토지를 경작하고 체계적으로 비료를 준다. 100구획당 농부 한 명과 집약적 채소 재배 농업. 농부가 일의 대부분을 맡는다. 공장이나 사무소에서 귀가한 거주자는 운동으로 기력을 회복한 뒤[26], 채소 재배지 안에 있는, 자신의 채소밭을 가꾼다. 그리고 과학적이고 산업적인 작업이 이루어진 자신의 밭에서는 한 해 식량의 상당 부분이 생산된다. 경작지의 양끝에 만들어 놓은 지하 저장고에는 겨울용 생산물들이 저장된다.

---

26) 예를 들면, 한 여성 속기 타이피스트가, 업무에서 받은 스트레스를 잠으로 해소할 수 없다는 것을 연구자들은 기록했다. 그 여성은 점점 기력이 쇠해진다.

전원도시용 '벌집형Alvéoles' 주거단지의 한 부분(이 주거단지 그룹은 보르도Bordeaux의 '프뤼제라는 새로운 주거지Nouveaux Quartiers Frugès' 입구에 건설될 것이다.)

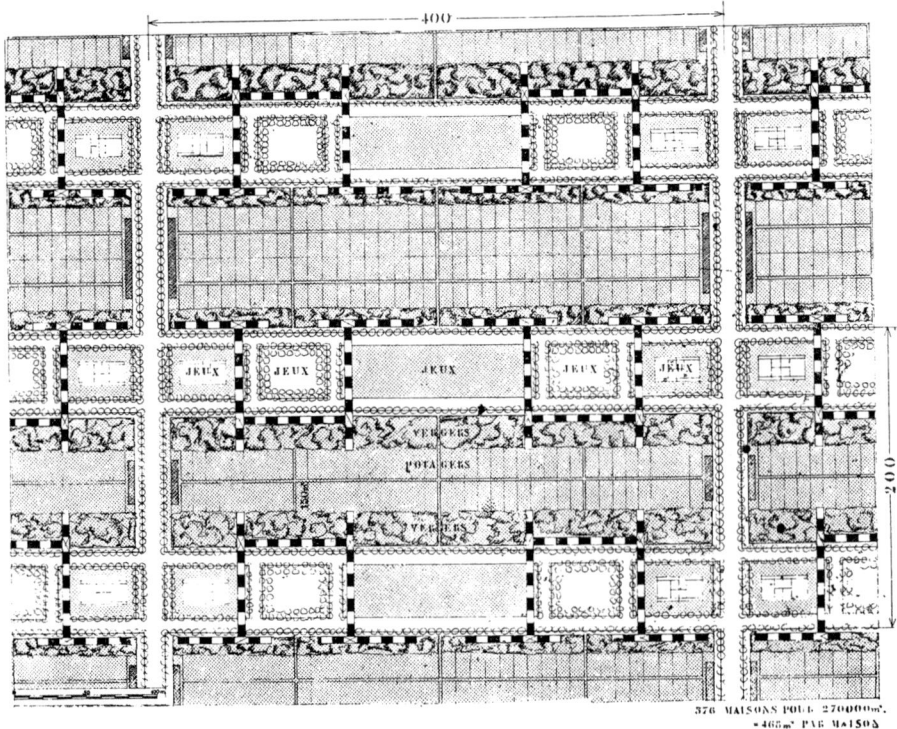

'벌집형' 전원도시. 별장 스타일의 주택들은(거주 면적 100㎡와 공중정원 50㎡) 3층 높이로 되어 있다. 주 진입로가 400m마다 있다.

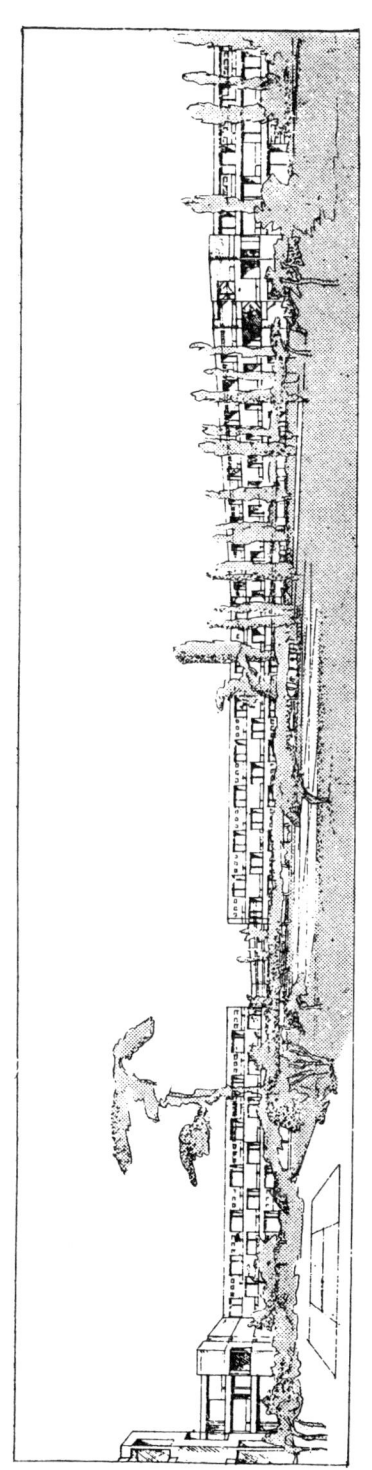

'빛나함' 주거단지(땅이 흘러적인 사용과 뛰어난 건축적 테도)

과수원이 집과 경작지를 분리한다.

왜냐하면 시골에서는 '1일 8시간 3교대 작업'과 주거단지의 새로운 개념과 함께 농업노동자가 사라지는데, 전원도시의 노동자들은 농업노동을 재편성하여 **생산한다**.

이것은 역사적 기념물들, 즉 스위스의 산장이나 알자스 인의 높은 언덕 위의 집들을 과거의 박물관에 맡긴, 현대도시화의 한 예다. 낭만적 구속이 없는 정신은 잘 제기된 문제를 해결하려고 애쓴다.

건축가는 너무나도 유명한 '주거단지'의 불협화음이 전력투구한 장대한 질서로 대체했음을 행복하게 확인한다. 건전한 택지조성은 최소의 비용으로 논리적인 도심지와 연결되어 있다(논리적이라니! 유감스럽게도 여기에 그들의 잘못이 있다. 전원도시를 만드는 것은 전원풍의 시詩를 짓기 위해서다. 자그마한 발코니, 작은 아치, 커다란 지붕, '우리 집 지붕', 굴뚝 위의 황새가 있는. 그러나 매우 유감스럽게도 초가지붕이 금지되어, 녹청색 지붕이 대신한다).

✳
✳ ✳

굽은 길, 곧은 길

카밀로 지테는 2, 30년 전에 곧은 길은 어리석고, 굽은 길은 이상적임을 입증했다. 곧은 길은 한 지점에서 다음 지점까지 도달하는 데 가장 긴 길이고, 굽은 길은 가장 직선적인 것이었다. 중세 시대의 뒤틀어진 도시(마지못해 뒤틀린 도시에 대해서는 제1장의 '당나귀의 길'을 보라)를 바탕으로 한 논증은[27] 교묘하고 그럴듯했다. 1킬로미터 미만의 거리 내에 있고, 그 매력이 도시계획의 이유와는 다른 것에서 유래된 도시와 관련된 것임을 잊고 있었다. 역설이 가해지고 교묘하게 보강되어, 유행하기 시작했다. 뮌헨, 베를린 그리고 그 밖의 많은 도시가 도심지에 뒤틀린 구역들을 만들었다. 이 난센스는 경험과 무관하지 않았다. 영국인과 독일인이 굽은 길로 형성된 전원도시를 여전히 증식시켜 나갈 것이며, 거기에 경험이, 훨씬 모호한 조건하에서 이루어지면서, 아첨을 했다. 프랑스에서는 20년 늦은 지금에 와서 **굽은 길**을 만들기 시작했으며, 이 모든 것을 조경 건축가들이 즐겁게 채색한 계획도면에서 대부분 입증해 주었다. 도시계획가의 계획 도면에서, 굽은 길 그 자체가 전원도시를 나타내는 일종의 상징에 대한 도식적인 가치를 갖게 했다.

만약 무질서가 햄프스티드Hampstead에서처럼 수백 년 **묵은 나무 뒤에** 숨겨진 것이 전혀 아니라면, 꾸밈없는 현실은 덜 세련되었을 것이다. 전원도시를 위한 굽은 길에 대한 문제는 신중히 검토할 가치가 있다.

지나친 논의 없이 인정될 수 있는 것이 여기에 있다.

곧은 길은 작업을 위한 길이다.

굽은 길은 휴식을 위한 길이다.

또 인정하자. 곧은 길은 방향을 잘 알 수 있다(질서정연한 여러 검증을 통해서).

굽은 길은 방향을 전혀 알 수 없다.

마지막으로 인정하자. 곧은 길은 매우 건축적이다.

굽은 길은 가끔 건축적이다.

그러나 만약 길가의 주택들이 지긋지긋하게 늘어서 있어서, 종종 곧은 길이 지독하게 우울하게 보인다면, 굽은 길에 주택들이 면해 드문드문 늘어서 있을 때, 끔찍한 무질서가 불가피하게 만들어진다. 그때부터 모든 것은 반대방향으로 가 버린

---

[27] 중세 시대에 만들어진 도시(요새 도시들)가 훨씬 명료하게 기하학적인 설계를 강조하고 있다. 매우 안심이 된다. 성당의 평면과 단면의 설계자들이 도시를 설계하기 위해, 여전히 우리들 마음 속 깊이 찬탄의 대상으로 남아 있는, 명료한 정신을 지버렸다는 사실은 분명 실망이었다.(98쪽의 몽파지에 평면을 보라.)

다. 눈은 도면 위에 그려진 곡선을 보지 못하지만, 각각의 정면이 다양한 투사로 심하게 움직이는 듯하다. 그러한 주거단지는 전쟁터이거나 폭발물의 파편으로 뒤덮인 장소와 같을 것이다.

곧은 길은 걷기에 매우 지루하다고 말해도 좋다. 길은 끝이 없어, 걸어가는 것 같지가 않다. 반대로 굽은 길은 예상 밖의 경관들이 이어져 즐겁다. 이것을 명확하게 보기 위해 기억해 두어야만 하는 논의다. 곧은 길은 걸어서 가기에는 지루하다. 인정한다. 그러나 만약 작업용 길이 필요하다면, 지하철, 전차, 버스, 자동차로 빨리 갈 수 있으며, 또 그 길이 곧으면 더 빨리 갈 수 있을 것이다.[28] 만약 걸어가는 길, 상큼한 산책길, 건축적 경관이 문제되지 않는 길이라면 굽은 길을 적용하자. 그럴 때 그것은 유모차를 끄는 유모와 산책하는 사람들을 위한 자그마한 영국식 정원 수법과 같다. **만약 건축적 경관이 없고 시골이나 최소한 잔디밭과 초원이 어떠한 자의적인 형태로 주의를 끌지 않는 그림 같은 지평선을 직접적으로 구성하고 있다면 굽은 길은 모든 권리를 갖는다.** 그러면 그것은 산책길이나 전원도시를 가로지르는 가로수 길을 필요로 한다는 것을 분명히 알 수 있다.

마지막으로, 굽은 길이 건축적 효력을 지닐 수 있는지 알아보자. 굽은 길에 가로수를 규칙적으로 심을 수 있다면 그럴 수 있을 것이다. 반복적으로 늘어선 나무기둥은 열주colonnade 모양을, 나뭇가지는 볼트(궁륭) 모양을 이룬다. 여건을 갖춘 기하학적 형태가 눈앞에 드러나는 것이다. 터빈의 나선형과 같은 종류처럼 명확하게 형식화된 것들을 본다. 그러나 이 곡선 가장자리에 아담한 주택의 정면을 배치해야 할 건축가에게는 불행한 일이다. 무질서는 불가피하며, 눈은 조경 건축가의 평면의 아름다운 나선을 보지 못한다. 길은 볼 수 없고 엉뚱하게 늘어선 집들의 정면만 보게 된다. 이 집들이 작업 테이블 위에 서 있었다면 서둘러 직선으로 배열하고, 직각 덩어리로 무리짓도록 했을 것이다. 길이 꾸불꾸불하면 눈은 겨우 단축된

---

28) 자동차로 프랑스를 다녀 보면 감동적인 교훈을 얻게 된다. 도시로부터 멀리, 정신을 혼란스럽게 하는 군중들로부터 멀리 벗어난, 건강한 땅에 오면 발을 되찾은 듯한 느낌이 든다. 큰길은 끝없이, 곧게 펼쳐진다. 그 길은 침착하고, 똑바로, 한 지점에서 또 다른 지점까지 뻗어 나간다. 이 길의 대부분을 설계한 사람이 바로 콜베르Colbert이다. 나폴레옹도 해당한다. 흔히 거대한 오벨리스크가 입증하듯이 "나도 그렇게 원한다." 사람들이 똑바로 선 수문水門과 함께 곧은 운하를 교차하여 지나가고, 또 따라간다. 왼쪽에서, 오른쪽에서 '특별한 경우의 길들이' 꾸불꾸불하게 따라간다. 소의 길, 당나귀의 길, 말들의 길, 상상할 수 있는 모든 타협의 길들이. 첫번째 의지는 범할 수 없는 것 그리고 그 옆에는 잘못 잘린 치수, 두 조각난 배. 나무기둥을 타고 똑바로 올라가는 수액과 빛을 따라 찾아가는 잎들의 변덕(외견상으로만 볼 때). 일종의 떨기나무 지대였던 이 넓은 나라에, 우리의 진취적 기질에 알맞은 인간적 시스템을 받아들이게 했다.

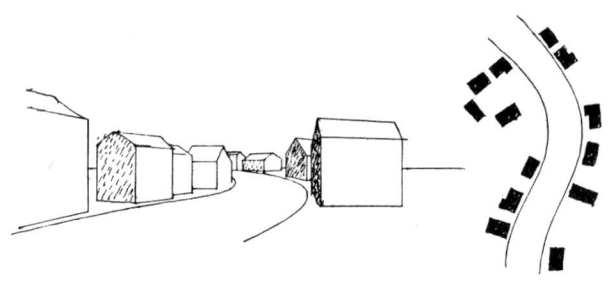

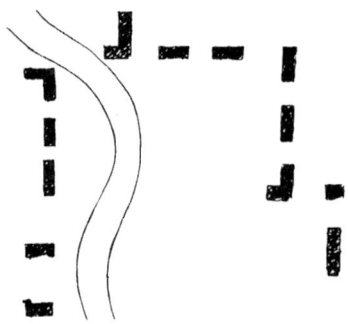

경관만 감상한다. 그러므로 굽은 이 도로 주변에 직각 배열로 정돈하자. 공간에 똑바로 세워, 경관(눈에 보이는 것)을 구성하자. 그러면 그것은 질서 있는 경관이 된다.(이 이론은 평탄한 땅에 적용된다. 굴곡진 땅에서 곡선이 우선적 권리를 갖는 이유는, 꾸불꾸불함으로써 규칙적인 경사로를 얻을 필요가 있기 때문이다. 그림 같은 풍경도 필연적이다. 건축의 문제는 앞으로 모든 만족감과 모든 미학적 의도에 필수적인 변함없는 통일성을 위하여 내재하는 무질서를 제어하는 데 있다.)

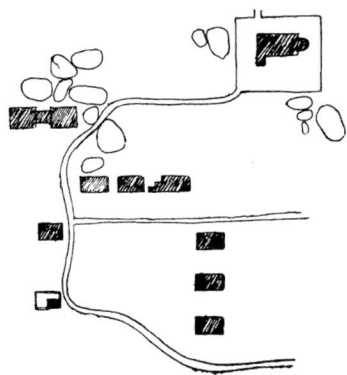

브르타뉴의 마을(플루마나크Plounanch). 집들이 직각 배열한 가운데 굽은 길. 바람의 방향이 모든 집의 방향을 일정하게 정한다. 이 항 구성으로 인해 기분이 좋다.

샌프란시스코, 그 이유가 모호하지 않은 굽은 길, 자동차용 계단

건축가가 만약 인접한 정면들을 길가에 면해 세운다면 굽은 길에서 다시 한 번 쾌적한 효과를 끌어낼 수 있을 것이다. 뛰어난 조형적 형태를 실현했어도, 그 형태가 무수히 되풀이된다면 그는 금방 싫증날 것이다. 도시에서 앞서가는 모든 통찰과 상반되는 이 길들은, 자동차의 교통을 마비시킬 것이다. 전원도시에서는 늘어나는 불편(매우 협소한 땅과 혼잡)을 고려하여, 되도록 많은 건물을 인접시켜 짓는 것을 피하려고 애쓴다.

요약하면, 굽은 길은 본질적으로 회화적 경관이다. 회화적 경관은 즐겁지만 즐거움의 남용은 금방 싫증을 느끼게 한다.

* * *

질서에 따른 자유에 관하여

우리는 아파트에서 산다. 아파트는 우리의 안전과 편안함을 보증하는 일종의 기계요소와 건축요소의 집합체다. 도시계획에 관해 이야기할 때, 아파트를 하나의 세포cellule로 간주할 수 있다. 세포들은, 사회생활을 통해 도시현상의 본질적인 요소 가운데 하나를 이루는 집단 방식, 즉 협력이나 대립에 강요되었다. 대략 이야기하면, 우리는 자신의 세포 안에서 스스로 자유롭다고 느낀다(그리고 우리는 자유를 보장받기 위해 고립된 집 어디에선가 사는 것을 꿈꾼다) 현실은 세포의 집합화가 우리의 자유를 함부로 침해하고 있음을 보여 준다(그리고 우리는 ……에서 살기를 꿈꾼다 등등). 꽉 짜여진 공동체에서의 생활은 도시 자체의 사건을 통해 부과된 일종의 수렴막astriction^{역주55}이다. 그리고 타협한 자유 안에서 고통을 느끼며, 우리를 얽매는 집단현상을 타파할 것을(물론 상상으로나마) 꿈꾼다.

세포의 논리적인 배열에 따른 질서로 자유에 도달할 수 있다.

오래 전부터 세포에 대한 일부 근본적인 진실을 확정하려고 노력했던(아파트와 아파트 건설의 개조) 나는 질서 속에서, 결과의 규칙을 통해, 세포의 그룹화 체계를, 예속을 강요하는 혼돈에 대해 효험 있는 사실을 대응시키려는 의도로 조금씩 쌓아올렸다.

현대판 노예제도를 정의해 보자.

버스 '번호표'(가스 가로등 아래에서 보관용 번호표에서 떼어 주고 남은 부분)는 질서를 통한 현대판 자유의 완벽한 예다. 여러분이 허약한 사람이거나 신체장애인, 아니면 중앙시장의 건장한 사람이거나 권투선수이더라도, 가스 가로등 아래에서 기다린 버스 안에서, 정확히 여러분의 권리인 자리를 차지할 수 있을 것이다. 버스 '번호표'가 사용되기 전에는 약자가 짓밟히고, 나중에 온 사람이 먼저 타는 등 자유가 얼마나 짓밟혀 왔는지를 상기해 보라.

현대 주거의 부조화와 '파리 시민들'이 갈망했던 **자유**(말로만 수다스럽게)가 얼마나 환상이었고, 쇠약한 사실을 숨기는 고정관념이었는가를 살펴보자.[29]

첫번째로, 귀찮은 존재인 관리인은 작고, 견딜 수 없는 환경에서 거주한다. 독단적인 감시인, 여러분은 여러분의 집에서 관리인의 행사에 대항하여 그 영향에서

---

29) 나는 '파리 시민'이라고 말했는데, 왜냐하면 몽마르트 공화국République de Montmartre이 선포한 진정한 파리 시민은 불운에도 좌절하지 않기 때문이다(그리고 그들은 얼마나 괜찮은 사람들인가!). 오래되고 습기 찬 돌 속에서 살고, 욕실도, 세면기의 물도 없다. 설치하기가 거의 불가능하기 때문이다. 계단은 어둠침침하며, 부엌은 '기념으로' 있고, 전기도 없다. 얼굴은 타는 듯 그을고, 등은 얼음같이 차갑고, 시커먼 그을음 덩어리가 사방으로 흩어지는 조개탄으로 난방을 한다. 그러나 그들은 창문에 미미 펭송Mimi Pinson식 정원을 발명했다. 낡은 앞집 역시 옛 주철로 만든 아름다운 창인방 틀을 갖고 있다 등등. 파리 사람은 찬탄할 만한 철학자이다. 매혹적인 파리는 파리 시민들에게 수없이 많은 기분 전환거리를 제공해 주어, 그들은 늦게 귀가한다. 그래서 그처럼 편안함이 없어도 그다지 고통스러워하지 않는다. 파리 사람들은 편안하지 않아도 투덜거리지 않기 때문에, 모든 것을 좋게 생각하고 그 모든 것을 멋있게 본다. 파리 사람들은 자유인이라고 느낀다. 신문에 늘 그렇게 쓰여 있고, 모든 '잡지'에서 노래를 불렀다. 그것은 일종의 호적등본이요, 철학이다. 모든 것이 잘될 것이다! 우리는 자유다! 센 강 그 자체가 자유다. 해마다 강물이 넘쳐 수많은 선량한 사람들이 물에 잠긴다. 모든 것이 다 잘될 것이다. 우리는 자유다. 센 강 역시! 이하 등등. 그리고 또 다른 파리 시민들이 있는데, 큰 길가에, 승강기, 욕실과 카펫을 깐 계단이 있는 새로운 주거건물 안의 호화롭고 사치스러운 아파트에 사는 사람들이다. 이들은 옛 파리를, 허물어져 가는 벽들과 오래된 주철 세공품들을 숭배한다. 신문과 시사희극 단막 작가 역시 그들에게 파리인의 자유에 대해 "그것 참 잘되었군"이라는 아름다운 종교를 믿도록 했다.

벗어나거나, 아니면 이 수호신의 곁에서 여러분의 사면赦免 상태에 따라, 심술궂은 관리인에게 들볶이면 된다. '관리인이 외출했거나', '관리인이 안뜰에 있거나', '관리인이 계단 위에 있는' 동안에는 방문객이 여러분을 만나려고 애써 봐야 헛수고다. 관리인을 만날 수 없기 때문이다.

그러나 여러분의 집에서는 '마침내 혼자 있다!' 알았어! 그러나 축음기, 피아노, 고함치거나 속삭이는 소리가 위에서, 아래에서, 왼쪽에서, 오른쪽에서 들려 온다. 여러분은 서너 이웃들 사이에 '샌드위치 되어' 있다. 여러분은 자갈 속의 작은 자갈과 같다. 계단은 일반적으로 불편하고 채광이 잘 되지 않는 흐름 기관과 같다. 어느 곳에도 승강기는 없다. 여러분은 한두 명의 가정부를 두고 있다. 그들을 지붕 아래에, 좋지 않은 환경에 거주하도록 하고, 흔히 파렴치하게도 뒤죽박죽 섞여 기거하도록 한다. 이러한 가정부의 문제와 함께 굉장한 자유의 시대가 진짜 시작된다! 가정부의 주급 휴가는 바로 우리가 우리의 시중을 들어야 하는 것을 뜻한다. 만약 여러분이 저녁에 사람을 초대하기를 원해도, 가정부는 말을 듣지 않을 것이다. 여러분은 궁전에 반란군을 두고 있는 것이다. 여러분은 가끔 파티를 열기를 원할 것이다. 어디서? 객실에서? 객실은 좁고, 밤 10시에는 이웃 사람들이 잠자리에 들 것이다. 그래서 자유분방한 파리에서는 해마다 두 번씩 축제가 열린다. 한 번은 각자의 집에서 여는 생 실베스트르 축제 Saint-Sylvestre 역주56, 또 한 번은 거리에서 여는 7월 14일역주57의 축제다. 신체를 단련하는 체육관은 집에서 30분이나 1시간 거리에 있는데, 그곳에서는 한 달에 100프랑, 200프랑을 요구한다. 여러분은 그곳에 가지 않는다. 너무 불편하다. 침실에서의 '뮐러 시스템 système Muller' 운동을 여러분에게 포기하라고 해야 하나? 항상 늦은 아침에 일어나서 하는 세 번째 시도는 꿋꿋한 의지가 필요하다. 체력을 단련할 시간이 없다.

필수품 보급. 브르타뉴 출신의 귀여운 아가씨가 많은 시간을 들여 동네의 포탱 Potin 가게에 가지만 모든 것이 너무 비싸다. 아! 여러분의 자동차는? 차고가 10분 거리에 있다. 아이들을 뤽상부르, 튈르리, 몽소 공원 등에서 놀게 하기 위해 데리고 가는데, 사실 유모나 '젊은 가정부'가 딸린 아이들만 그렇다.

만약 그토록 많은 성가신 일들이 사라진다면? 게다가 흥미 가득한 혁신과 개선을 가져온다면? 여러분의 비용이 절감된다면? 가정의 걱정거리 대부분이 없어진다면? 정리를 통해, 여러분 가정의 자유가 거의 완전히 보장된다면? **질서에 의해서, 여러분이 자유를 갖는다면?** 현대판 노예제도가 초기에 폐지된다면?

가정(세포)에서 해야 할 일이 무엇인지 조사해 보자. 필수적인 관계에 놓여 있는 일정한 수의 세포가 무엇인지, 그리고 호텔이나 자치단체처럼 관리할 수 있는 집단을 유효하게 형성할 수 있는 세포의 수를 헤아려 보자. 이러한 집단은 도시의 현상 안에서 엄정한 요구를 깨닫고 문제 제기의 범위를 뚜렷하게 정하는 기능을 갖는, 명료하고 명확한 유기적 요소가 스스로 이루어지는 공동체다. 여기에 문제를 제기하고 검토한 후에 다음 공리에 잘 답할 수 있는 제안에 도달할 수 있을 것이다. 1° 자유, 2° 흥미, 3° 아름다움, 4° 건설경제, 5° 개발경제, 6° 신체적 건강, 7° 필요한 기관의 조화로운 기능, 8° 도시 현상(교통, 숨쉴 곳, 경찰 등)에 대한 풍부한 참여.

여기에 '**벌집형 상자 모양의 주거단지** Lotissements Fermés à Alvéoles' 또는 '빌라형 집합주택 Immeubles-Villas'이 있다.[30]

구획 크기는 400×200미터(가로에 알맞은 교차 지점은 165쪽을 볼 것). 전면은 거리를 등지고 300×120미터(약 4헥타르)의 공원을 향해 열려 있다. 안뜰도 작은 안마당도 전혀 없다. 각 아파트는 실제로 2층집이며, 어떤 높이에서도, 빌라는 멋진 정원을 갖고 있다. 이 정원은 단면적 15평방미터 입구가 큰 깔때기 모양을 통해 통풍이 되는 높이 6미터, 폭 9미터 깊이 7미터의 벌집형으로 만들어진다. 벌집형은 일종의 환기구다. 집합주택은 공기를 빨아들이는 거대한 스펀지와 같아서 호흡을 한다. 큰 공원이 아파트 아래에 있으며, 6개의 지하도를 통해 직접 연결된다. 여기에는 축구장 하나, 테니스코트 둘, 큰 놀이터 세 개가 있다. 스포츠 클럽 하우스와 자유로운 숲과 잔디도 있다. 자동차 도로만이 거리가 아니다. 거리는 100에서 200빌라villa마다 연결되는 광대한 계단(일반 승강기와 화물 승강기와 함께)을 통해 위로 연결된다. 거리는 차도를 가로지르고 빌라의 출입문 쪽 복도로 연장되는 육교를 통해 다양한 높이로 따라간다. 이 출입문 뒤편에 빌라가 있다. 각 빌라는 정확하게 완벽한 입방체를 점유하고 이웃과 완전히 독립되어 있다. 공중정원 jardins suspendus이 서로를 분리한다. 거리는 다시 차도와 같은 높이에 있거나 차도 아래 부분에 있는 차고로 통한다. 각 빌라마다 차고가 있다.

이 차도는 완전히 콘크리트로 포장되어 있으며 경량 자동차의 교통만 담당한다. 차도는 필로티 위, 즉 **공중에** 있다. 중량 트럭, 버스는 아래의 **지상**을 지나고

---

30) 최초의 상세한 연구는 1922년의 살롱 도톤에 전시되었고, 『건축을 향하여』 첫번째 판을 통해 소개되었다.

CIRCULER...

A sens unique, vitesse unique

Une ordonnance préfectorale sur la circulation des poids lourds

M. Morain, préfet de police, a signé hier une ordonnance concernant la circulation des véhicules à marche lente et des voitures de charge dans certaines rues de Paris.

Voici les noms de ces rues et les conditions dans lesquelles elles devront être empruntées.

La circulation des véhicules à marche lente ou ne suivant pas l'allure générale du flot et notamment la circulation des tombereaux, des fardiers, des voitures de gros camionnage, de déménagements, de celles servant au transport de lourdes charges, des matériaux de construction et de tous véhicules conduits à l'allure du pas, ainsi que la circulation des voitures à bras, véhicules automobiles à bandages rigides dont le poids total en charge est supérieur à 4.500 kilos et des tracteurs automobiles avec remorque servant au transport des marchandises est interdite, de 15 heures à 19 heures, dans les voies désignées ci-après : rue

PARIS FAIT PEAU NEUVE

460.000 mètres carrés sont ou vont être repavés
Et cela coûtera environ 27 millions

UN CHANTIER BOULEVARD DES ITALIENS

트럭은 1층에 있는 건물의 화물 창고에 직접 댈 수 있다. 오늘날의 거리를 혼잡하게 하고 보행자의 흐름을 막는 도로가의 끔찍한 주차는 더 이상 결코 없다. 도시의 배선·배관은 자유로운 공중에 있어 이제부터 더 이상 긴 구덩이를 파는 일은 없을 것이다. 건물 지붕 위에는 맑은 공기 속에서 달릴 수 있는 1,000미터의 경주로가 있다. 또, 그 위에는 체육교사가 매일 어린아이들처럼 부모들이 유익하게 운동할 수 있도록 지도할 것이다. 일광욕실도 있다(미국은 현재 일광욕실을 통해 결핵에 대한 승리의 전투를 치르고 있다). 또한 각 세대가 1년에 서너 번 정도 성대하게 치를 수 있는 연회실도 있다. 더 이상 관리인은 없다. 72명이나 144명의 관리인 대신 일일 8시간씩 3교대로 집을 지키고, 방문객을 맞이하여 전화로 알려 주고 그들을 승강기로 각 층까지 안내하는 6명의 안내원이 있다. 그들은 2층으로 된 차도 위에 걸쳐서 건설된 30미터의 멋진 6개 홀에서 기다린다. 이 차도의 교통은 어디든지 일방통행이며 보행자는 집으로 가기 위해 거리를 가로지르지 않아도 된다.

평면도와 단면도가 모든 요소에 대한 논리적인 분류를 보여 준다. 질서에 의해서, 여기에 자유가 있다.

가장 엄격한 표준화가 전체와 가장 작은 세부까지 규정한다. 공사 현장의 산업화가 거기에서 타협의 여지없이 적용되고 있다.

그러나 만약 660세대, 즉 3,000에서 4,000명이 그와 같이 벌집형 상자 모양의 주거단지에 모여 있다면, 그것은 하나의 공동체를 구성할 것이며, 여기에서 그 관리 또한 질서를 통한 자유를 가져올 것이다(6개의 우물 모양의 반 꺾음 계단과 6개의 대기실은 파리의 현행 규정에 따라, 5층 높이로 분양된 660세대와 일치한다. 그러나 만약 6층 높이로 짓는다면 792세대, 9층 높이로 짓는다면 924세대가 될 것이다).

별장형 집합주거의 1층은 식료품 공급, 레스토랑, 가정의 잡무용 서비스, 세탁과 같은 가정 경영을 위한 일종의 광대한 공장이다.

만약 도로망이 각 빌라의 출입문까지 아래위의 차도로 이어지는 것을 보았다면, **1층의 공장**을 각 빌라의 서비스 복도로 연결하면서 건물의 아래위로 관통하는 또 하나의 도로망 — 수직 도로망 — 이 계획 도면에 나타나 있을 것이다. 바로 이것에 의해 벌집형 주거단지의 가사 개발이 체계화된다.

협동조합이나 호텔식 조직이 식료품 보급과 가사 서비스를 담당한다.

식료품 보급 — 육류, 고기, 채소, 과일과 같은 식료품은 지방에서 직접 구입한다. 식료품은 1층에 설치된 냉장고에 보존된다. 큰 식료품 판매점의 가격보다

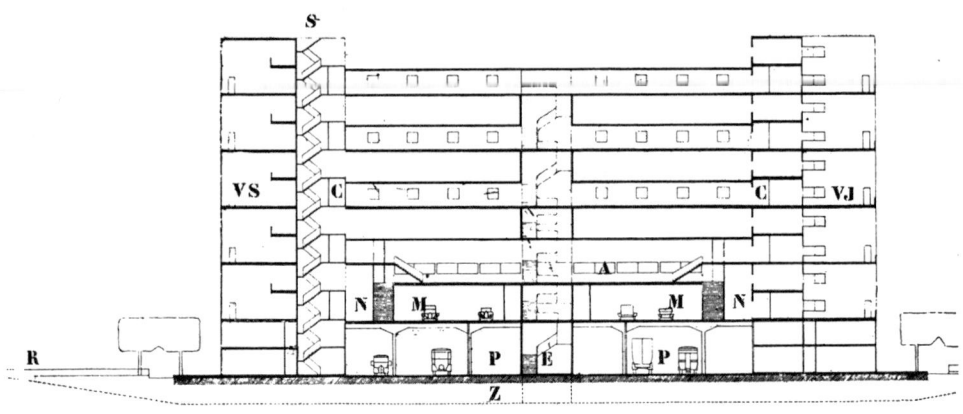

COUPE AB

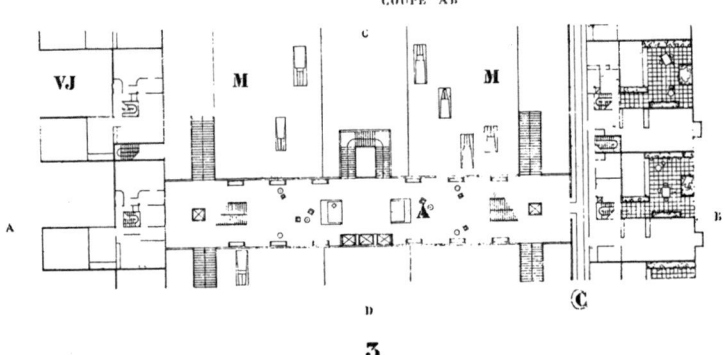

'벌집형 상자 모양의 주거단지'
그림 1. 거리, 계단 시스템, 육교와 공중정원을 가로지른 수직 단면도
그림 3. 거리의 육교 안에 있는 출입구 홀 높이에서 그린 평면도. 왼쪽과 오른쪽에 폭 50m 도로에 의해 분리된 건물들, 그리고 홀로 접근하는 계단이 있는 보도, 일방통행용 차도 2개, 중앙에 차고의 지붕이 보인다.

A. 홀
E. 커다란 우물 모양의 반 꺾음 계단, 일반 승강기, 화물 승강기
C. 빌라로 통하는 복도
VJ. 빌라의 공중정원
VS. 빌라의 객실
N. 보도와 홀 접근 계단
M. 경량 차량의 교통을 위한 필로티 위의 차도
P. 중량 차량의 교통을 위한 지상의 차도
Z. 내부 공원으로 연결되는 지하도
R. 내부 공원
S. 일광욕실(S 아래에 서비스용 계단들 가운데로 하나가 보인다.)

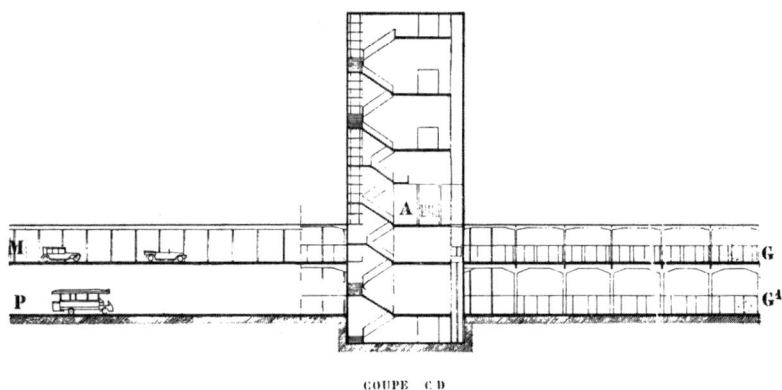

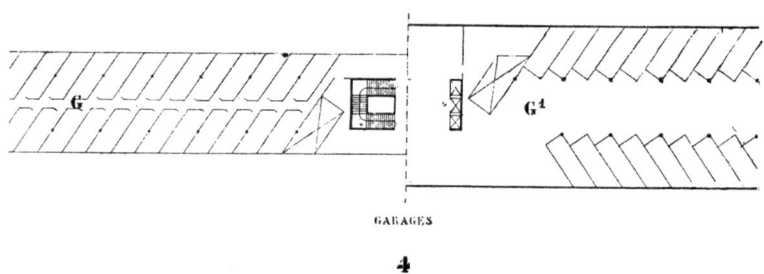

'벌집형 상자 모양의 주거단지'
그림 2 . 거리와 주 계단의 축을 따라 자른 단면도
그림 4 . 평면도 (왼쪽에) 필로티 상부의 차도에 면한 차고. (오른쪽에) 안쪽 차도와 같은 높이 아래에 위치한 차고. G'이 자동차용 화물 승강기를 통해 G에 연결된다. G와 G'으로부터, 커다란 계단 E와 홀 A에 직접 통하고, 그 결과 빌라 VJ와 VS로도 통한다.

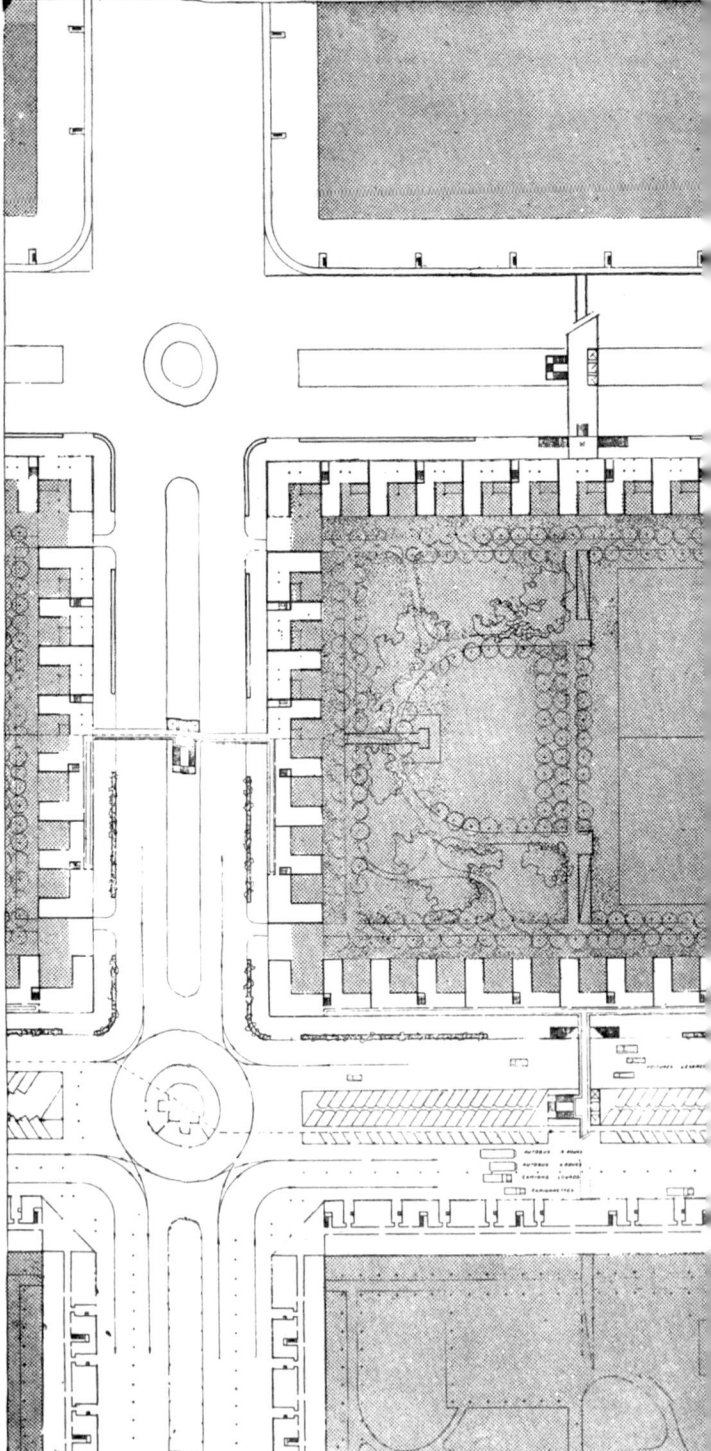

A. 일광욕실이 있는 지붕층 평면도

B. 빌라층 평면도

C. 내부 공원, 식료품 공장과 호텔 시설, 중량 교통이 이루어지는 내부 차도에 면한 지상층 평면도

'벌집형 상자 모양의 주거단지', 한 구획(400m×200m)의 전체 평면도
A. 각 서비스용 계단이 2세대 빌라용 수직 단위로 연결되며, 일광욕실과 경주로 안으로 나 있는 계단 입구가 있다.
B. 각각의 공중정원에는 환기구가 있고 복도와 계단 망網에 차고, 홀 그리고 2층으로 겹쳐진 가로에 연결된 공중정원 빌라의 방식으로 되어 있다.

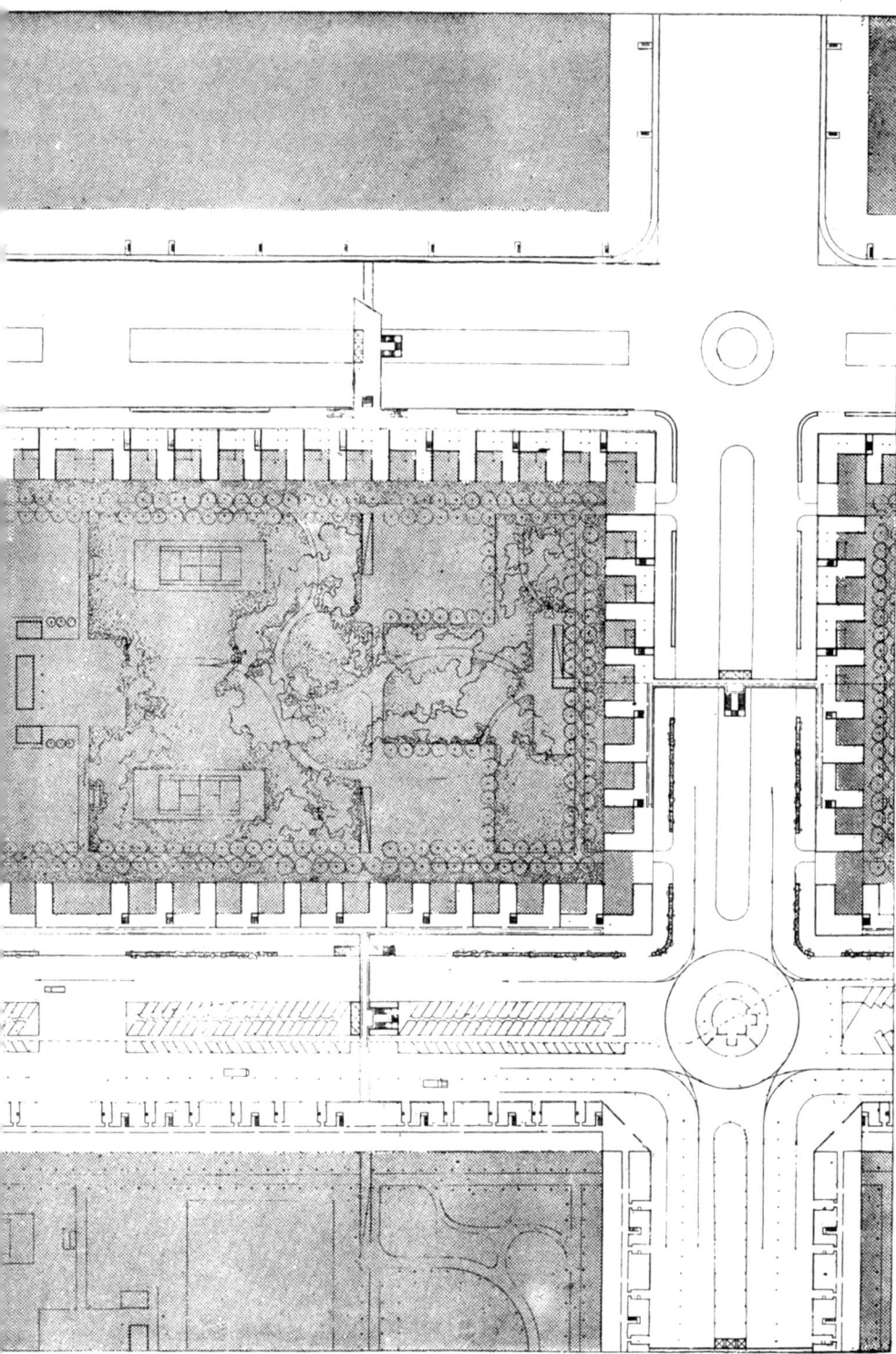

C. 호텔 시설 : 냉장고, 상점, 물품보관소, 부엌, 레스토랑, 세탁소, 가사 서비스, 관리사무소 등의 용도로 사용되는 이중 지상층
이 주거 단위의 식수 면적: 48%
공중정원을 포함한 식수 면적: 90%
인구밀도 : 헥타르당 300명(현재 파리는 평균 364명)

30~40% 저렴하다.(나는 전문가들에게 다음 질문을 제시한다. 이러한 시스템을 적용한다면 중앙 시장Halles Centrales은 어떻게 될지 아는가?) 주방은 코트 다쥐르Côte d'Azur의 특급호텔처럼 아니면 수수한 하숙집처럼, 인제든시 식사를 제공할 준비가 되어 있다. 여러분은 연극 관람 후, 밤참을 먹기 위해 전화를 걸어 친구들을 부른다. 친구들이 집에 오면 식사가 준비되었고, 가정부는 얼굴을 찌푸리지 않고 접대를 한다. 그는 아침 8시까지 근무하기 위해 자정에 막 자신의 업무를 정확하게 시작했다. 큰 호텔의 지배인과 같은, 전문가는 전문 스태프들과 함께 집합주거의 가사 개발을 조직하고 실현한다. 청소는 전문 청소부에게 맡겨지고 여러분은 마루 걸레질을 하기도 전에 뿌루퉁한 브르타뉴 아가씨의 모습을 더 이상 보지 않아도 될 것이다. 만약 모든 서비스가 완전히 호텔 편성으로 넘어갔다면 집에서 '가정' 요리를 만들거나 아이들을 재울 '가족'의 가정부를 두는 것은 어쨌든 여러분의 자유일 것이다. 그러나 만약 빌라형 집합주거에서 산다면, 여러분은 일상생활의 편안함을 위해 결코 적지 않은 가사일을 해결할 수 있을 것이다. 여러분은 질서에 의해 자유를 얻게 될 것이다.

현재의 도시 현상에는 모든 것이 혼돈되고, 모든 것이 서로 반대의 행동을 취하고 있기 때문에 분류된 것이라고는 아무것도 없다. 만약 분류하고 정리하면, 자유에 대한 잔잔한 기쁨을 맛보게 될 것이다. 그리고 가족생활은 평화로운 가운데 질서가 잡힐 것이다. 그리고 독신인 심술궂은 노인은 더 이상 심술을 부리지 않을 것이다.

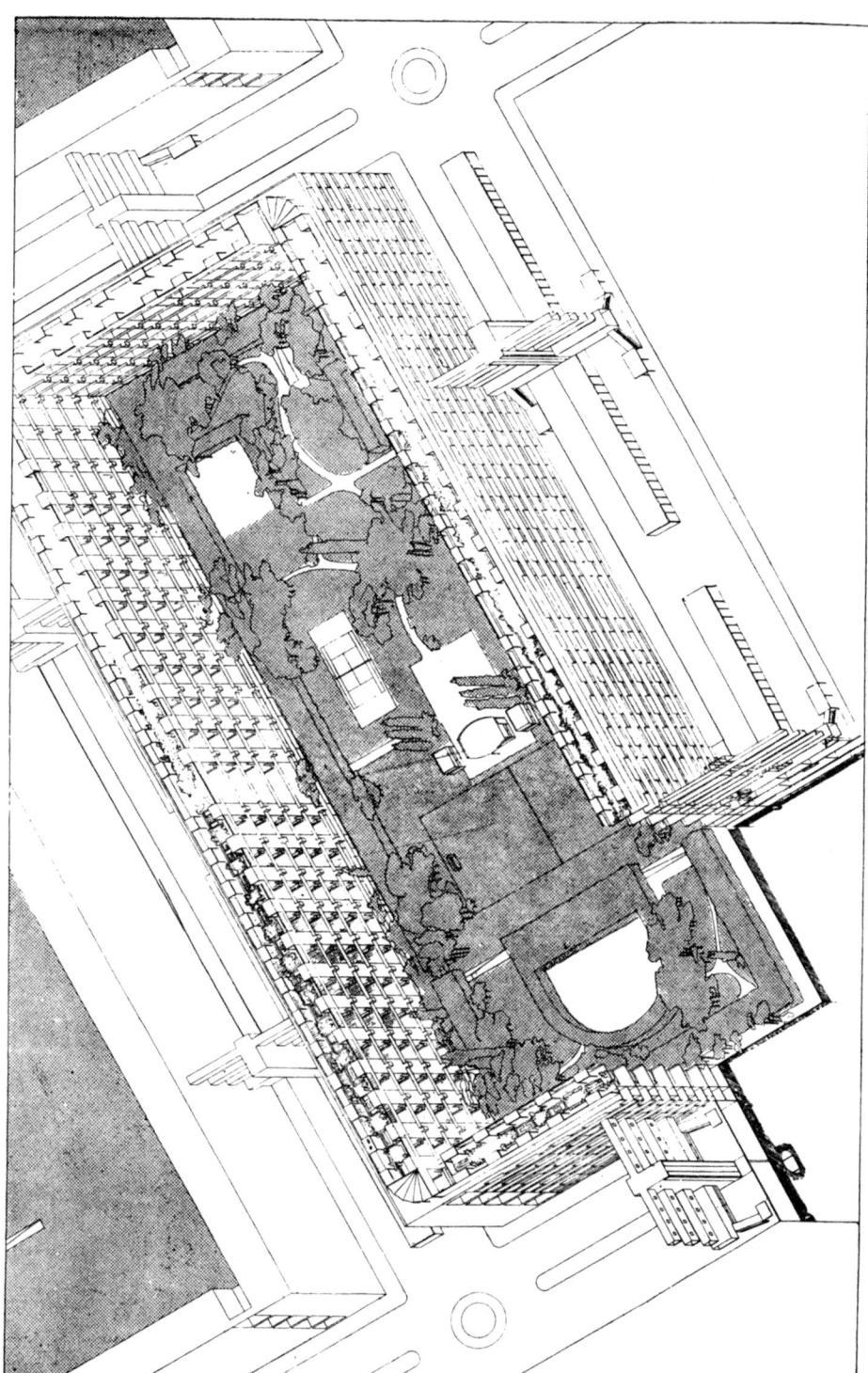

'벌집형 상자 모양의 주거단지'
한 주거 단위의 투시도. 건물의 높이 여기서는 지상으로부터 약 36m

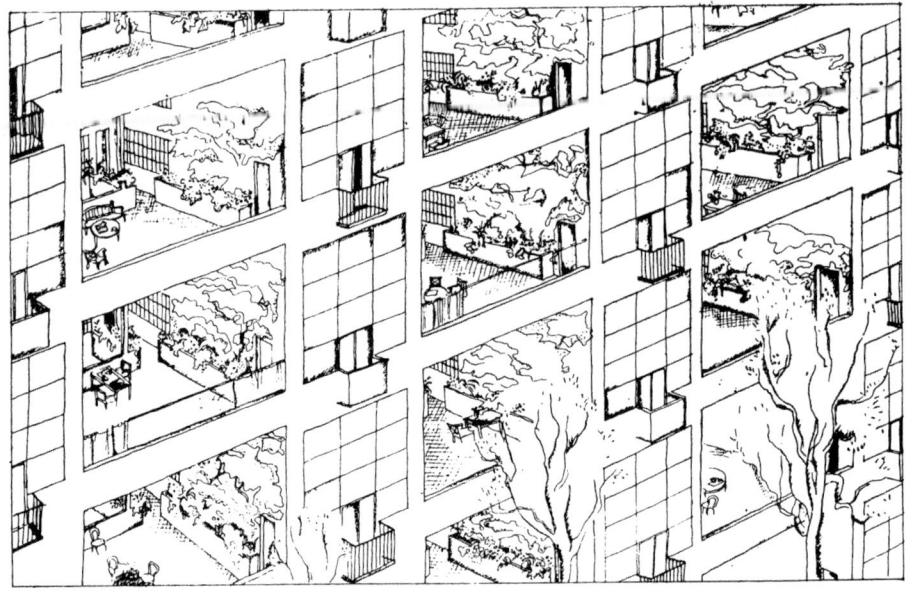

'벌집형 상자 모양의 주거단지' 정면의 일부. 현재 정면의 꽉 짜인 (3m 50cm) 모듈은, 가로가 새롭게 넓어지는 경향에 따라 6m로 하였다.

1924년, 오테이유Auteuil에 있는 개인 저택 지붕 위에 실현한 일광욕실의 일부

별집형 상자 모양의 주거단지.
각 세대마다 있는 공중정원의 예. 지상으로부터 5, 10m 또는 20m 위에 있다.
(1925년, 파리 장식예술건축Exposion des Arts decoratifs의 에스프리 누보관Pavillon de l'Esprit Nouveau에서 실현되었다.)

대량생산에 관하여

앞서 아름다움, 경제, 완벽, 현대정신에 관해서 다음과 같은 필요성을 제시했다.

자유로운 공중에 짓는 것. 현재의 도시는 기하학적이 아니어서 죽어 가고 있다. 자유로운 공중에 지어라. 그것은 반듯한 땅에 대해, 오늘날 유일하게 존재하고 있는 삐뚤어지고 기묘한 땅을 대체하는 것이다. 이외에는 도리가 없다. 반듯한 설계의 결과, 대량생산.

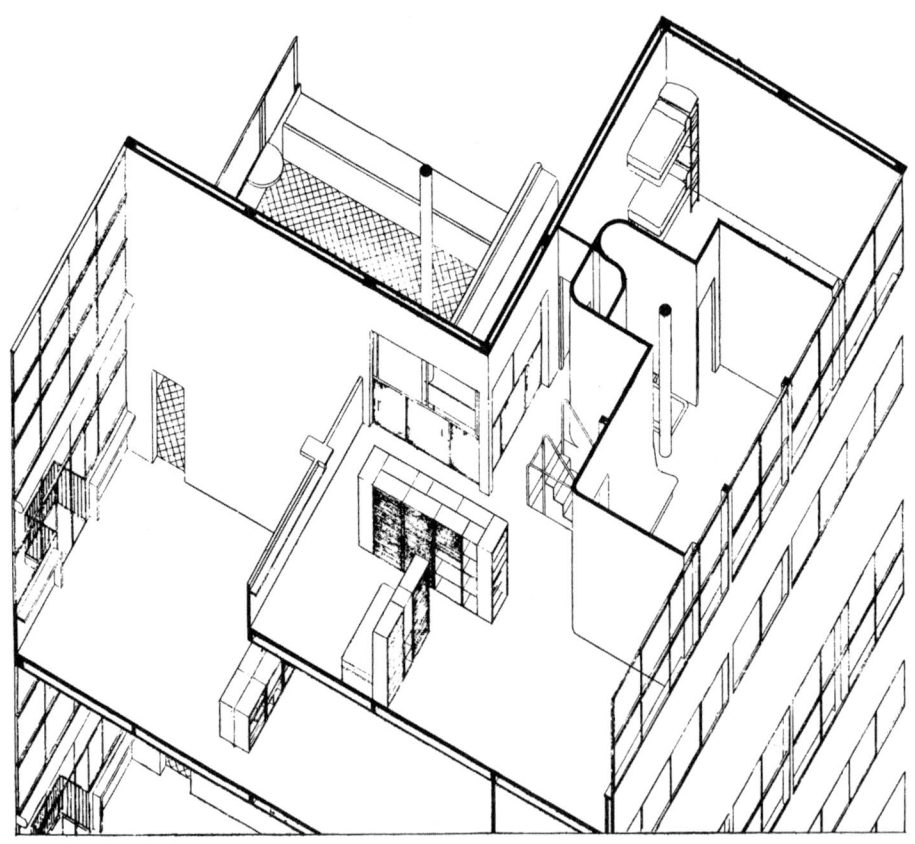

'벌집형 상자 모양의 주거단지', '빌라형 집합주택 내', 빌라의 부등각 투시 단면도 perspective et coupe axonométrique. 모든 건축 요소의 전반적인 표준화. 이 요소는 장식예술 국제전의 에스프리 누보관에서 정확하게 실현되었다.

1915년, '돔이노Domino' 주택. 대규모 대량생산 실행을 위해 표준화된 골조

1922년, 살롱 도톤, '시트로앙Citrohan' 주택. 전반적인 표준화(골조, 문, 창)

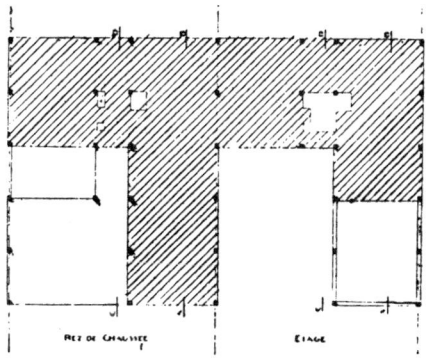

1922년, 살롱 도톤, '빌라형 집합주택Immeuble-villas'. 전반적인 표준화로 인한 공사 현장의 산업화

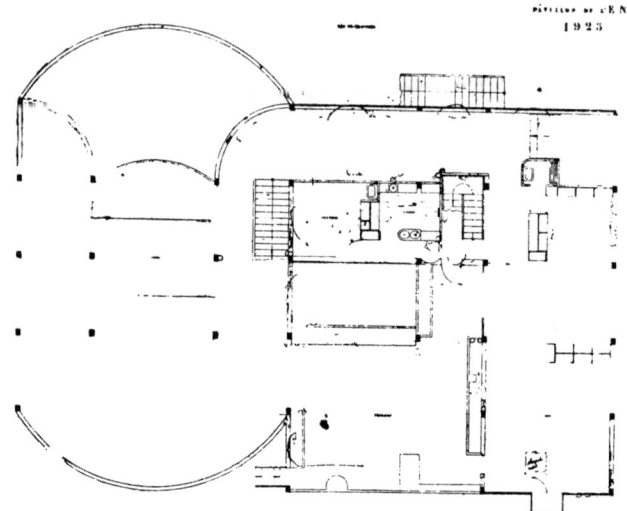

1924~1925년, 장식예술전의 에스프리 누보관. 왼쪽에는 투시화dioramas 전시관이 있고(인구 3,000,000명 도시의 도시계획 사업인 파리의 '브와젱' 계획), 오른쪽에는 모든 요소가 표준화된 '별장형 집합주택'의 단위세대가 있다.

1924년, 에스프리 누보관의 스케치. 드 몬치에de Monzie 장관은 1925년 7월 10일에 에스프리 누보관 개관에 대해 이렇게 말했다. "정부를 대표해서 이와 같은 노력을 기울인 에스프리 누보관에 전적으로 공감을 표합니다. 정부는 여기에서 이루어진 노력에 무심해서는 안 됩니다."

대량생산의 결론은 표준화, 완벽함(형태의 창조).

대량생산이 모든 것을 지배하며, 대량생산 없이, 우리는 정상적인 가격으로 더 이상 산업화 생산을 할 수 없을 것이다. 대량생산 없이 주거 문제를 해결할 수도 없다. 공사현장은 그들의 스태프들과 기계, 테일러 시스템을 갖춘 팀으로 이루어진 공장이 되어야만 한다. 거기에서는 악천후와 계절에 따른 문제를 극복할 수 있다. '건축'에서는 더 이상 비성수기가 인정되지 않는다.

그것들의 본질적 가치에 대하여 아무런 속단도 없다면, 벌집형 상자 모양의 주거단지 개념을 지지하는 계획이 대량생산 문제에 막 당면했음을 정직하게 시인할 수 있다. 기능상 있을 수 있는 가장 첨예한 이 분류, 이 결정은 지속적인 경험을 거친 다음에서야 진정으로 순수한 형태를 실현할 수 있다. 잇따른 좌절을 겪으면서, 모든 어려움이 조금씩 극복될 수 있고 그때서야 건강한 건축도시 기능이 그 효력을 발휘할 수 있다.

대규모 산업이 그러한 계획을 검토한다면, 이것이야말로 방대한 작업을 적용할 수 있는 곳이라고 생각할 것이다. 그래서 산업은 건축에 몰두할 것이고 우리들이 일하고 휴식을 취하는 도시의 틀을 변혁시킬 것이다.

인간의 완벽한 세포, 즉 신체적·감성적 계수(係數)에 답하는 세포를 연구해야만 한다. 다시 팔거나 다시 임대를 주는 도구로서의 주택 maison-outil(실용적이고 충분히 감동적인)에 도달하는 것. '우리 집'이라는 개념은 사라진다(지역주의 등). 왜냐하면 근무지(직장)가 옮겨져, **무기와 가방**을 갖고 따라가는 것이 논리적일 것이기 때문이다. 무기와 가방은 가재도구의 문제, 즉 '주거 유형'의 문제를 규정하는 것이다. 주택-유형 maison-type, 가구-유형 meulbles-type을.[31] 모든 것이 이미 조성되어 있어, 명료한 개념에 앞서 일종의 날카로운 자각인 생각이 일치되고 교차된다. 어떤 사람들은 이미 건축을 예견하여 건축표준을 다루는 국제기구에 관한 문제를 논하고 있다.[32]

---

31) 크레 출판사에서 출판된 『건축을 향하여』와 『오늘날의 장식예술 Art décoratif d'aujourd' hui』을 볼 것.
32) 이 책이 출판되었을 때, 1925년 장식예술전에 에스프리 누보관은 표준화 자료의 구성요소가 될 것이다. 갖추어질 가구 모두는 산업제품이지 장식가의 제품이 아니다. 건축 그 자체도 벌집형 주거단지의 구성요소인 '별상형 집합주택'의 한 단위 세대다. 전시가 끝난 뒤, 그 건물은 전원도시의 기본 요인인, 교외로 옮겨질 것이다. 이 책의 대상으로 삼는 연구가, 전체 속의 단위세포가 어떻게 작동되는지를 보여 주면서 여기에 설명될 것이다. 장식예술(감수성)의 문제와 위대한 도시계획 ― 양극단의 문제.
(1924년 1월 전시회의 책임 건축가인 플뤼메 Ch. Plumet와 보니에 L. Bonnier에게 제출한 이 프로그램은 단호하게 거절되었다. 이 두 사람은 나에게 한 건축가의 집이라는 제목을 부여하고자 했다. 나는 대답했다. "아닙니다. 모든 사람의

도시 경관에 관하여

우리는 하늘 위에 그리는 집들의 윤곽에 눈길을 보내는 것을 그다지 좋아하지 않는다. 이 광경은 끔찍할 정도로 우리를 슬프게 한다. 이 윤곽은 도시의 한 끝에서 다른 끝까지 거의 모든 거리에서 찢겨져 있는 듯 보인다. — 부서지고, 난폭하고, 거칠고, 장애물이 많은 선. 더욱이 우리의 즐거움과 열정은 이 선이 드러내는 부조화를 통해 자극되지 않는다. 만약 도시의 하늘에 그려내는 이 선이 순수했다면, 만약 우리가 이 선을 통해 강력한 지배자의 현현을 느낀다면 우리는 훨씬 감격할 것이다. 천창, 기와 그리고 빗물받이 홈통이 도시를 장식하고, 도시 경관 내에서 시각상의 두 결정 요소가 명확하게 교차되는 특별한 장소를 점유한다.

철근 콘크리트는 우리에게 자유를, 즉 윌레트Willette의 고양이의 망령만 따라다니는 '사람이 살지 않는 마을no mans land'처럼 지금까지 생각되었던 지붕(기와, 천창과 빗물받이 홈통)은 드넓은 표면으로 다시 찾게 하는, 계획의 중요한 전환으로, 정원과 산책로로 사용할 수 있는 도시의 면적을 가져다 준다. 시적으로 말하면, 세미라미스Sémiramis의 정원이 우리에게 온 것이다. 이 정원은 실현할 수 있고, 또 실현되어 놀라움과 기쁨을 주며, 유용하고 아름답다. 하늘 위에 도시를 그려내는 선은 순수하며 그 선으로 도시 경관을 풍부하게 조직하는 것은 여러분의 자유다. 그리고 이것은 중요하다. 나는 하늘의 이 선이야말로 감각을 결정하는 인자임을 거듭 말한다. 그것은 조각상의 기술에서 상의 윤곽이며, 윤곽의 곡선과 다름없다.

도시의 지평선을 되찾은 이 순수성은 복도형 가로rue-corridor가 존재하는 한 충분하지 못하다는 것을 나는 즉각적으로, 언명할 것이다. 사실을 말하자면, 복도형 가로를 철거하여, 도시 경관의 **확장**을 창조해야만 한다. 확장하되 언제나 복도로 인해 좁고 깊숙하게 한 방향으로 나아가지 말 것. '요철형 주거단지'를 설계하면서, 나는 이 지평선을 멀리 오른쪽으로, 또 멀리 왼쪽으로 펼쳐, 세로축 선 상으로 되돌림으로써 나는 건축적으로 구도를 잡았다. 예전에는 무미건조했던 복도의 선이 이제는 프리즘을 감추고 요철 부분을 두드러지게 강조한다. 메마르고 신경에 거슬리던 복도의 벽은 서로 만났다가 멀어지고, 다시 가까워지는 볼륨으로 대체되어, 생동감 넘치고 기념비적인 도시 경관을 창조한다.

집, 아니면 편안함과 아름다움에 대해 고민하는 평범한 사람이 사는 실제 아파트입니다."
의견이 완전히 상반되어, 되돌릴 수가 없었다. 에스프리 누보관은 심사위원도, 건립할 돈도 없었으며, 건축금지 규정을 어기면서까지 지어졌다. 우리는 시대의 변천을 잘 알고 있었다!)

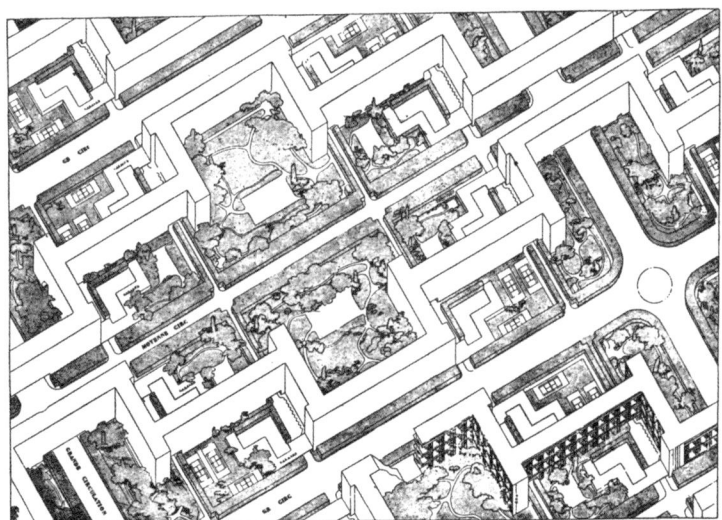

시카고(위), '요철형' 주거단지(아래)
그러나 사람들은 말한다. "이 모든 것은 제도용 먹물로 설계한 미국 도시의 끔찍함을 되풀이하는 것이다!" 여기 하나의 비교가 있다.

　우리는 이 새로운 설계의 원리를 이용하여 도시에 나무를 도입할 것이다. 우선 위생적인 요인은 남겨 둔다면, 미학적으로 말해서 건축의 기하학적인 요소와 수목의 회화적인 경관 요소의 만남은 도시 경관에 필요 충분한 변화를 구성한다는 것을 인정할 수 있다.

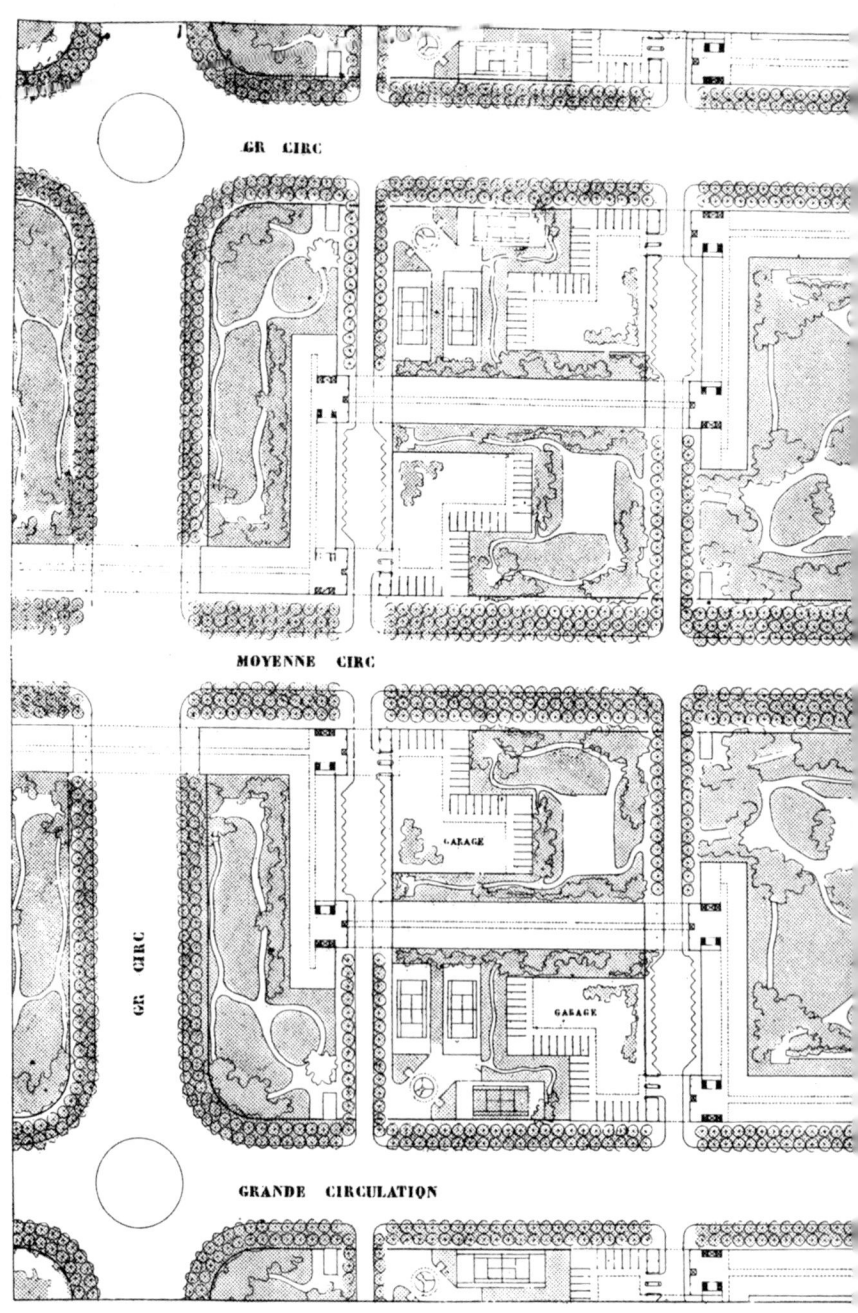

주거지구용 '요철형 주거단지'. 이 평면은 400×600m의 바둑판 격자형들을 이루면서 주요 교통 흐름이 이루어지는 거리(폭 50m)를 보여 준다. 200m마다, 중간 정도의 교통 흐름이 이루어지는 도로가 있다.
이와 같이 형성된 커다란 구역은 격자형으로 둘러싸여 있다. 건물의 출입구까지 이르는, 사적 접근로에는 주차장(ST)이 있

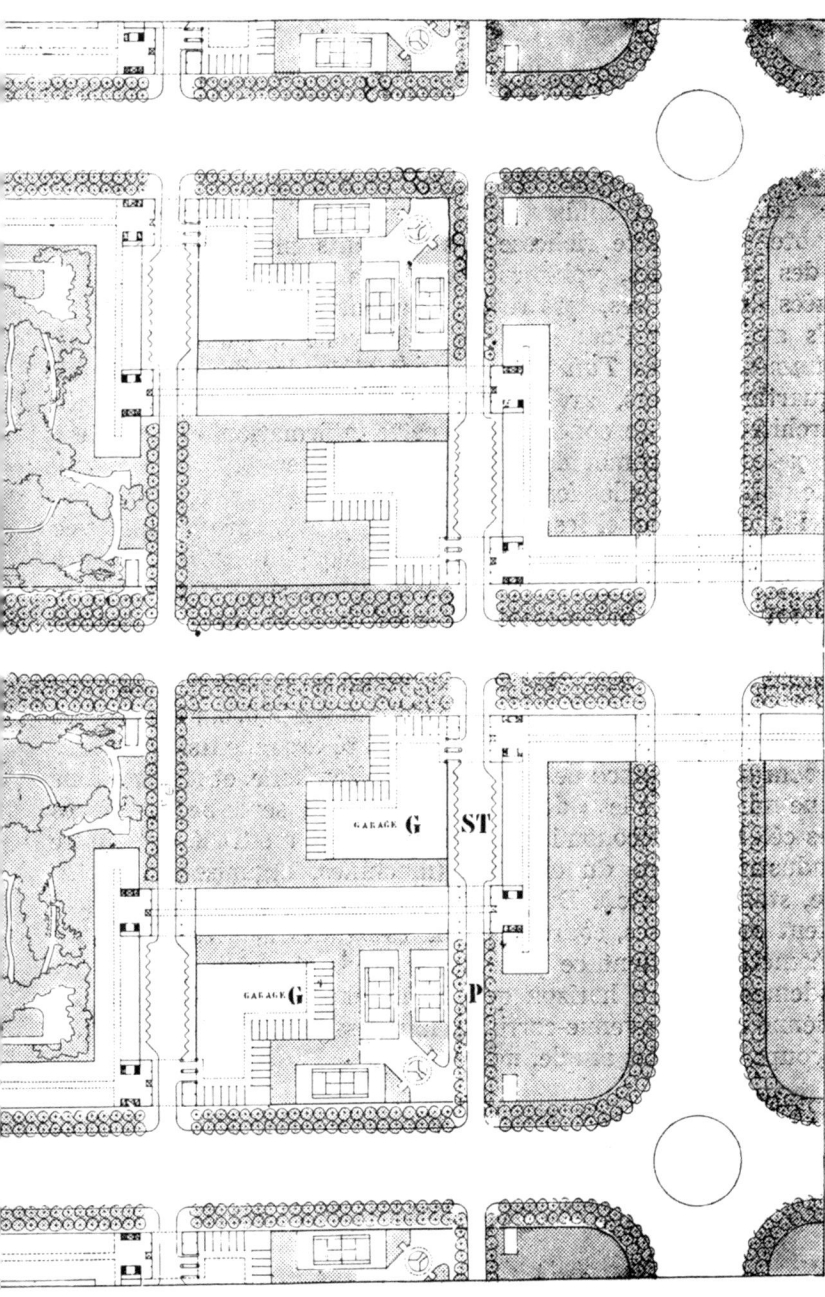

다. 각 아파트마다 차고(G)가 하나씩 있다. 곳곳에 팔레 루아얄이나 뤽상부르, 튈르리 등과 같은 넓은 공원이 있다. 건축면적은 15%, 식수 면적은 85%.
인구밀도는 헥타르당 300명(파리는 평균 364명)

사실상 여기서 얻은 것, 즉 조형적 요소의 풍부함, 건물들의 순수한 프리즘, 잎이 무성한 가지들의 둥근 볼륨들, 나뭇가지들의 아라비아풍의 선들과 같은 이점을 발전시키지 않는다면, 무엇이 남아 있을까? 생각을 굳히기 위해 훨씬 더 직접적인 비교가 여기에 있다. **튈르리 정원**을 이 순간부터 전체 구역으로, 프랑스식 정원, 영국식 정원, 건축의 기하학으로 펼쳐 보자. 나는 이 마음 놓이는 단정을 통해 결론을 내린다. '요철형' 건물의 전면은 하나의 커다란 통일성에 속할 수 있다. 이 건물들의 전면은 가까운 곳에서처럼 멀리서도 나뭇가지가 돋보이면서 윤곽을 드러내는 하나의 격자, 하나의 망을 형성할 것이다. 이들은 화단의 기하학과 잘 어울리면서 하나의 바둑판과 같은 격자 무늬를 만들 것이다. 앞장의 결론을 상기해 주기 바란다. 세부에서의 통일성, 전체에서의 소란을. 문제가 확대되었다. 집은 더 이상 15미터나 25미터의 정면으로 된 하나의 조각이 아니다. 집은 200, 400미터로 확장되고 요철형으로 움직이는 선을 따라 전개된다. 베니스의 총독관저, 보주 또는 방돔 광장을 상기하라. 그리고 풍부한 '장식'만이 이 유명한 건축물들의 아름다움이라는 것을 한순간이라도 인정해서는 안 된다. 경제학자는 결론지을 것이다. 이것이야말로 공사현장의 산업화(기계, 산업조직, 표준화 등)에 이바지하는 설계다. 땅은 나뭇잎을 자라게 하고, 잔디가 멀리 펼쳐지고, 꽃이 만발한 화단이 이어진다. 기하학적인 서커스는 이 훌륭한 회화적 경관을 담고 하늘이, 유일하게 건축을 만드는, 지평선 위에 맑게 걸려 있다. 옛 거리나 복도형 큰길 avenue-corridor로부터, 도시 경관이 무척 풍요해졌다. 경관은 풍부하고, 고귀하며 쾌활하다.

* *

휴먼 스케일에 대하여

이 모든 것은 오직 키가 1m 50에서 1m 90사이의 인간에 따라 결정될 수 있다. 한없이 펼쳐진 광대함과 마주한 이 인간만이 자신을 내버려둘 것이다. 도시 경관을 압축하고 우리의 스케일에 맞는 요소를 발명할 줄 알아야만 한다. 문제는 건축의 문제 외에는 없다. 건축에서 사람은 대조기법으로 작업한다. 단순과 복잡, 작음과 큼, 약함과 강함의 요소들로 조화를 이룬다. 근자의 도시계획의 거대한 건축물들이 우리를 짓누르는 듯하다. 우리와 이 거대한 작품들 사이에 하나의 공통점을 만들어야만 한다. 나는 이미 나무들이 우리 모두를 즐겁게 하는 것이었음을 입증했는데, 왜냐하면 우리는 아득히 먼 옛날부터 자연 존재에 속하기 때문이다. 그리고 도시의 현상은 자연을 완전히 잊어, 심오한 유전적 성격과는 반대로 급격하게 대립할지도 모른다. 나무는 흔히 지나치게 광대한 경관을 가린다. 직관적인 이 윤곽은 우리의 뇌가 생각하고 우리의 기계가 만드는 것에 대한 확신과는 대조를 이룬다. 나무는 독선적인 우리들 작품 가운데에서 애무나 상냥스러움과 같은 무엇을 도시에 가져다 주는 우리의 편안함에 필수적인 요소로 생각된다.

흔히 도시 경관을 압축하고, 우리가 서로 접촉하고 무수히 만나며, 바로 옆에서 보고 싶은 욕구를 만족시킬 필요성을 모르는 체할 수 없을 것이다. 항상 실용적이고 재정적인 필요성에서 나온 거대한 건축물과 비교할 때 휴먼 스케일에 대해서 생각할 것이다. 어느 날 사람이 도시에서 따분함을 느끼게 해서는 안 된다.

만약 고층 건축물이 200미터 높이까지 올라간다면, 이 거대한 건축물들 사이에서 그리고 자유롭게 남아 있는 광대한 환경에서, 큰 길이 선을 그으며 그려질 것이고, 연속 계단형으로 된 1, 2, 3층의 건축물들이 촘촘히 늘어서 있을 것이다. 이 건축물에는 마음에 드는 물건을 판매하는 상가, 멋있는 진열장이 있는 호화 상점 등이 있거나 주사위의 5점처럼 심어진 나무를 향한 연속 테라스나 영국식 정원의 광대함이 바라보이는 곳에도, 레스토랑과 카페가 자리하고 있을 것이다. 거리는 반드시 휴먼 스케일에 맞는 요소들로 다시 구성될 것이다. 고층 건축물의 도시는 우리 고유의 치수에 매우 잘 맞는 스케일로 1층 집들을 정확하게 개조할 것이다. 그리고 공포와 권태의 위협 뒤에, 분석이, 19세기 도시에서 오래전부터 마지못해 포기해야만 했던 것들, 즉 우리들 스케일에 맞는 건축들을 원하는 것은 바로 이 때문이다.

무질서한 군중과 혼잡은 우리에게 흥미를 준다. 왜냐하면 우리는 무리지어 자율적으로 살아가는 존재들이기 때문이다. 이 도시는, 현재의 대도시보다 인구밀도

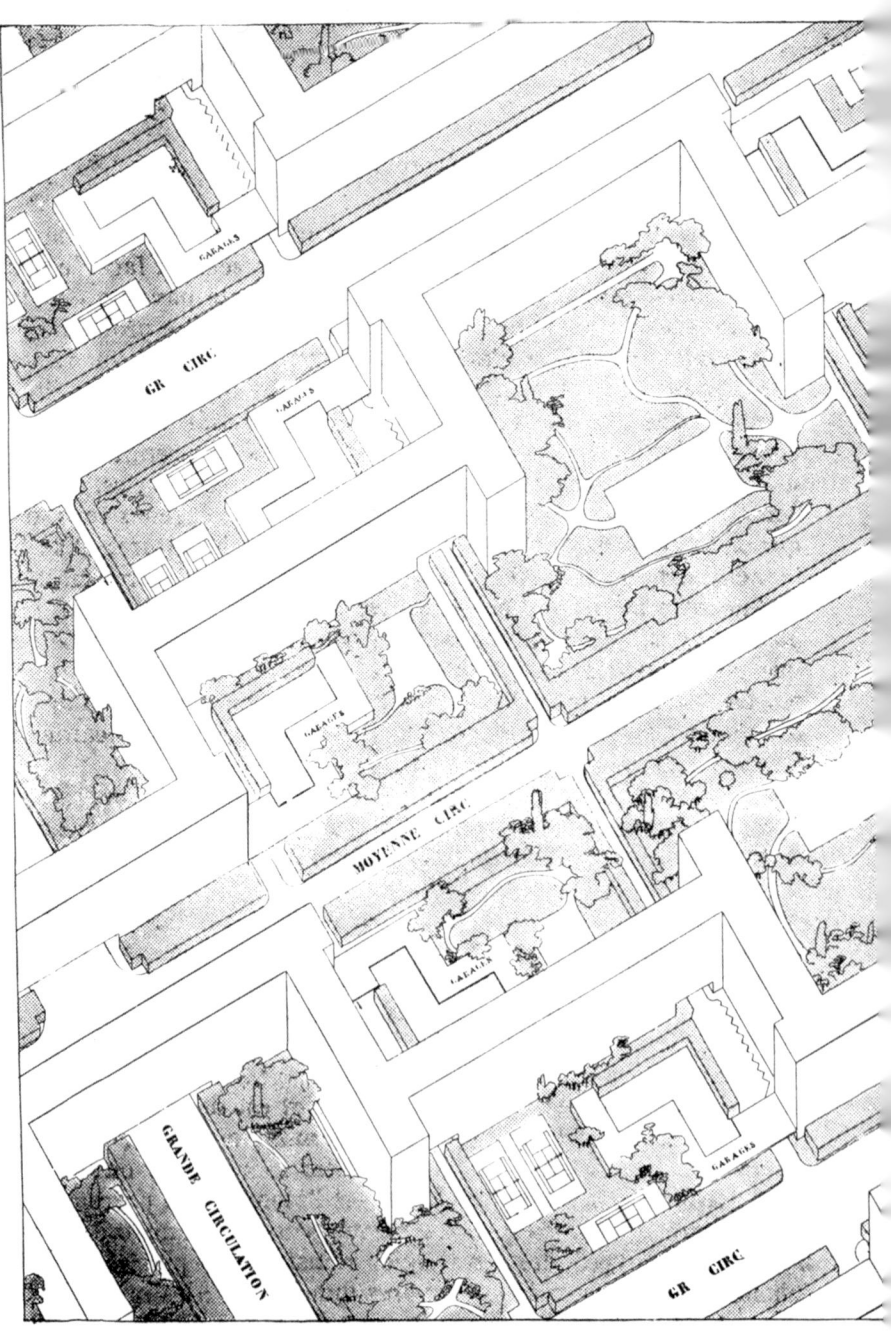

'요철형 주거단지'. 부등각 투시도 Perspective axonométrique. '벌집형' 시스템에 의해 공기와 빛이 투과하여 건물의 깊이를, 안뜰 없이 21미터까지 만들 수 있다.

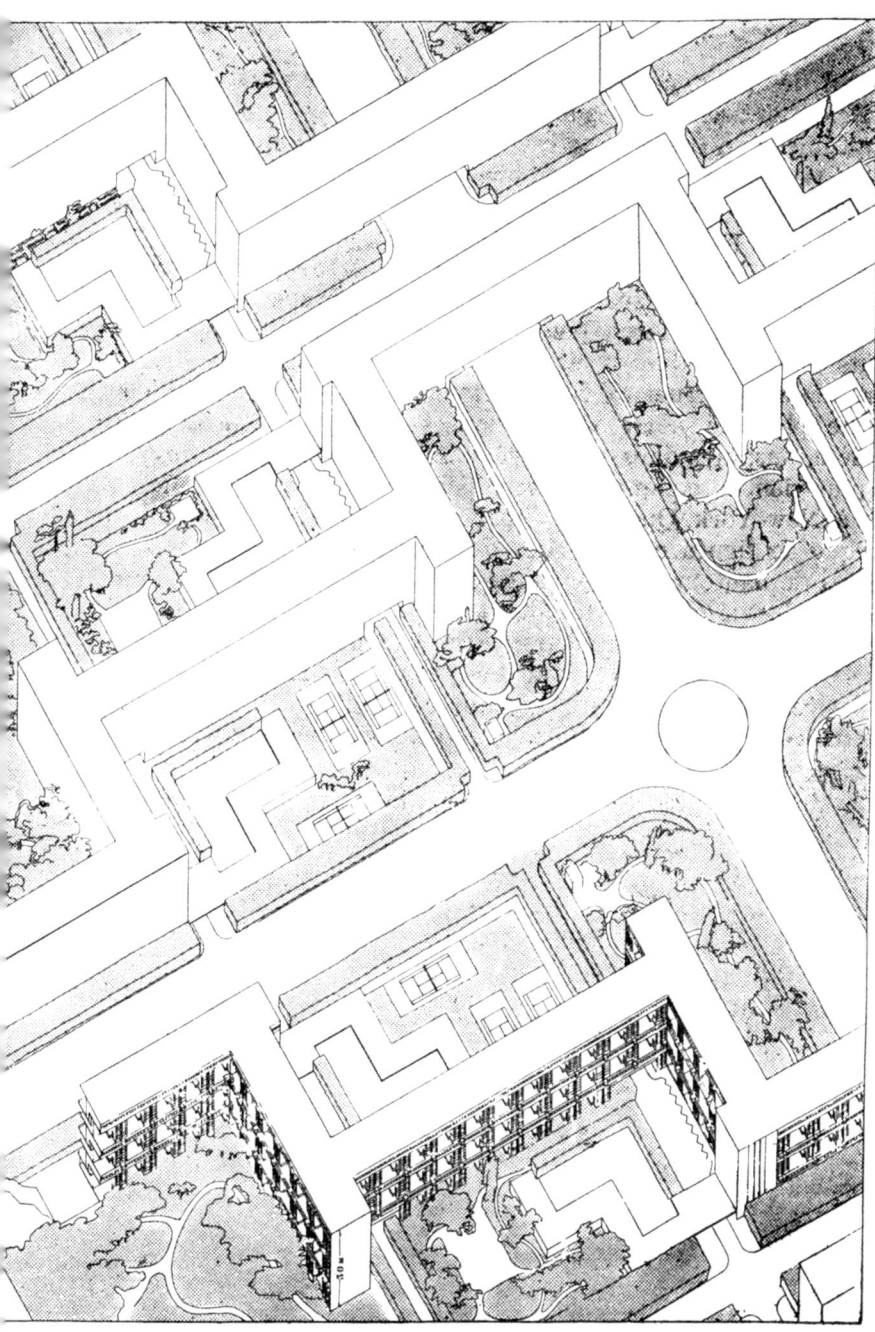

주사위의 5점 모양으로 배치된 빌라로, 효율성이 높은 특별한 배치는, 6층 높이나 12층 높이의 빌라로 접근하는 복도의 수를 3개로 줄일 수 있도록 해 준다. 이 그림 아래쪽에서 수직 단면 부분의 배치를 볼 수 있다.

가 훨씬 높아 우리의 의지로 우리가 서로 접촉하며 부대낄 광장을 재편성할 수 있을 것이다. 나무, 꽃 그리고 저 멀리 펼쳐지는 잔디, 단층집 들이 연속적으로 물러나 앉아 있는 테라스와 함께 우리 눈을 즐겁게 해 주는 광경을 구성할 것이다. 이 '안락한' 요소들 위에, 잎이 우거진 숲 뒤편에, 고층 건축물의 어마어마한 실루엣이 우뚝 솟아 있는 것은 문제도 되지 않는다는 말인가? 우리 시야에서 배경으로 다시 돌아가, 광대한 빛의 공간 속으로 잠기며, 유리로 표면 처리를 하여 번쩍이는데도 고층 건축물의 매스들은 뉴욕에서 질식되고 괴로워하는 압도적인 중량과는 아무런 공통점이 없다. 요철형 주거단지에서 테라스의 명확한 선들이 40미터 높이에 있다 하더라도, 만약 그 선들이 아름답고 풍부한 건축 윤곽을 그려내고, 또 만약 그 선들이 새들의 노랫소리로 무성한 나뭇잎들이 우아하게 부풀어 오르는 곳에 순수한 선이 팽팽하게 당겨져 있다면 우리에게 중요한 것이 아닌가.

   휴먼 스케일에 대해? 문제를 잘 제기하는 것으로 충분하다. 초목을 배열하고 지금까지, 우리가, 거침없이, 우리의 마음을 슬프게 한 복도형 거리보다 훨씬 한없이 풍부한 도시의 선을 창조할 것.

＊ ＊
＊

자존심에 관하여

자존심은 척추를 바로 펴고, 머리를 들게 한다. 그것은 의기소침한 것을 극복하여 허약함을 밀어내고, 연약함을 견고함으로, 태평스러움을 행동으로 대처시킨다. 자존심은 지렛대와 같다. 자존심은 거만도 허영도 아니다.

시민의 자존심은 믿음과 행동을 수반하면서, 흔히 대중을 사로잡는다. 이 사실을 인정하자. 이것은 행복한 시간에 행동을 수반하는 믿음의 순간들이다. 행동(흔히 **하나의** 행동)에서 나와 행동, 기획, 활동, 발명, 자발성, 구상을 불러일으킨다. 그때 위대한 작업이 이루어진다. 정신의 총체적인 구성이, 모든 영역에 걸쳐 확립된다. 구체적인 것만큼 사회적인 건조물이 세워진다. 생산력 주위를 어슬렁거리는 아름다움은 어느 날 작품으로 구현된다. 아름다움은 열정을 불러일으킴으로써 생겨나고 행동을 자극한다. 시민의 자존심이 대중을 사로잡고 평균 이상의 수준으로 확고하게 끌어올릴 때, 그곳에 대중을 위한 행복의 순간이 있다.

여러 의미에서 그것은 집단적으로 노력하는 다양한 목표가 일치되는 순간에만 있을 수 있다. 해결이 곳곳에서 이루어지는 순간, 투명한 덩어리에서 순수한 프리즘을 생성하는 것과 같은 결정結晶 현상이 이러한 해결 모두를 침전시키는 순간. 앞의 준비가 마무리되자마자, 신속하고, 격렬하며, 거의 갑작스럽게 나타나는 현상.

대중의 화학은 금속 화학처럼 정확하다. 생성물이 생성되려면 정확한 원자가 필요하다. '**한 시대의 도가니**'라고 흔쾌히 말하는데, 왜냐하면 원자가에 대한 정확한 수학으로 순수 금속을 느닷없이 만들어 내는 눈에 보이지 않는 이 작업을 감지하기 때문이다.

혼동, 혼잡, 무질서하게 보이는 이 모든 운동 속에서 방향에 대한 표시나, 구성에 대한 명백한 징후를 느낄 수 있을 때, 그때부터 결정화하는 시기가 다가왔음을 생각하도록 해 준다. 만약 이러한 징후들이 대규모의 대중운동으로 바뀐다면, 만약 이 구성들(도덕적, 사회적이나 기술적인)이 강력하다면, 강력한 시대의 출현이 가까워진 것으로, 위대한 작품의 출현이 임박한 것으로 믿도록 허용할지도 모른다. 만약 명료하게 공식화할 수 있다면, 만약 명료한 공식이 체계화된 일반 공식의 각 부분 안에 존재한다고 선언한다면, 내재하는 해답이 서술되는 시기를 기다릴 수 있을지도 모른다. 어느 날, 상반된 여러 방향으로부터, 다양한 여러 환경으로부터, 동일한 생각이 같은 시스템을 구성할 때, 조화는 그 안에서 명료하게 솟아나올 것이다. ― 찬란하게.

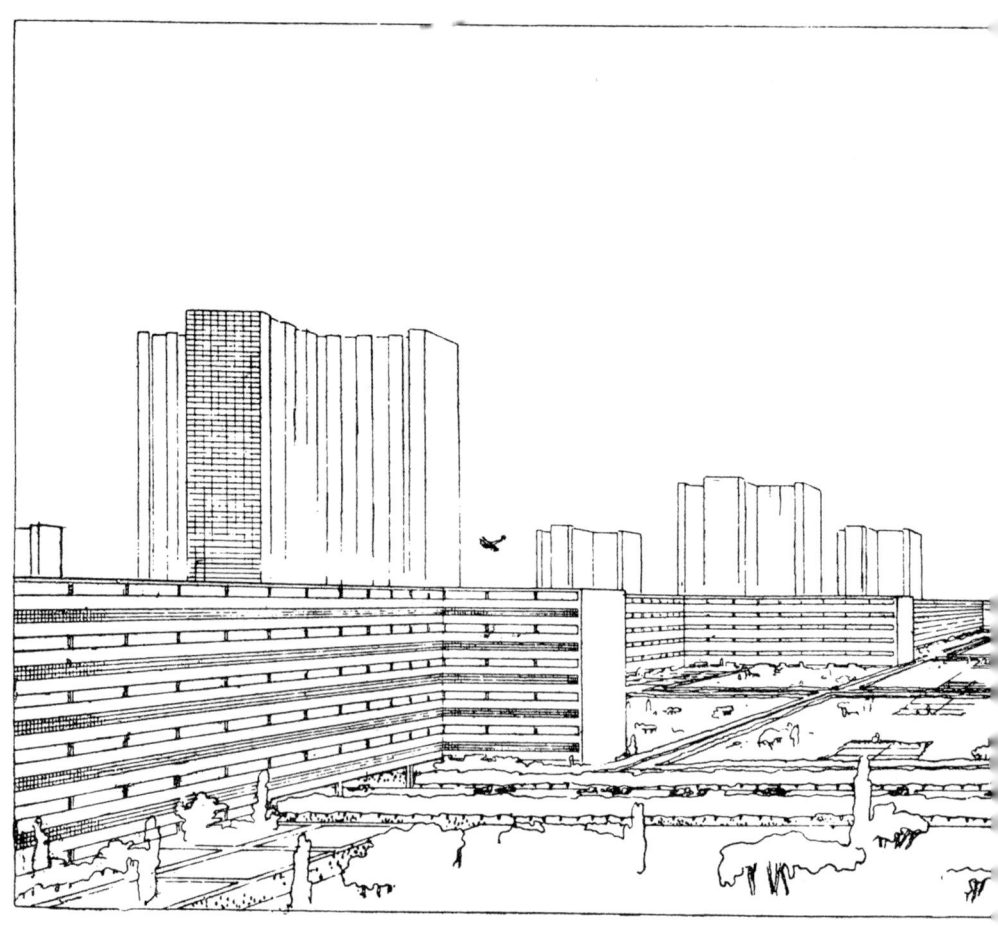

우리 시대의 도시. 요철형 주거단지를 가로지르는 가로(중이층 주거로 된 6층). 요철형은 '복도형' 가로와는 먼 최초의 건축적 감각을 불러일으킨다.

    조화, 구성과 열정으로 빛나는 이 시기에, 자존심이 태어날 것이다. 제대로 태어나고 발전과 위대함이 부여된 작품에 대한 만족.

    시민의 자존심이 건축이라는 유형적 작품으로 구현된다. 시대는 지속적으로 건축의 지표를 세웠다. 피렌체의 산타 마리아 델 피오레 대성당Sainte-Marie-des-Fleurs de Florence역주59, 베니스의 대리석으로 만든 건물 위의 작은 깃발 장식들 pavoisements de marbre de Venise, 파르테논 신전, 대성당들.

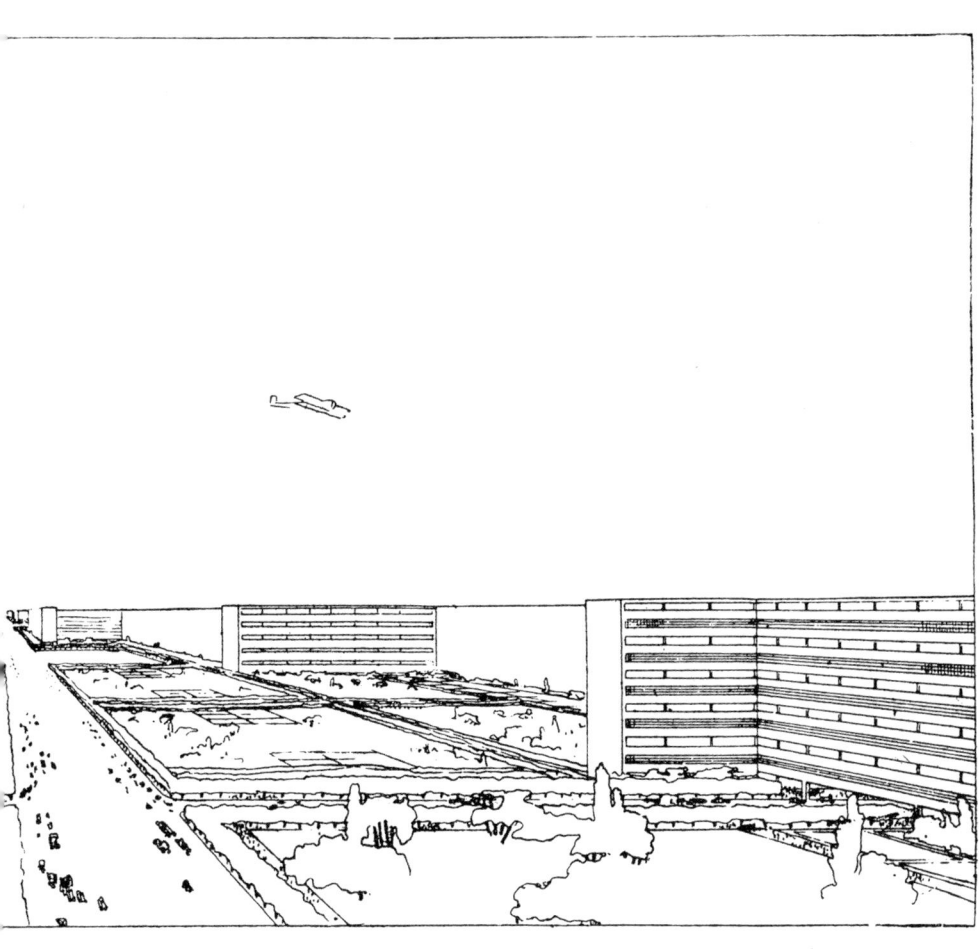

아파트의 각 창들(그리고 두 면)이 공원에 면한다.

    시민의 자존심으로 가득한 프랑스 공화국의 작품들. 미국인들은 맨해튼의 거대한 결정체들이 바다 위에 떠올라 보이는 것을 자랑스럽게 생각하지 않는가?
    집단 열정이 몸짓, 개념, 결정, 행위를 활기차게 한다. 유형의 작품들이 거기에서 나오고, 또한 이것은 시대의 양식을 나타낸 조형언어를 통해 설명되는 열정 — 정확한 체계, 감동을 주는 기계 — 이다. 양식은, 하나의 조형 방식 — 정신의 창조 — 안의 열정이다. 행복을 가져다 주는 열정, 열심, 열의, 신념, 기쁨, 생동감.

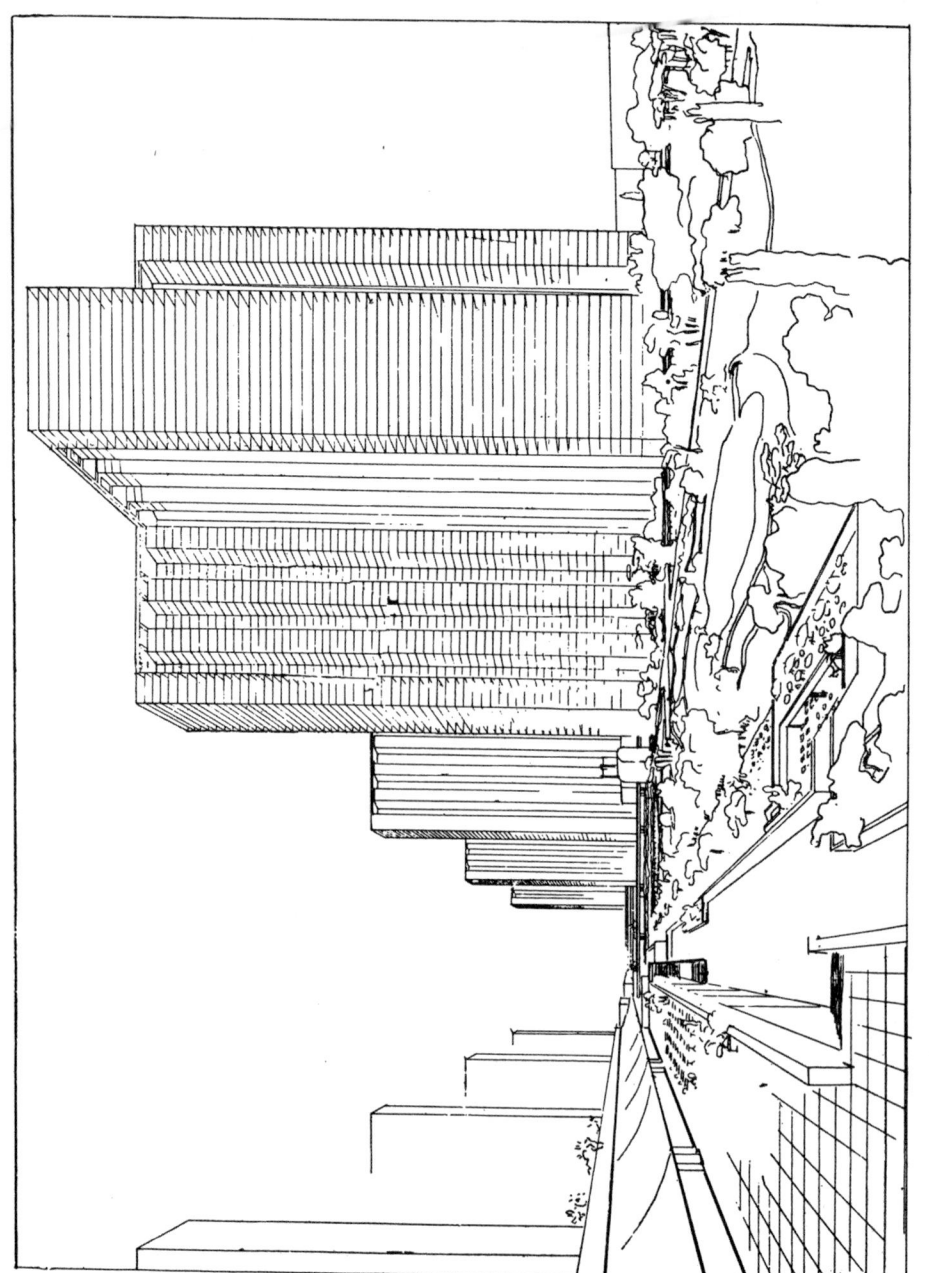

우리 시대의 도시. 고층 건축물 아래에 공원. 오른쪽엔 요철형 주거단지. 왼쪽 끝은 레스토랑, 카페, 상점 들이 있는 계단식 건물들. 건축이 순수한 창조일 수도 있는 두 건물 사이에 자동차 전용도로가 골 부분에서 통과하는 것을 볼 수 있다.

만약 만들지 않는다면, 죽을지도 모른다. 만약 행동하지 않는다면, 세상은 기다리는 것만으로 만족하지 않고 굶주림의 공포에, 짐승의 야성화에 분주해져서, 흐릿해지고 파멸될지도 모른다. 움직임은 우리의 법칙이다. 결코 멈추지 않는다. 왜냐하면 멈추는 것은 몰락하는 것이요, 부패하는 것이기 때문이다(이것이 삶의 정의다). 따라서 전진하고, 행동하고, 만들어 내야만 한다. 훌륭한 준비의 한 세기 반이 지난 후, 이성은 자신의 정당한 자리를 얻었고, 과학을 가져왔으며, 과학은 우리를 난폭하게 기계주의 앞에 내동댕이쳤다. 모든 것이 붕괴되었다. 모든 것이 몰락한 듯하다. 낡은 세계만 허물어졌다. 잔존물을 꿰뚫고 새로운 세계가 과감하게 솟아 나왔다. 결정적으로 지배자가 된 듯한 이성은 우리 마음을 기껏해야 암담한 비관주의로 기울게 했는지도 모르겠지만, 삶의 격렬한 힘이 우리를 또다시 새로운 모험 속으로 던져넣는 듯하다. 이성과 열정이 하나의 건설적인 작품을 위해 동맹한다. 사고방식이 거기에 있고, 그 결과로 양식이 생긴다. 일부는 이미, 명료하게 그것을 감지하면서 자존심 — 자존심, 대중의 지렛대 — 이 나타날 의식의 획득을 예견한다.

우리의 세상은 납골당처럼, 죽은 시대의 잔해로 뒤덮여 있다. 하나의 과업이 우리에게 부과된다. 우리 존재의 틀을 구성하는 것. 우리의 도시 위에서 썩어 가는 유골을 걷어 내고 우리 시대의 도시를 건설할 것.

지치고 상처받은 사람들은 경험에 근거한 거짓 지혜에 호소하고, 저항한다. 사실 그들은 구시대의 산물이며 현재의 사태를 생각하지 않는다. 신세대들은 이글거리는 열정으로 가득하며, 일에 몰두하는 경향이 있다. 우리는 두 시대에 걸쳐 있다. 기계문명 이전 시대와 기계문명 시대. 기계문명 시대는 아직까지 잘 알려져 있지 않아, 그 군단을 집결시키지 못하여 건설을 시작하지 못했으며, 먼저 이 시대가 유형적인 요구에 만족할 만한 것을, 그 다음에는 시대를 고무할 순수 감정에 답할 건축 시스템을 아직까지 구성하지 못했다.

행복은 호주머니 안의 5프랑짜리 동전이나 손에 쥐고 있는 브리오슈 빵brioche 한 개가 아니다. 그것은 하나의 감정이자 규명할 수 없는 무엇이며, 마음에서 우러나오는 행위다.

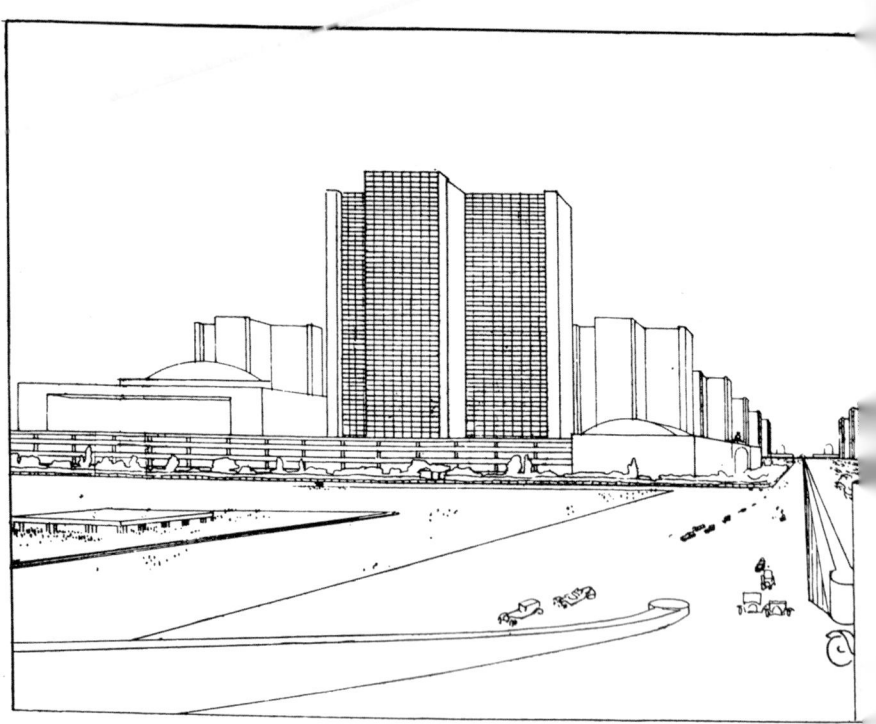

우리 시대의 도시, '큰 횡단도로'인 자동차 전용도로에서 바라본 도심지. 왼쪽과 오른쪽에는 공공 서비스용 광장들이, 더 멀리에는 박물관과 대학교가 있다.

우리 시대의 도시, 역 광장을 둘러싸고 있는 계단형 건축물에 있는 카페 한 곳의 테라스에서 바라본 도심지의 중심부. 왼쪽의 두 고층 건축물 사이에 지상에서 조금 들어올려진 역이 보이며, 역을 빠져 나오면 오른쪽에 영국식 정원을 향해 펼쳐진 자동차 전용도로가 보인다. 우리는 인구밀도와 교통량이 가장 높은 그곳, 바로 도시의 중심지에 있다. 공간은 이것들을

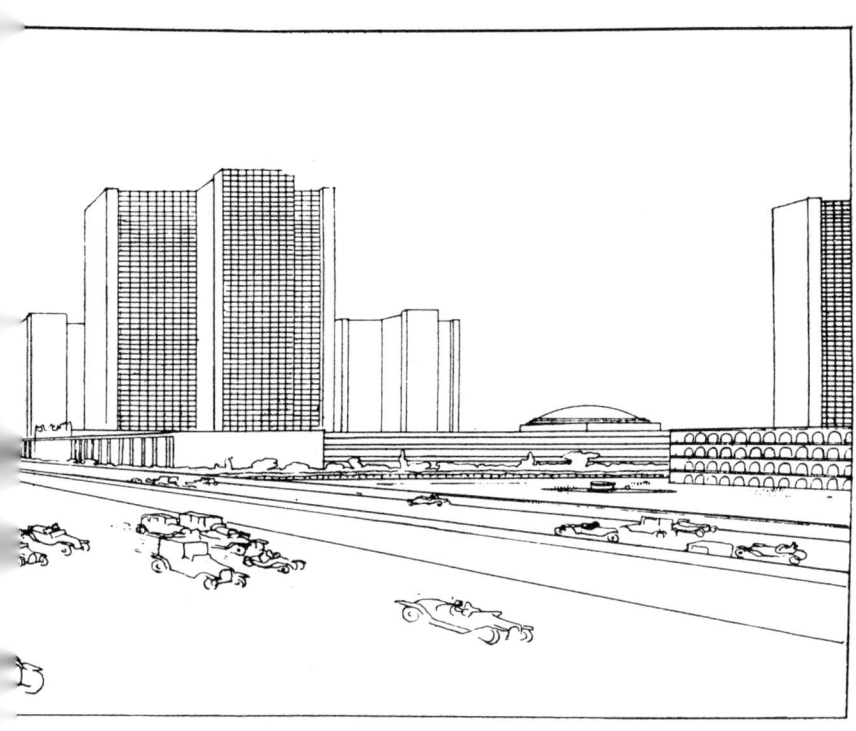

빛과 공기를 듬뿍 받는 고층 건축물의 양상들을 본다.

허용할 정도로 충분히 넓다. 계단형 건물에 있는 카페 테라스는 흔히 왕래가 빈번한 가로수 길의 구성요소가 된다. 극장, 공공 홀 등은 고층 건축물 사이의 공간 가운데, 즉 수목의 중심에 있다.

UN CAS
LE CENT
DE PARIS

3부

명확한 경우 :

파리의 도심지

현재, 사람들이 파괴하고 있다. 파리의 매우 전략적인 지점에 엄청나게 많은 노후한 건물들을, 그리고 되찾은 이곳에 '빌딩'들을 다시 짓는다.

사람들은 방관만 하고 있다. 자신의 삶을 멸망시킨 옛 도시 위에 도로도 변경하지 않고 교통정체만 야기하는 잘못된 교차지점들을 정하면 정할수록 더욱 더 확실하게 자신의 삶을 망가뜨릴 새로운 도시가 건설되는데 그저 방관만 하고 있다.

파리 도심지의 땅에서나 유익한 이 작업은 도시의 심장부 주변에 형성되도록 내버려두는 암과 같다. 암이 도시를 질식시킬 것이다. 이같이 내버려두는 것은 대도시에 스며드는 위험한 시기에 상상조차 할 수 없는 태평스러운 행위다.

역주60

14. 내과치료 또는 외과수술

이 책의 9장에서는 1923년 한 해 동안 모은 신문의 스크랩을 소개했다. 이 스크랩들은 대단히 설득력 있었다. 1922년, 일간지들은 여전히 도시계획 문제에 침묵하고 있었다. 1923년에 이 문제를 다룬 관련 기사들이 가끔씩 게재되었다는 것은 의미가 있다. 중대한 문제임이 틀림없다고 생각하기 시작한 것이다. 1924년에는 **모든 신문들이 언급했다.** 그것도 거의 매일. 사람들은 도시계획으로 인해 파리가 병들고, 병들었다고 말했다.

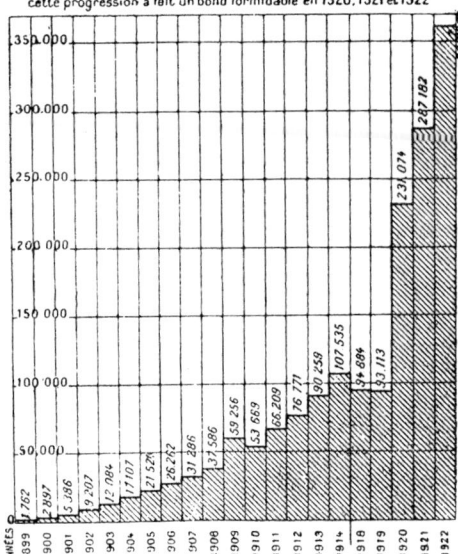

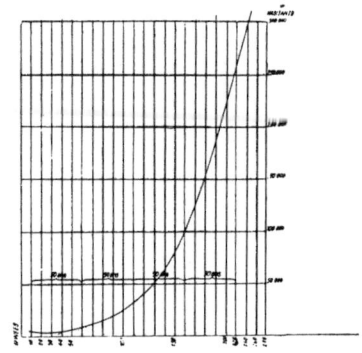

Courbe générale d'accroissement de la population.
voit par groupe de 50 ans, l'accélération violente d'accroissement.

'통과', '통과'! 약을 요구하고, 약을 제시한다. 파리가 병들었기 때문이다. 의사 단체(이 경우에는 시의원들)는 두 영역으로 나뉜다. 내과의사들과 외과의사들로. 실제로는 엉터리 내과의사와 별 볼일 없는 외과의사다. 사람들은 이 모든 것이 비효율적일 것이며, 제시해도 실행되지 않는다는 것을 너무나 잘 알고 있다. 그렇지만 내과치료가 충분한지, 아니면 외과수술이 절실히 요구되는지를 알아보는 것이 급선무일 것이다.

역주62

※ ※

지금부터 도시를 짓누르고 질식시킬 가장 위험하고 위협적인 암에 대한, 시기적절한 해결(곧 물질적으로나 재정적으로나 **즉시** 실현 가능한 해결. 그 해결을 앞장서서 주도하는 사람들을 위해 유리한)을 발견하게 될지도 모른다. 이 암은 바로 1, 2년 전부터 파리의 여러 곳에서 실행되고 있는 부동산 철거와 재건 작업들이다. 이 장소들은 의미 있는 곳들이다. 이들은 이미 7장에서 제시되었고, 그 다음 장 **'파리의 도심지'**에서 곧 명백하게 표명된 도심지 이론에 대한 선험적 증명을 제공한다. 눈을 감고 귀를 막고서, 정신 나간 행동이라고 열심히 비난한 이론.

현재, 파리의 매우 중요한 전략적 장소에서, 사람들은 엄청난 양의 노후 건물들을 파괴하고, 또 다시 찾은 그 땅에, '빌딩'과 사무소를 다시 짓는다. 거리는 손도 대지 않고 그대로 둔다. 흔히 옛 가로 선에서 2 또는 4미터 뒤로 물리는 정도, 그것이 전부다. 부수고 다시 짓는 것이 오늘날 가능하다는 것을 이 과감하고 수지맞는 작업이 실제로 빛을 발하며 보여 준다. 반대로 이 유익한 작업은 파리의 땅에, **파리의 도심지**에, 정해진 지점에 **다가올 20세기의 도시기반**을 확립하는 것이다. 그런데 확정된 이 지점들은 도시계획이 안고 있는 현재의 문제에 의해서 과해진 것은 결코 아니다. 이상한 일이다. 사람들은 방관만 한다. 자신의 삶을 시들게 했던 옛도시에, 이 삶을 훨씬 더 빨리, 더 확실하게 망가뜨릴지도 모르는 도시, 즉 교통 문제에는 신경도 쓰지 않고 또 상업지구 설정으로 이미 이 교통 문제를 치명적으로 악화시킬지도 모르는, 새로운 도시 건설을 방관만 하고 있다. 파리 도심지의 땅에서 이러한 실리적 활동은 암의 종양처럼 도시의 심장부 주변에 형성되도록 내버려두는 것이다. 암은 도시를 숨막히게 할 것이다. 마들렌느Madeleine 가로, 루브르Louvre, 빅토와르Victoires 광장 구역에, 펠르티에르Pelletier, 태트부Taitbout 등의 거리 구역에 이들이 형성되도록 내버려두는 것은, 대도시에 스며든 위험한 시기에 상상조차 할 수 없는 태평스러운 행위다. 나는 몇 줄을 대문자로 인쇄하도록 했다. 이 글들은 납득하고, 이해하고, 또 이어서 결정하기 위해 그 판단을 유보하지 않으면 안 될 놀라운 진실을 선언하고 있다.

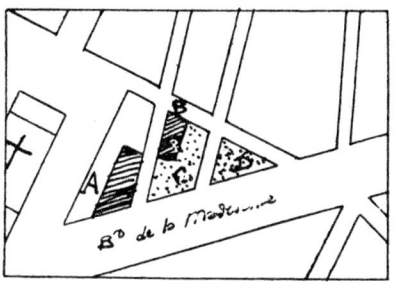

A. 비뇽Vignon
B. 해운회사Messageries Maritimes
C. 철거
D. 철거

A, B, C, D는 같은 장소에 그대로 있거나 다시 지어질 것이다.
이 사진은 특징적이다. 현재 철거된 공지를 가로질러 끝 부분에 비뇽, 오른쪽에 해운회사, 집게 모양으로 벌려 있는 두 곳에 커다란 '빌딩'이 있고, 이 빌딩은 모서리 부분만 보이는 세 번째 건물과 마주하고 있다. 일년 내에 이곳은 다시 건설될 것이다. 콩코르드Concorde 광장과 오페라Opéra 거리 사이에 있는 이 전략적 장소에 새로운 도시의 단편이 재건될 것이고, 수세기 동안 존속되어 온 거리는 변함없이 있을 것이다!

※
※ ※

옛 파리의 25년.

'옛 파리'의 권한이 자리한다.

예술, 문화의 파괴 행위를 제한하는 것을 생각하는 것은 유쾌하다. 물론 그렇고말고! 아름다움이 시민의 정당한 요구에 들어 있다는 것을 읽으면 기운이 난다.

역주63

    하지만 나는 학교의 역사 시간에, 왕, 황제, 성직자 들이 꽃 속에서 우아한 무희들을 바라보고 있는 비극적인 순간을, 기억한다. 도시의 성문은 닫혀 있었고, 야만인들이 광란하는 급류처럼 몰려들었다. 살육, 죽음, 피가 흘러내려 무희의 발 아래 흩어진 장미꽃 화관 위에 엉겼다.

    여기서는 훨씬 솔직하게 이 사건은 우리에게 앞만 바라보고 뒤는 돌아보지도 말 것을 요구하는 듯하며, 또 모두를 위한 시기가 온 듯하다. 그리고 만약 **일할 시기가 선행되지 않았다면**, 기분 전환의 시기를 옮겨야 할 것 같다.

* * *

    죽어 가는 병든 폐와 심장을 갖고 있을 때, 클라브생clavecin^{역주64}으로 손목 연습을 하지 못한다.

    그렇지만 조국, 시, 조상 숭배, 이상理想은 신문에 글 쓰는 데 종사하는 많은 사람들이 사용하는 웅변적인 어휘이며 그들의 임무는 여론을 조작하는 일이다. 흔히 결핵과 퇴폐로 가득한 낡은 구역을 파괴하는 문제가 제기될 때, 다음과 같이 쓴다.

"그러면 주철들은, 이 아름다운 주철들을 여러분은 어떻게 하실 겁니까?"

일부 자선 임무에 애착을 갖고, 매우 시적詩的인 주철에 대한 영원히 남을 기억을 일생 동안 간직하고 있는 부인을 둔, 기자들에게 이러한 일이 생기는 수도 있다. 그들의 부인들은 '옛 프랑스'의 추억이 오래된 돌 속에서 베르-갈랑Vert-Galant, 다르타냥d'Artagnan, 프레시으주Précieuses…… 등의 노래를 불렀던, 그 예전의 추억이 오랫동안 머리에서 떠나지 않는 이 '마레Marais'역주65 당사黨舍 안의 벌레 먹고 낡아빠진 계단에 앉아, 하르퓌우스harpis역주66로부터 위험이 임박한 신생아에게 '젖'을 먹이는, 젊었을 때의 신선함으로 빛나고 있었다.

그러면 조국은!

그러면 조국과 함께 낡은 계단이 남아 있기를 바라며, '젖 한 방울'에도 불구하고 신생아는 그 기억을 간직한 채 죽어 갈 것이다. '혼란에 빠진다!'

신문에 글을 써서 여론을 조작하는 데 종사하는, 이 과거의 감정가들에게 위와 같은 조건에서 살고 있는지를 묻는다면, 그들은 에투알이나 에콜 밀리테르 가로와 같은 곳에서, 승강기가 있는 새로운 건물에서 살거나 정원으로 둘러싸인 별장 같은 호화로운 주택에서 산다고 여러분에게 답할 것이다.

***

내과치료인가 외과수술인가

1923년 2월 17일, 파리 시의회 의장인 드니 푀크 씨는 오스만 가로의 개통을 위해 철거해야 하는 거대한 주택 집단에 첫번째 곡괭이질을 했다.

오늘날(1925년) 일부만 철거되었다. 철거되고 난 뒤의 인상적인 터는 건물로 다시 덮이기 전까지, 여러 가지 많은…… 꿈을 꾸게 해 준다. 이 터가 여기에 있다. 사람들이 그 터를 만들었다. 그것은 파리의 중심지에서, 1925년에 일어난 하나의 도시적 사건이다. 용감한 외과수술. 오스만이 그것을 결정했다. 이 자유 의지의 사나이가 만들어 낸 놀랄 만한 작품은 외과수술과 꼭 닮았었다. 그는 인정사정 없이 파리를 절개했다. 도시가 죽어 가는 듯했다. **오늘날의 자동차 도시 파리 Paris-automoile는 오스만의 덕으로 살고 있다!**

그러면 그와 같은 수술은 가능한가? 재산을 매입하고, 배상하고, 필요한 것만 할 수 있을까? 오스만과 황제의 통치하에서는 당연히 가능한 일이었다. 현재의 민주주의하에서도 물론 가능하다.

역주67

태트부 거리와 큰길 사이에 빽빽하고, 으깨어지고, 과포화 상태가 된 도시 안에 뚫린 거대한 구멍은 놀랄 만한 감명을 준다.

이것은 하나의 증거다.

* * *

외과수술인가, 내과치료인가

과거는 답한다. 외과수술과 내과치료.

중심부에는 외과수술.

중심부 외곽에는 내과치료.

여러 단계를 거치면서 뤼테스Lutèce역주68는 1925년의 파리에 이르기까지 진화에 응하기 위해 외과수술을. 중세와 근대 시기, 우리들 시대는 이동할 수 없는 동일한 중심부에서 계승되었다. 왜냐하면 그곳은 일종의 거대한 바퀴의 축이며, 바퀴의 테두리에서 모인 방사선 모양의 바퀴살은 그들의 수렴收斂 점에 고정되어 있기 때문이다. 내과치료는 강력한 정신이 예상될 수 있을 때에만, 미래를 준비한다.

우리는 오늘날보다 나은 미래를 준비하는 데 열중한다. 그것 또한 외과수술을 피하기 위한 것이다. 거대하고 아름다운 교외를 준비한다. 만약 콜베르Colbert역주69의 시대처럼 대범하게 보았다면 선견지명을 갖는 당당한 작품이 되지 않았을까? 우리는 대범하게 보았는가? 이것은 도시계획의 현대적 요소인, 교통과 정신의 영원한 기초인, **질서**에 대해 우위에 선 미학과 시혼詩魂인가?

외과수술은 우리 시대의 경우에 필요하다.

여기에서 역사가 우리에게 말하는 것이다.

우선 확증된 사실은 **현재의 어떤 도시도 교통 프로그램을 갖고 있지 않다**는 것이다. 문제는 완전히 새로운 것이다. 50년 전에는 예측할 수 없었던 것이었다. 이제 우리는 저절로 일어난 결과에 의해 고통을 받는다. **성채 도시**는 지금까지 항상 도시계획을 마비시켰고 사건이 일어난 다음에서야 대처하도록 하는 속박이었다.

루아얄 광장을 건설했을 때, 사륜마차는 아직 알려지지 않았다(루이 13세).

1672년에 갈랑드 거리는 너무나 협소해서 두 대의 마차가 동시에 지나갈 수가 없었다. 이 거리는 파리의 **주요 교차지점 Grande Croisée**의 한 곳이었고, 센 강의 다리들과 연결되었다.

16세기 중반, 파리에는 사륜마차가 두 대 있었다.

1658년에는 310대의 사륜마차가 있었다.

1662년에는 5수sou역주70를 받는 합승마차에 처음으로 영업 허가를 내주었다.

1783년에는 처음으로 주택 높이를 규제하는 칙령이 정해졌다. 새로운 가로의 최소 폭은 9m 75가 될 것이다(**내과치료**).

프랑스 혁명 때 법령에 의해 거리의 폭이 다섯 가지로 결정되었다. 14미터, 12

미터, 10미터, 8미터, 6미터로, 보도는 없다(**외과수술과 내과치료**).

콜베르는 파리의 모든 대규모 공사, 즉 건물, 가로, 식물원, 도시의 개선문의 창시자며 실천가다. 1676년의 법령은 당시의 공사와 미래의 공사에 대한 프로그램을 세계 최초로 명확하게 구성한 것이었다(**내과치료와 외과수술**).

당시의 여론(루이 14세 때), "파리는 하나의 도시 이상의 것, **곧 하나의 세계다.**" 사람들은 새로운 사건으로 일상화된다는 것을 알아차림으로써 법률 제정을 시도했다. 이미 현대 시대 최초의 '대도시'인 것이다(오늘날의 대도시보다 중요성은 10분의 1이지만, 우리들과 불과 200년 간격에 불과하다).

1631년, 법령은 성 밖으로 파리 확장을 — 통일성도, 계획도 없는 팽창을 제한했다. 성곽 밖의 가로구획 방향과 건축 한계를 결정할 31개의 경계표를 세우기로 결정했다. 그 너머로는 건축을 금지하고 벌금을 물렸으며, 몰수했다(**내과치료**).

1724년, 이 법령을 개정하여 경계표 사이에 나무를 심은 '안뜰'을 지나는 경계표도 포함시켰다. 상류 사회가 성곽 밖으로 돌진해서 사람들은 도시 중심부가 포기되지 않을까 염려했다(**내과치료**).

나폴레옹 1세가 리볼리 가로를 만들었다. 폭 23미터로, 당시로서는 예외적인 크기(이전의 규정은 14미터, 12미터, 10미터, 8미터, 6미터였다)였다(**외과수술**).

1840년, 큰길은 생기를 되찾았는데, 콜베르의 선견지명의 결과였다. 도시 삶의 역사적인 사건(**내과치료**).

1842년, 역들, 생 라자르 역 gare Saint-Lazare(**외과수술**).

1847년, 파리의 성터, 파리를 둘러싼 마지막 터 그리고 250미터의 지역(**내과치료**).

역들이 되는 대로 여기저기 설치되었다. 이것들이 **도시의 새로운 관문**이라는 것을 예측하지 못했다. 어떠한 큰길도 그곳으로 연결되지 않았다.

훨씬 뒤에 절개해야만 할 것이다(**외과수술**).

1853년, 오스만이 센 지방 행정구의 도지사로 임명.

오스만의 설계는 완전히 독단적이었다. 그 설계들은 도시계획에서 비롯한 엄격한 결론이 아니었다. 그것은 재정과 군사상의 조처였다(**외과수술**).

나폴레옹 3세가 보와 Bois 거리를 만들었다(폭 120미터, 직선거리 1,300미터)(**내과치료**).

7미터 거리가 24미터 또는 그 이상으로 대체되었다(**외과수술**).

141킬로미터였던 기존의 보도가 1,290킬로미터나 되었다. 64킬로미터였던 가로수 길은 112킬로미터가 되었다. 가로변의 나무 수가 50,000에서 95,000 그루가 되었다. 등등.

*
* *

리슐리외Richelieu역주71는, 파리에 9미터의 직선 길을 만들어서 그 길에 자기 이름을 붙였는데, 과대망상증이라고 비난을 받았다(**외과수술**).

세바스토폴Sébastopol 큰길을 뚫었던 오스만은 파리의 심장부에 무인지경을 개통했다고 비난받았으며, 또 이제는 두 개의 도시로 분리했다고 비난받았다(**외과수술**).

르 노트르Le Nôtre는 서쪽에서 튈르리 정원이 바라보이는 커다란 수림樹林을 잘라 언덕 정상까지 나무가 심어진 큰 가로수길로 만들면서, 현재 파리의 영광이며 진정한 서비스에 답하는 유일한 교통로인 샹젤리제의 미래를 세상에 내놓았다 (우거진 숲속의 관통로를 보여 주는 18세기의 이 동판화가 감동적이다. 혼자 중얼거린다. 창조와 선견지명의 결실이 바로 이런 것이구나).

튈르리에서 바라본 르 노트르의 통로

18세기의 계획은 위대한 조직가를 드러내 보인다.

1728년 (아베Abbé의 계획), 여러 개의 새로운 안뜰(몽파르나스Montparnasse) 큰길, 몽루주Montrouge 길이 건설되었는데, 이 모든 것이 채소 경작지를 가로질러 건설한 것이었다. 가로망은 큰 근교에 이미 있었지만, 그 길들을 조금씩 만들어 간 것은(1장을 보라) 거의 언제나 당나귀에 의해 제멋대로 생긴 임시 가로망이었다. 그러나 일부 직선통로인 '진보의' 길이, 의지를 표한다. 뱅센 가로와 트론 광장place du Trône, 생 모르 가로avenue de Saint-Maur, 빌쥐이프Villejuif를 통과하는 퐁텐블로 도로route de Fontainebleau, 생 느니 가로, 뇌이 가로avenue de Neuilly(이 가로는 튈르리 정원에서 센 강까지, 6킬로미터의 곧은 길을 만든다), 에투알 가로에서 시작되는데, 그 가로의 100미터 또는 500미터의 길과 수목이 방향을 정한다. 불로뉴의 숲은 1731년에 설계되었다(루셀Roussel 계획). 몽루주 공원, 앵발리드의 광장이 완성되었다. 1760년, 대공사가 선견지명이 있는 순수한 시한부에 의해 완성되었던 것은 정말 인상적이었다(로베르 드 보공디Robert de Vaugondy 계획). 물론 막대한 지출이 있었다. **그러나 2세기 전, 문화의 중심에서 그토록 넓게(기하학적으로) 만들어졌던 것이, 현재 파리의 활기찬 중추 기구들의 본질을 이루고 있다.**

이 시기에 루이 15세 광장(콩코르드)이 건설되었고, 궁전이 건설 중이었다. 루브르의 모퉁이는 점점 더 비좁아졌다. 대 하수구가 건설되었다. 곳곳에 가능한 한 긴, 직선이 나타났다(게다가 큰 조정 없이). 1763년, 육군사관학교Ecole militaire가 센 강까지 이르는 샹 드 마르스 광장Champ-de-Mars[역주72]과 함께 건설되었다. 사관학교의 전체는 그 자체만으로도 시테 섬의 4~5배 크기다. 1775년(자이요J.-B. Jaillot 계획)의 새로운 중정들은 아라고 큰길boulevard Arago, 리옹 드 벨포르 로터리rond-point du Lion de Belfort, 몽파르나스 등이 될 것이다. 라 살페트리에르La Salpêtrière[역주73]가 건설되었다. 주거지로서의 파리는 축에서 벗어났다. 비롱 저택hôtel Biron 등은 지금 생 도미니크 거리rue Saint-Dominique, 바렌느Varennes 거리, 뤼니베르시테l'Université 거리, 부르봉-Bourbon 거리다. 1791년(베르니퀘Verniquet 계획), 팔레 루아얄이 재건되어, 루브르 궁은 불결하고 볼품없는 집들에 둘러싸였고, 방돔 광장은 이 두 끝으로 막혀 있다. 외부에 큰길이 건설되고 가로수가 심어졌다. 몽소 공원parc Monceau이 영국식으로 만들어졌다. 팔레 부르봉-Palais-Bourbon이 부속건물과 함께 건설되고, 또 루이 16세 다리(콩코르드)가 건설되었다.

18세기 전체를 통해, 수술은 참으로 인상적이었다. 만약 '당나귀의 길'이 지방으로부터 중심으로 집중되어 온다면, 그것과 투쟁하며, 경작지나 대 수림樹林 지역과 교외의 도시 지역을 가로질러 끊으면서, 계획한 길을 만들어야 할 것이다. 다가올 세기에 태어나게 될 거대 도시와 같은 틀을 구성하는 결과를 갖는 강력한 효력의 외과수술. 파리는 600,000명도 안 되었다. 그런데도 그곳에서 다가올 세기의 도시,

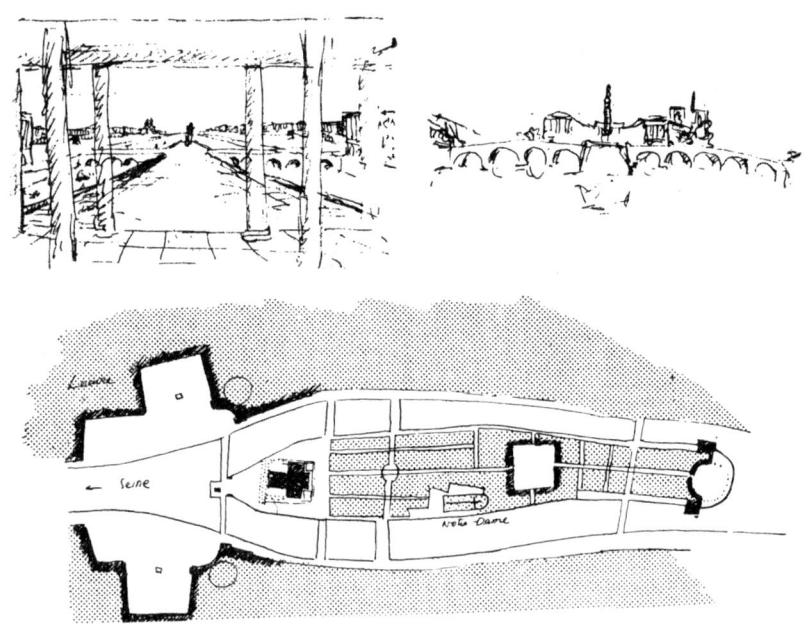

파트Patte의 그림. 시테 섬의 급진적인 변화. 노트르 담 대성당만이 위치를 유지하고 있다. 시테 섬과 생 루이 섬이 하나로 합쳐졌다. 퐁 뇌프Pont-Neuf를 향해 루브르 궁전의 열주와 어울리는 일련의 것들을 만들기 위해 절단되었다.

4백만 명의 도시에 필요할 길을 그곳에서 구상하고 실현한다. 유일하게 거대한 교통로가 사륜마차를 갖고 있는 왕들에 의해서 준비되었다니![32] 행동의 길로 인도하며 도시를 구한 선견지명과 정열 그리고 시민의 자존심에 대한 이상한 교훈.

도시조경 계획가의 수줍음과 순진성. 만약 도시가 규칙적인 성장을 지속한다면 도시는 이후 100년을 어떻게 살아갈 수 있을까?

그러나 이 위대한 세기에 있어서도, 사람들은 이미 노후한 파리의 중심지를 파괴하는 데 몰두했었다. 보프랑Boffran, 세르반도니Servandoni, 수플로Soufflot 등이 참가했던 위대한 현상설계는 도시를 확장하고, 가르는 것을 목적으로 삼았다. 이 숨막히게 좁은 가로의 공간을 연구한 것이었다. 센 강을 이러한 시도의 축으로 선택했다. 왜냐하면 그 강은 자유로운 공간이었기 때문이다. 그곳에 건축 기념비를 만들기 원했었다. 강변, 궁전, 광장, 기념비, 분수 등을.

---

32) 루이 14세 때 파리에는 사륜마차가 310대 있었다. 오늘날에는 사륜마차 속도의 10배나 되는 자동차가 250,000대 있다!

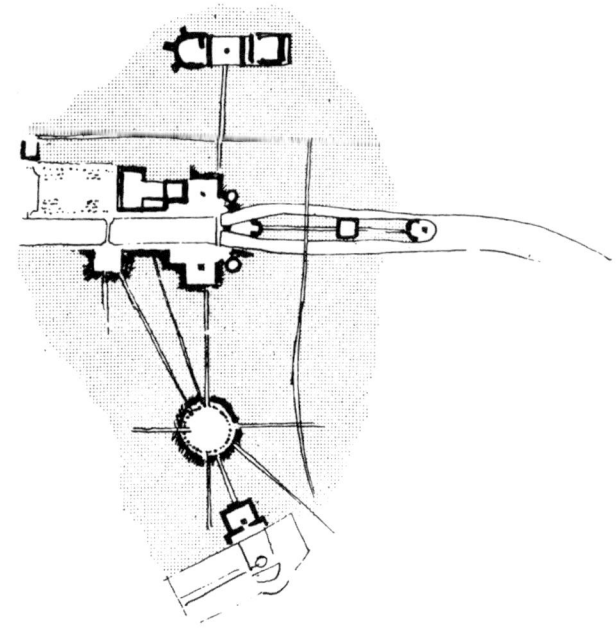

18세기, 센 강의 정비. 뷔시 네거리, 데 알des halles, 비위에 거슬리는 관목지대 한가운데 개통된 곧은 길들

절개했다. 또 외과수술이다.

파리의 모든 표면을 절개하기 원했고, 그리고 그것은 **아름다움이라는 이름 아래** 만들어졌다. 투르농 네거리carrefour de Tournon(직경 160m), 뷔시 네거리carrefour de Bucy(150미터), 생 제르멩 록세로와Saint-Germain-l'Auxerrois(180×130미터의 광장), 기타 등등.

자유를 위한 하나의 진정한 요구가 자르고 확장하도록 한다. 관통 도로, 투시 경관 ― 건축미학에서 돌출 창과 뾰족한 박공지붕은 붕괴되는 동시에 성당도 마찬가지로 공격당하기를 원했다.(그만큼 사람들은 통명스러운 것과 혼란스러운 외관에 상처받았다). 모든 것이 일순간에 왔으며, 모든 분야에서 가장 최고의 표현에 도달한 정신 체계(파스칼Pascal, 볼테르Voltaire, 루소Rousseau, 블롱델Blondel, 망사르, 가브리엘Gabriel, 수플로)에서 유래되었다. 사실 절대군주 체제하에서 생각의 자유로운 힘이 표현되었고 프랑스 대혁명이 임박했다. 외과수술이다.

과거는 무궁무진한 힘의 교훈을 들려 준다. 예측하고 지배하는 것은 내과치료와 외과수술. 여하튼 정신의 명석함과 단호함으로부터 나온다.

파리는 오늘날 ― 대강 말하면 ― 말은 없지만, 그보다 10배나 빠른 250,000대의 차들이 거리를 돌진하고 있다. 콜베르와 왕정국가들에게, 조용한 그 시기에 우리의 유일한 동맥 계통인 이 가로들을 준비해 준 것에 대해, 감사하고 싶다.

자동차, 비행기, 철도가 들어온 것은 우리 정신의 타락처럼 호화로운 유산이지만 낡아빠진 이전 세기의 것만으로도 만족할 수 있는 것이 아닌가?

우리 시대의 1프랑은 5수의 가치밖에 없다. 우리가 물려받은 도시의 찬란함은 가치가 하락한 프랑에 지나지 않는다. 자동차는 그 가치가 10분의 1로 감소되었고, 인구는 10배 증가했다. 우리의 유산은 우리의 요구 앞에서 그다지 큰 가치가 없다.

그러나 그 밖의 것은 전혀 갖고 있지 않다. 왜냐하면 우리는 목가적인 시골의 전원 작품을 향해 고개 돌린 탐미주의자들이기 때문이다. 우리는 우리를 앞서가는 사건을 깨닫는 것을 꺼려한다. 내과치료(선견지명)도, 외과수술(단호함)도 없다. 도시는 막다른 골목을 향해 치달을 것이다. 왜냐하면 허파와 심장이 죽어 가는 병에 걸렸는데도, 작은 즐거움에만 몰두하고 있기 때문이다.

* * *

루이 14세, 루이 15세, 루이 16세, 나폴레옹 1세에 이어 등장한 오스만이 무자비하게 파리의 도심지를 절개했다. 게다가 이성에 족쇄를 채우는 것이 가능한 모든 사람에게는 견디기 어려운 것. 오스만이 절개하면 할수록, 돈을 벌 수 있다는 것을 이론적으로 말할 수 있다. 그는 파리를 절개함으로써 황제의 금고를 채웠다. 온갖 비난의 목소리에 귀머거리가 되어버렸을, 이 사람은 불결한 6층 건물을 호화로운 6층 건물로 대체하고, 형편없이 지저분한 구역을 화려한 구역으로 만드는 일 외에는 어떠한 것도 시도하지 않았다. 만약 근교에 이러한 가로를 만들기 시작했다면, 그는 파산했을 것이다. 그가 사업으로 이익을 보았던 것은 바로 파리 도심지를 절개했기 때문이다.

자본가로서의 이러한 외과수술 후 50년⋯⋯, 파리라는 훌륭한 도시가 존속할 수 있었고, 부의 심장부를 지속적으로 유지할 수 있었던 것은 바로, 오스만과 그 이전의 일부 강력한 두뇌가 해부를 했기 때문이며, 동시에 이 도시에 대해 선견지명을 갖는 열정적인 내과치료를 가했기 때문이다.

좁은 계곡에 설치된 함정에 수십만 마리의 토끼를 몰아 넣는 토끼몰이를 상상

1

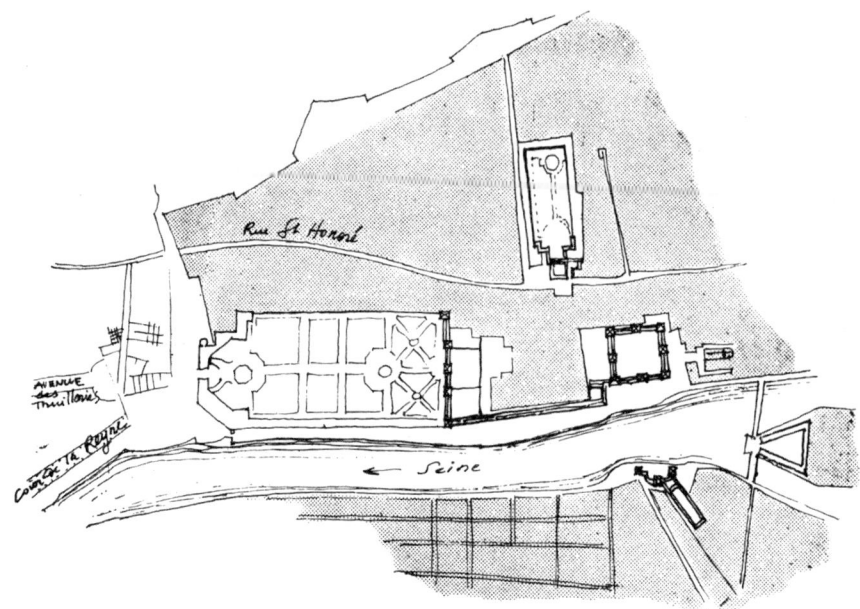

2

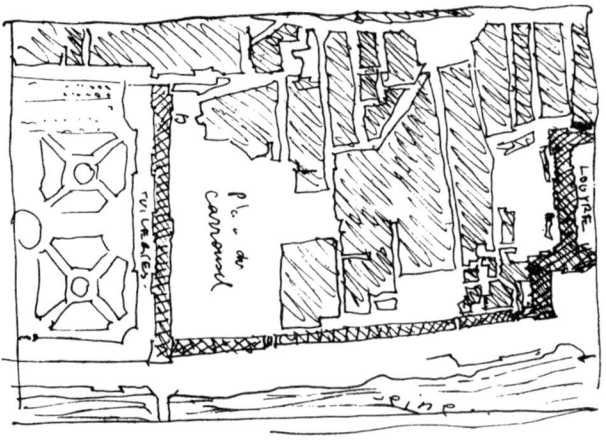

3

파리의 정리정돈
1. 리볼리 거리의 개통으로 루브르 궁전이 넓게 트였다.
2. 루브르 궁전이 자유롭게 되었다.
3. 다리 위의 주택들을 철거했다.

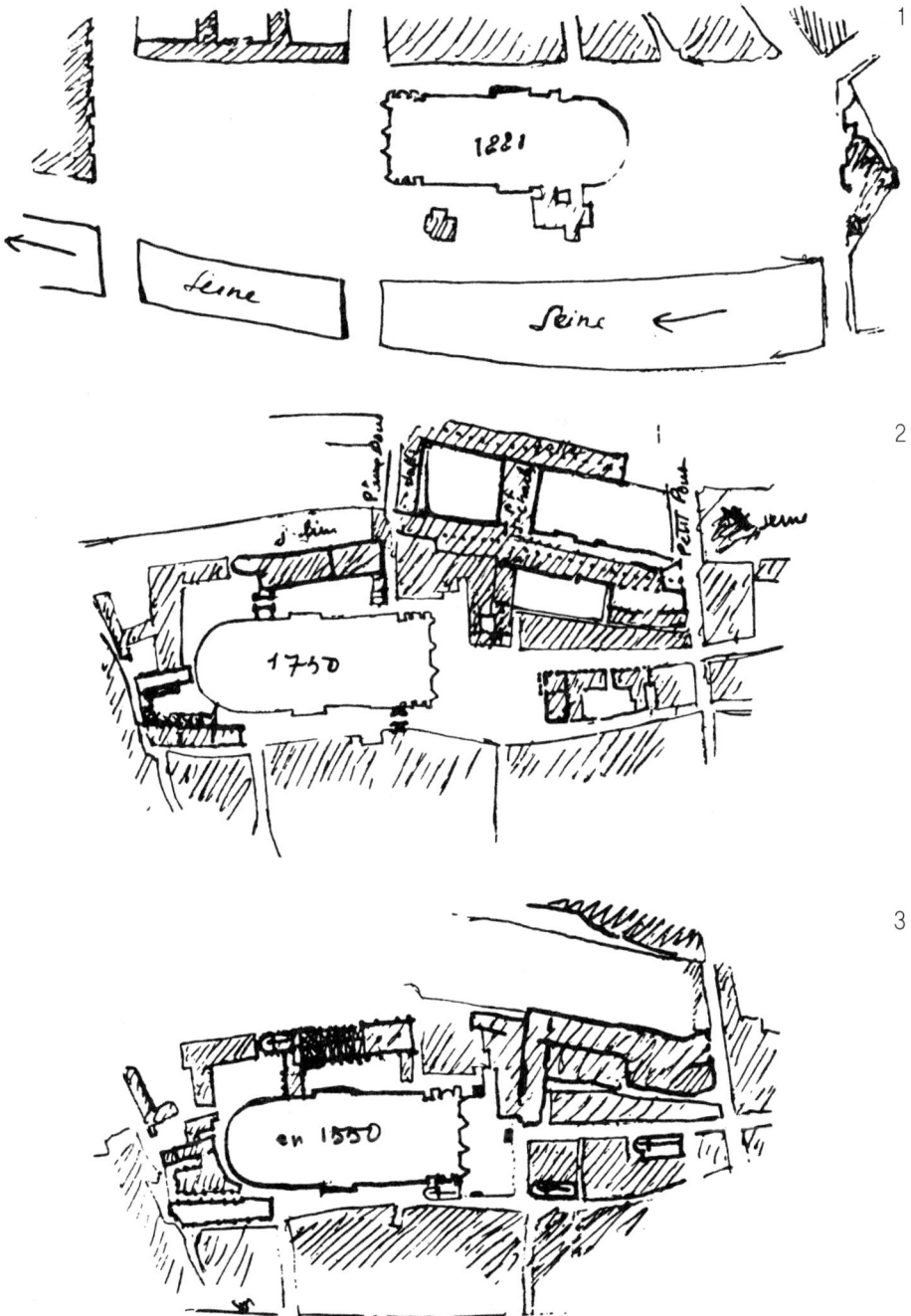

파리의 정리정돈
1. 1881년
2. 1750년
3. 1550년
섬의 모든 것이 철거되고 재건되어, 노트르 담 대성당이 넓게 트였다.

해 보자. 끔찍한 장치 안에는 어쨌든 토끼가 ─ 차례로 꼼짝 못하게 되는 ─ 궁지에 몰리지 않고 뛰어들 수 있는 큰 통로가 있다. 모든 토끼가 커다란 통로로 돌진하는 곳은 짚더미다.

대도시는 함정이며 자동차는 토끼들이다. 커다란 통로는 콜베르의 도로, 나폴레옹 1세나 오스만의 도로다. 결국 토끼들은 모두 꼼짝 못하게 될 것이다.

추리한 것들을 대충 모아 보자. 1900년까지 우리 모두는 갑작스러운 돌발 현상, 즉 자동차, 그 다음에는 비행기에 대한 어떠한 개념이나 어떠한 이해도 없었다. 철도가 이미 혼란의 씨를 뿌리고 있다. 사람들은 단지 시대에 적합한 요구에만 대항하는 것에 몰두하고 있다.

그러나 이제 우리 모두가 운전자의 시대, 속도의 시대에 있는데도 근교의 시설물에 산책로로 적당한 굽은 길만 만드는 것에 몰두하고 있다. 도시에서는 주무부서가 건축에 허용된 높이를 낮출 것을 요구하고 있다……

그리고 기계 운전자 현상은 그에 따른 결과를 끊임없이 펼쳐 간다.

* * *

외과수술

나는 1925년 2월에 스트라스부르 시 확장 계획의 국제현상설계 심사위원으로 참석했다. 심사요강에 기존 상황(접근로, 인근 마을 등)을 활용한 적절한 계획을 제시했고, 우연성으로 심각한 제약을 받는 것과 마찬가지로 주어진 데이터에 허용한 것보다 훨씬 폭넓은 해석을 할 수 있도록 해 줄 것을 제안했다. 이것은 사실상 현대 도시계획 이론의 전부며 널리 잘 알려진 경험, 곧 타협이다.

그러한 개념들은 건전한 상식을 쉽게 수용하며, 존경심을 일으키게 하는 신중한 외관을 갖고 진실하고 합리적인 향을 풍긴다. 현실적이며 건강하고, 실용적이고 활동적인 정신의 소유자는 그것을 인정한다.

대담성 있는 계획안들이 제시되기도 했지만 무모하고 유토피아적이며, 실현 불가능한, 즉 달나라를 위해 만든 계획으로나 규정지을 수 있는 계획들이다. 신기루, 꿈, 결코 닿을 수 없는 약속의 땅 Terre Promise^{역주74}과 같은 것임을 깨닫고, 잠시나마 기분 전환을 하였다. 현실적이며 건강하고, 실용적이고 활동적인 정신의 소유자는 이 최초의 조그마한 감상에서 즉시 빠져 나와, 단호하게 얼굴을 돌린다.

계획안에 대한 일반심사가 있던 첫날의 오전 일정이 끝난 뒤에 심사위원은 자동차로 온통 밭과, 울창한 숲 한가운데로 난 도로를 따라 도시의 전진기지와 같은 마을을 지나서 인근 시골로 이동했다.

내 차를 운전한 사람은 심사위원이자 스트라스부르 상업회의소를 대표하는 인물이었다. 그는 아주 당연하게 시기적절한 계획안에 편을 들었다. 우리가 마을의 큰길을 가로지를 때, 나는 그에게 말했다. "눈치채셨습니까? 이 길이 휘어져 있기 때문에 얼마나 천천히 가야만 하는지를."

숲을 똑바로 가로지르는 길에서 그는 '전속력으로 달렸고' 즐겁게 보였다. 꾸불꾸불한 길이(들판에서) 나타나자, 그는 속도를 줄이면서 조심스럽게 운전했다. "이 꾸불꾸불한 길들은 정말 짜증나는군!" 나는 나폴레옹 1세가 건설한 운하가 내려다보이는 다리의 중간 지점에서 차를 세울 것을 부탁했다. "이 운하는 완전히 직선으로 모든 나라를 가로질러 갑니다. 이 직선은 혼란스러운 풍경 가운데에서도 인상적입니다. 바로 **한 인간의 작업**입니다. 이것은 감동적입니다. 희미한 경관 속에서 뚜렷이 나타나는 하나의 감흥입니다." 멀리 가리키며, "철도를 주의 깊게 보십시오. 그것은 쭉 곧게, 직선으로 뻗어 갈 것입니다. 정거장을 의식한 것이지요. 거기

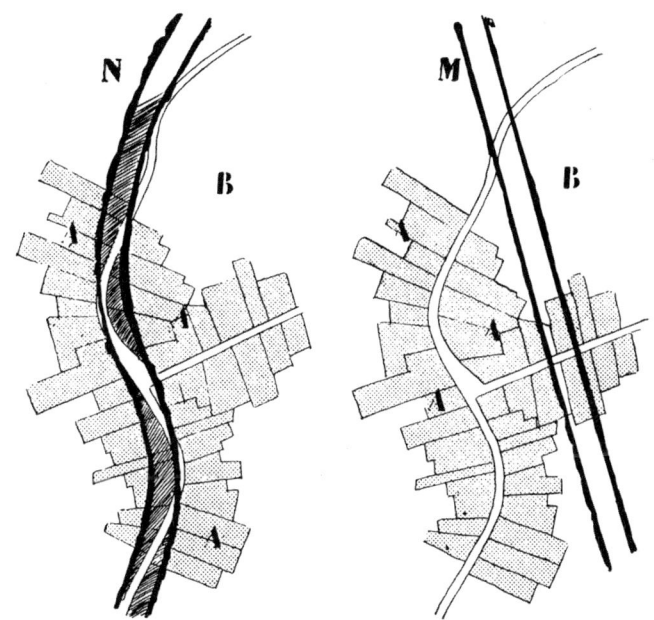

여기서는 모든 소유주들이 토지 수용을 악용하여 길은 곡선으로 남는다(왼쪽).
여기서는 토지 수용에 대해 언급하는 사람이 거의 없어 길은 직선이 된다(오른쪽).

에서 인간의 자유 의지를 느낍니다. 그것은 하나의 행위입니다." 훨씬 더 멀리 가리키며, "항구에도 질서가 있습니다. 아름답지요! 지금은 그것에 대해 언급하지 맙시다. 항구에는 주어진 문제를 해결했기 때문에 질서가 있는 것입니다."

우리가 뇌도르프Neudorf(스트라스부르 남부의 중요한 인구밀집 지역)를 지나갈 때, 그는 나에게 말했다. "보세요, 여기는 곡선 길을 조금 고쳐서 마을의 큰길을 확장하는 것만으로도 충분할 것입니다. 경제적이고 그것만으로도 충분할 것입니다. 나는 "속도를 상당히 줄였군요"라고 답하면서 "주목해 봅시다. 당신이 비용을 절약하기 위해 한쪽 부분만 확장했다면 길가의 모든 집들을 매입해야만 할 것입니다. 길가의 사람들은 장차 넓은 차량용 도로가 될 것을 알고, 땅값을 비싸게 요구할 것입니다. 굽은 길을 가로질러 직선으로 자르는 것과 비용이 같을 것입니다. 이 집들 뒤편의 들판을 보십시오. 여기에 곧 길을 내려면, 목초지나 고구마밭 값 정도만 지불하면 될 것입니다."(나는 거기에다 여기 그림을 통해 보여 준 작은 예를 말로 보충했다.) 그러나 같이 있던 한 건축가가 끼어들었다. "당신은 자동차를 갖고 있는데도 주저하십니까? 잘 생각해 보세요. 미래의 사무소 지구를 미래의 그랑 포르 Grand Port와 정확하게 연결하는 것이 관건입니다. 자동차가 직선으로 갈 수 있게 해야만 합니다." 심사를 다시 시작했을 때, 나를 태워 준 사람은 매우 상식적인 확신(습관적으로 말하는 것처럼 현실적이고 실리적이며, 건전한 양식을 갖는)에 완전히 동요되어, 새로운 사람이 되어 버렸다. 심사 작업이 점점 진행됨에 따라, 우리를 그곳으로 초대했던 사람들은 인정할 수 있었던 것보다 실제로 훨씬 더 중요하고 막중한 역할을 하고 있다고 느껴졌다. 나는 동료들에게 하루 종일 되풀이하여 다음과 같이 이야기했다. "생각해 보세요. 50년 후에 사람들이 우리의 작업을 떠올릴 때 말할 것입니다. 파리에서 온 사람들이 단 며칠 만에 **스트라스부르 시의 운명을, 스트라스부르 시 전체의 미래 생활을 결정했다고**. 우리는 매우 좋게 만들 수도, 매우 나쁘게 만들 수도 있습니다. 50년 후에 자동차는 어떻게 될까요? 우리는 시기적절한 해결에 찬성할 수 없으며, 정말로 직선을 저버릴 수가 없습니다. 50년 뒤에 있을 자동차를 위해 확장된 굽은 길을! **당나귀의 길**인 굽은 길을 상상해 보십시오. 만약 잘라야만 하고, 자른다면, 그리고 실제로도 우리는 결코 농가 건물이나 열악한 근교를 가로질러 자를 수 없을 것입니다. 나폴레옹은 운하를 직선으로 그었습니다. 왜냐하면 질서를 부여하는 조직자이기 때문입니다. 기술자들은 항구의 정박지를 기하학적으로 만들었습니다. 왜냐하면 사람은 기하학을 통해 스스로 표명하기 때문입니다. 오스만은 직선 대로를 그었습니다. 왜냐하면 그는 시詩와 관계를 끊은 실용적인 사람이기 때문입니다. 루이 16세와 루이 15세는 직선 대로를 그었습니다. 왜냐하면 그들은 탐미주의자들이었고 계획의 위엄을 통해 지배를 드러내고자 원했기 때문입니다. 보방Vauban^{역주75}은 기하학적인 축성 보루를 설계했습니다. 왜냐하면 그는 군인이었기 때문입니다……"

조직하는 것은 기하학을 하는 것이다. 자연이나 도시 인구밀집 지역의 인간 집단화에서 **'자연스럽게'** 나온 마그마magma 안에서 기하학을 하는 것은 외과수술을 하는 것이다.

"직선을 긋고, 구멍을 메우고, 표면을 수평으로 고르면, 사람은 허무주의에 도달한다……." (원문 그대로임)

(확장계획위원회를 주재한 위대한 시의원의 분노에 찬 말씀)

나는 답했다.

"죄송합니다. 사실대로 말하면 그것은 인간이 해놓은 일입니다."

(실제로 있었던 사건), 「불협화음 Cacophonie」에서 발췌

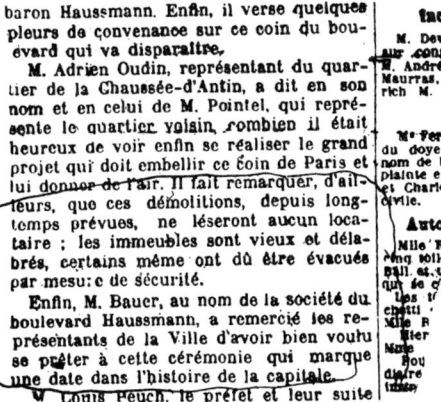

그럼에도 불구하고 공식적인 말…….

15. 파리의 도심지

파리의 '브와젱 계획Plan Voisin'[33]은 새롭고 본질적인 두 요소의 창안을 포함한다. **사무소 구역 cité d'affaires과 주거 구역 cité de résidence**을.

사무소 구역은 파리에서 특히 낡고 위험한 지구 — 레퓌블리크 광장에서 루브르 거리까지, 그리고 동역에서 리볼리 거리까지 — 내의 200헥타르를 차용해서 만든다.

주거 구역은 피라미드 거리rue des Pyramides에서 샹젤리제 로터리rond-point des Champs-Elysées까지, 그리고 생 라자르 역에서 리볼리 거리까지 차지하는데,

---

33) 자동차가 오래된 도시계획의 기반을 붕괴시켰기 때문에 나는 자동차 제조업자들을 장식예술 국제전 Exposition Internationale des Arts Décoratifs의 에스프리 누보관 건설에 참여시킬 계획을 구상했다.
나는 푀조, 시트로앵, 브와젱 자동차회사 사장들에게 말했다.
"자동차가 대도시를 죽였습니다."
"자동차가 대도시를 구해야만 합니다."
"여러분은 푀조, 시트로앵, 브와젱 계획을 파리에 베풀기를 원하지 않습니까?"
"이 계획은 시대의 진정한 건축 문제, 장식예술이 아닌 건축과 도시계획의 문제에 대해 일반 시민의 관심을 집중시키는

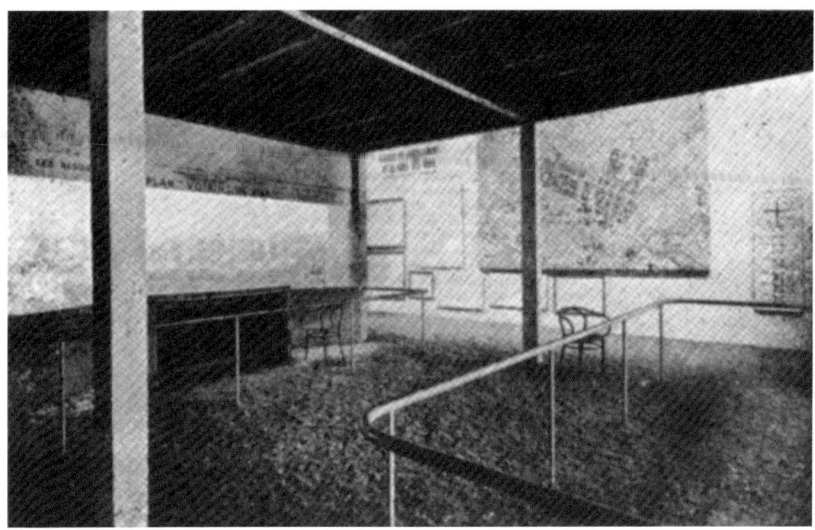

장식예술전의 에스프리 누보관의 도시계획 전시실. 안쪽에 파리의 '브와젱' 계획과 교통, 주거단지, **새로운** 집합주택 등에 관한 연구들이 전시되어 있다. 오른쪽에는 3백만 거주자를 위한 우리 시대의 도시Ville Contemporaine de 3 million d'habitants 에 관한 투시도가, 왼쪽에는 파리의 '브와젱' 계획안의 투시도가 있다(80㎡와 60㎡짜리 그림).

이 지역은 대부분이 과포화 상태며 오늘날 사무소로 사용되고 있는 상류층 거주자들이 사는 구역으로, 철거가 요구되는 곳이다.

중앙역은 사무소 구역과 주거 구역 사이에 위치한다. 역은 지하에 있다.

이 새로운 파리의 중심지를 위한 설계의 주축은 동에서 서로, 뱅센에서 르발로와-페레Levallois-Perret를 지난다. 필수적인 대규모 횡단도로들 가운데 오늘날에는 더 이상 없는 도로 하나를 복구한다. 이것은 일방통행으로, 교차로가 없는 고가高架 자동차 전용도로를 보유한 폭 120미터의 주요 교통을 위한 주간선도로다. 이 간선도로가 샹젤리제를 텅 비우는 결과를 초래할지도 모른다. 샹젤리제는 사실상 주요 교통 도로로 존속할 수 없는데, 그 이유는 일종의 막다른 골목cul-de-sac, 튈

것 외에 다른 목적을 갖지 않는 것, 즉 기계주의에 의해서 그토록 심하게 변형된 삶의 조건에 답하는 주거지의 건전한 구성과 도시 조직의 창조이지 않습니까?"
쾨조 회사는 이처럼 무모하고 곤란한 상황으로 회사가 위태로워질 것을 우려했다.
시트로앵 씨는 나의 질문을 전혀 이해할 수 없으며, 자동차가 파리 도심지의 문제와 무슨 관련이 있는지 알지 못한다고 매우 점잖게 말했다.
브와젱 비행기 회사Aéroplane G. Voisin의 (자동차담당) 전무이사인 몽제르몽Mongermon 씨는 파리 도심지의 연구에 대한 후원을 흔쾌히 받아들였고, 따라서 그 결과로 나온 것이 파리의 '브와젱 계획'으로 불린다.

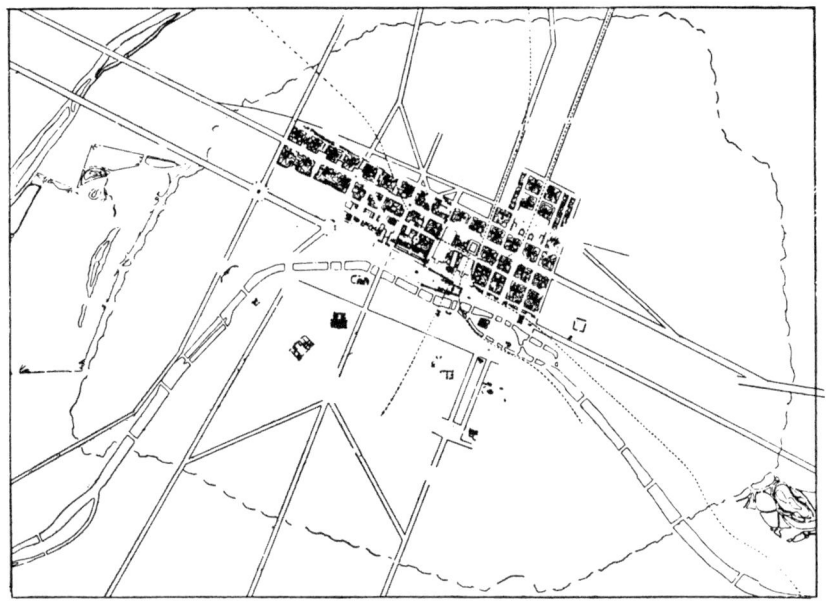
1922년, 파리 도심지 정비계획에 대한 초기 스케치(살롱 도톤)

르리 정원에 도달하기 때문이다.[34]

'파리의 브와젱 계획'은 도시의 영원한 중심지를 되찾는 것이다. 나는 실제로 **이미 주어진** 대도시의 기존 도심지를 옮기거나 옛 도시 옆에 모든 것을 다 갖춘 새로운 도시를 창조할 수 없다는 것을 앞에서 언급하였다.[35]

이 계획은 가장 불결한 구역에, 가장 갑갑한 거리에 도전한다. 이 계획은 교통이 정체되는 간선도로의 심각한 압박으로 '그저 운 좋게 적당히'나, 여기저기에서 한 뼘의 땅이라도 양보할 것이라는 기대는 결코 하지 않는다. 파리의 전략 지점에 눈부신 교통망을 개통한다. 7, 9 또는 11미터의 도로가 20, 30 또는 50미터마다 교차되는 그곳에, 350 또는 400미터마다 교차하는 폭 50, 80 그리고 120미터 주 간선도로를 갖는 바둑판 격자형 도시를 건설한다. 그렇게 만들어진 광대한 지구의 중

---

[34] 튈르리 정원을 가로질러서 튈르리 거리의 횡단로까지 샹젤리제 거리를 연장하는 최근 계획은 일종의 난센스다. 한편 이 거리가 오늘날 이미 교통 혼잡을 야기하는 리볼리 거리와 피라미드 거리에서 벗어났지만, 또 한편으론 루아얄 다리에서 완전히 병목 현상에 도달하기 때문이다. 루아얄 다리는 폭 11 또는 13미터의 바크 거리 rue du Bac로 이어지지만 이 거리에서는 교통이 일방통행으로 감소되어야만 한다. 따라서 누가 그러한 터무니없는 구상을 할 수 있겠는가?

[35] 르네상스 시대에 신도시는 군사적 이유로 옛 도시 옆에 건설되었다. 옛 도시가 작았으므로 옛 도심지를 교체하는 것으로는 도시의 용량을 증가시키지 못했다.

1925년, '파리 도심지' 스케치

심지에 십자형 평면의 고층 건축물을 세우는, 이 계획은 **수직도시**, 즉 땅 위에 납작한 단위들을 다시 모아 그들을 땅에서 멀리 떨어진, 대기와 빛 속에 배치한 도시를 창조한다.

이제부터, 납작하고 조밀하게 채워진 도시 대신에, 비행기가 **처음으로 눈앞에 도시를 드러내 보여 준다면**, 우리를 놀라게 할 것 같은(프랑스 항공회사의 사진을 보라) 그곳에는, 공기와 빛을 제공해 주고, 방사선으로 퍼져 나가는, 빛이 빛나는 수직도시가 우뚝 서 있다. 지금까지 표면의 70~80%가 집으로 빽빽하게 뒤덮인 땅은 이제 5% 이상 집을 짓지 않는다. 나머지 95%는 주요 간선도로, 주차장, 공원에 바친다. 그늘을 드리운 가로수 길은 두 배나 네 배로 증가한다. 고층 건축물 아래의 공원은 사실상 이 신도시의 땅을, 거대한 정원으로 만든 것이다.

'브와젱 계획'으로 희생된 옛 구역의 엄청난 고밀도는 낮아지지 않는다. 밀도가 네 배가 된다.

우리가 잘 알지 못하는 헥타르당 800명의 인구밀도의 구역 대신에[36] 헥타르당 3,500명의 인구밀도를 갖는 구역이 만들어진다.

나는 독자가 모든 상상력을 동원하여, 수직도시라는 새로운 타입이 어떤 것인지를 생각해 주기 바란다. 지금까지 빵의 딱딱한 껍질처럼 땅에 붙어서 북적대는 이 모든 것을 걷어낸 다음, 높이 200미터에 서로가 넓은 인동 간격을 유지하며, 아래에는 나무의 울창함으로 둘러싸여 있는, 유리의 순수한 결정체로 대체하는 것을 생각해 주기 바란다. 지금까지 바닥에 덩굴을 뻗는 듯한, 이 도시는 수세기 동안의 습관에 의해 제약되었던 우리의 상상력을 일순간에 초월한 가장 자연스러운 질서

---

36) 독자들에게 '브와젱 계획'을 통해 검토된 지역에서 낮과 밤에 한번 거닐어 볼 것을 권한다. 여러분은 알게 될 것이다.

로 순식간에 솟아오른다. 나는 파리의 장식예술 국제전에서 '브와젱 계획'을 전시했던 에스프리 누보관을 위해 투시도를 그렸는데, 그 목적은 아직 마음의 준비가 안 된 우리의 눈을 통해 이 새로운 계획안을 객관화하기 위함이었다. 정밀하게 그린 이 투시도에서 노트르 담 대성당에서 에투알 광장까지, 남에게 넘겨줄 수 없는 유산인 모든 기념비와 함께 남아 있는 옛 파리를 본다. 그 뒤에 새로운 도시가 우뚝 솟아 있는 것이 보인다. 이것은 더 이상 서로가 대항하면서 빽빽하게 들어서 있고 공기와 빛이 서로 비껴 가는 듯 착각을 불러일으키는 맨해튼의 무질서한 첨탑이나 종탑이 아니다. 그러나 이것은 투시 효과를 통해 멀리까지 뻗어나가며 순수 볼륨을 결정하는 수직면의 장중한 리듬이다. 이 유리 고층 건축물의 이편과 저편은 채움과 비움의 관계로 이루어진다. 그 발 아래에, 광장이 모습을 드러낸다. 도시는 모든 건축 작품들에서처럼, 축을 되찾는다. 건축 안에서의 도시계획, 도시계획 안에서의 건축. 만약 파리의 '브와젱 계획'을 보면, 서쪽과 남서쪽에 루이 14세, 루이 15세, 나폴레옹의 위대한 도면이 보인다. 앵발리드, 튈르리, 콩코르드, 샹 드 마르스, 에투알. 그곳에서 혼란을 제압한 정신, 혼란을 제거한 정신, **창조**를 생각한다. 그곳에서 새로운 **사무소 지역**은 비정상으로 보이지 않는다. 전통 속에서 존재하고 정상적인 진보를 따르는 인상을 준다.

이 주택들은 일반적으로 7층 높이로 되어 있다.
여기가 단테Dante의 「지옥」편 '제7계'의 광경이란 말인가? 유감스럽게도 아니다. 이곳은 수십만 인구가 살고 있는 끔찍한 곳이다. 도시 파리에는 이 죄를 고발하는 사진 자료가 없다. 이 전체 광경은 결정적인 일격이다. 산책할 때, 우리는 거리의 미로를 따라가고, 우리의 눈은 가파른 경관의 회화적 풍경에 즐거워하며, 과거의 기억에 사로잡힌다……. 결핵, 도덕적 퇴폐, 빈곤, 수치심이 악마처럼 승리한다. '옛 파리 위원회'를 주철과 비교해 본다.

왼쪽은 아르쉬브Archives 구역, 이것은 샹젤리제 구역의 항공사진이다. 후자는 전자보다 비교할 수 없을 만큼 훨씬 좋다. 그러나 이 둘 다 되는 대로 나타나고 운에 맡긴 결과다. 기대에 어긋나는 광경. 새로운 정신에 어긋나는 옛 현실.(프랑스 항공회사 사진)

파리의 '브와젱' 계획 투시도(장식예술 국제전의 에스프리 누보관)

　전쟁 때부터 머무를 곳을 찾아야만 했던, '사업들'은 현재의 파리에서 전혀 찾지 못한다. 사람들은 그것을 위해 내가 비난했던 건물들을 조금씩 지었다. 사무소는 주거와는 전혀 공통점 없는 정밀한 조직이다. 업무 시간은 업무의 도구가 될 장소를 필요로 한다. '브와젱 계획'의 사무소 구역은, 국가에 지휘본부를 제공하면서, 명백하게, 적합하고, 정확하며, 실현 가능한 제안으로 이루어져 있다. 결과에 대한 논리적인 길을 따라 프랑스의 수도, 파리는 이 20세기에 자신의 사령탑을 만들어야만, 한다. 여기에서 분석이 우리에게 합리적인 제안을 공식화하도록 이끄는 것 같다. 각각의 고층 건축물은 20,000명에서 40,000명의 고용인을 수용할 수 있다. 따라서 18동으로 예상된 고층 건축물은 500,000명에서 700,000명을 국가의

지휘부 군대로 받아들일 수 있다.

바둑판 모양의 망으로 된 지하철이 고층 건축물 아래에 있다. 거리와 자동차 전용도로는 지하철을 이용하는 군중들이 쉽게 이동하는 데 필수적인 것이 될 것이다.

동역의 철도는 자동차 전용 고가도로와 병행하는 콘크리트 도로 아래에 있다. 북쪽으로 향하는, 이 새로운 주간선은 이용에 적합하지 않는 땅을 활용한다.

남쪽을 향하는 횡단도로의 출발 지점은 사무소 구역과 주거 구역 사이에 있는 새로운 중앙역이 될 것이다. 오늘날 완전히 부족한 **동서 방향**의 주 횡단도로는 다각형 가로망에 의해 망가진 현재의 교통을 분류하고, 정리하는 하나의 통로가 될 것이다. 이 큰 횡단도로는 우리를 스스로 폐쇄하는 시스템에서 벗어나게 해 주는 것과 동시에 밖으로 향하는 양극단의 두 출입구를 개방해 준다.

새로운 역의 서쪽에 위치한 주거 구역은, 파리 중심지에 높이 30이나 40미터로 우뚝 솟게 될 다소 덜 밀집한 웅장한 구역으로, 재조직된 정부의 각 부처가 들어설 것이다. 회의실, 집회실, 그 다음은 연회실. 마지막으로 여행객을 위한 대규모 호텔.

중앙역은 주요 노선들이 종착지점 cul-de-sac에 도달하도록 제안했던 1922년의 방식을 상당히 개선할 것이다. 지금 여기에서는 로터리 방식으로 고정시킨다. 동, 서, 남북에는 기존 — 또는 개편된 — 회사가 여행객을 내려 주고 태울 네 개의 커다란 플랫폼이 있다. 기차는 통과만 한다. 그곳에는 **정차**하지 않기 때문에 역을 형성하지 않는다. 모든 것이 갖추어진, 기차가 도착하여, 짐을 싣고 모두 **일방향**으로 간다.

* * *

파리의 '브와젱 계획'과 과거

전세계의 유산인 역사적 과거는, 존경받는다. 뿐만 아니라, **보존되기도** 한다. 위기의 현 상태에 대한 저항이 이러한 과거의 급속한 파괴를 유도할 것이다.

감정적인 분류로서의 첫번째 특징은, 매우 심각하다. 오늘날 이 과거는 우리의 정신에서 퇴색되었다. 왜냐하면 과거에 부과된 현대 생활의 참여가, 그것을 거짓 속으로 빠뜨렸기 때문이다. 나는 텅 빈 채, 외롭게 침묵을 지키는 콩코르드 광장과 산책로로 변한 샹젤리제 거리를 보는 꿈을 꾼다. '브와젱 계획'이 생 제르베Saint-Gervais에서 에투알까지, 모든 옛 도시를 제거하고 그곳에 고요를 되찾아 준다.

'마레', '아르쉬브', '탕플Temple' 등의 구역들은, 철거될 것이다. 그러나 옛 성당들은 보존된다.[37] 성당들은 숲 속에서 모습을 드러낼 것이다. 이보다 매력적인 것이 어디 있겠는가! 그러나 만약 그래서 원래의 환경이 변화될지도 모른다는 것을 시인한다면, 현재의 환경 또한 그릇되고 지나치게 슬프고 추하다는 것을 인정해야만 할 것이다.

마찬가지로 '브와젱 계획'에서도 새로운 공원의 푸른 잎들 아래에 그와 같이 멋있는 돌, 그와 같은 아케이드, 그와 같이 세밀하게 복제한 주랑들이 우뚝 솟아 있

---

37) 이것은 정해진 목표가 아니고 단지 건축 구성에서 나온 결과에 지나지 않는다.

는 것을 볼 것이다. 왜냐하면 그것들은 역사의 한 페이지이거나 예술 작품이기 때문이다.

그리고 잔디밭에는, 예쁘장하고 쾌적한 르네상스 스타일의 호텔이 서 있다. 보존되어 이전된 마레 구역의 호텔이다. 이 건물은 오늘날 도서관, 열람실, 회의실 등으로 이용되고 있다.

건물이 지면의 5%를 차지하는 '브와젱 계획'은 과거의 유적들을 보존하고, 그들을 조화된 환경인 수목들과 숲 속에 둔다. 물론 이러한 것들 역시 언젠가 소멸되어 '몽소에 있는' 공원에 예쁘게 보존될 것이다. 사람들은 그곳에서 서로 배우고, 꿈꾸며, 숨쉰다. 과거는 더 이상 삶을 죽이는 불길한 제스처가 아니다. 과거는 자신의 위치를 찾는다.

'브와젱 계획'은 파리 도심지의 경우에 올바른 해결책을 가져다 주는 의도에서 비롯된 것은 아니다. 그러나 시대와 일치하는 수준으로 토론을 이끌어 내고 건전한 스케일에 대한 문제를 제기하는 데 도움이 될 수 있다. 그날 그날 우리의 정신을 착각하게 만드는 작은 개혁의 혼란에 대한 원리를 확립해 준다.

미국, 파리의 '브와젱' 계획이 제안한 것과는 정반대다.

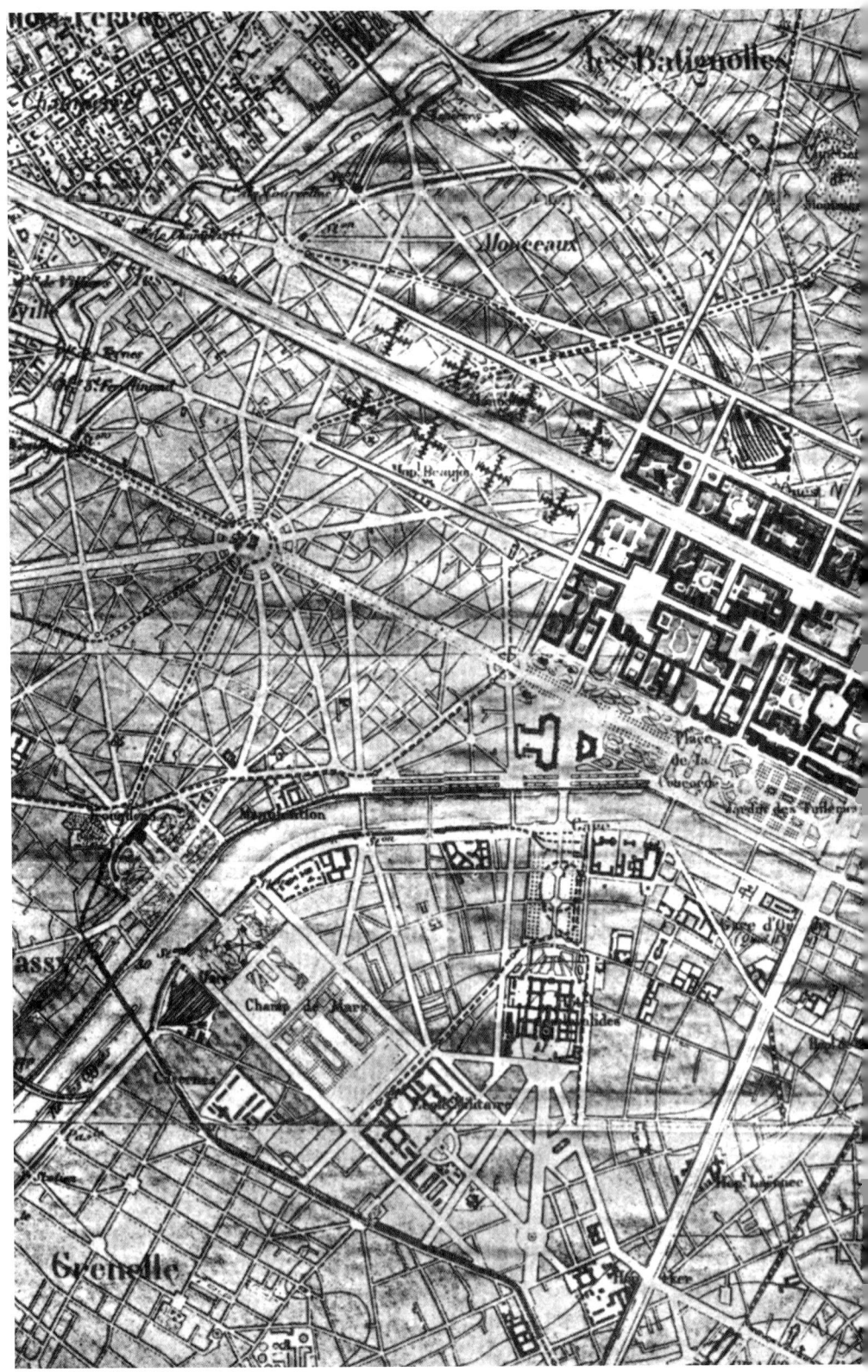

파리의 '브와젱' 계획(장식예술 국제전의 에스프리 누보관에 전시된 것)

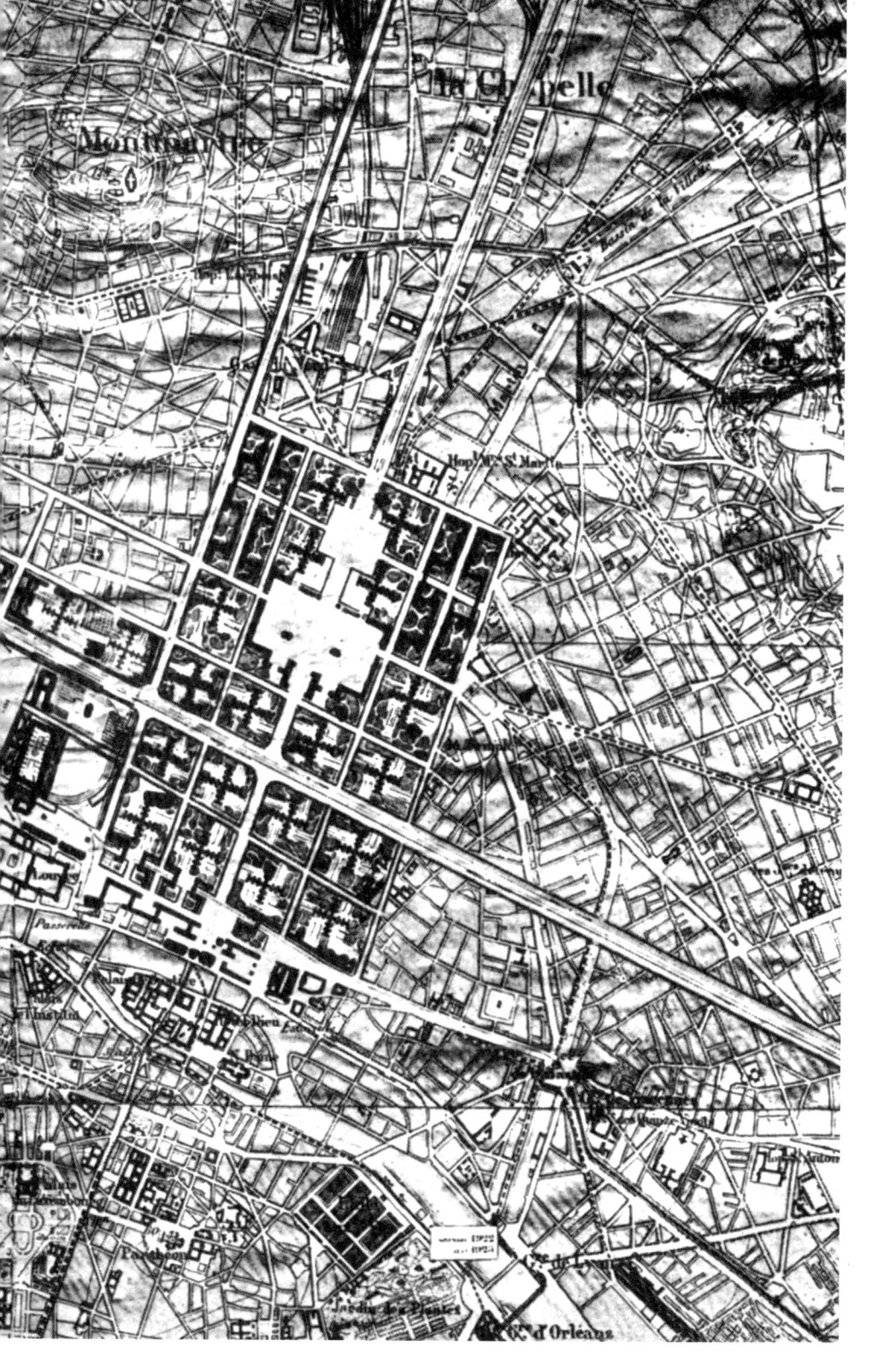

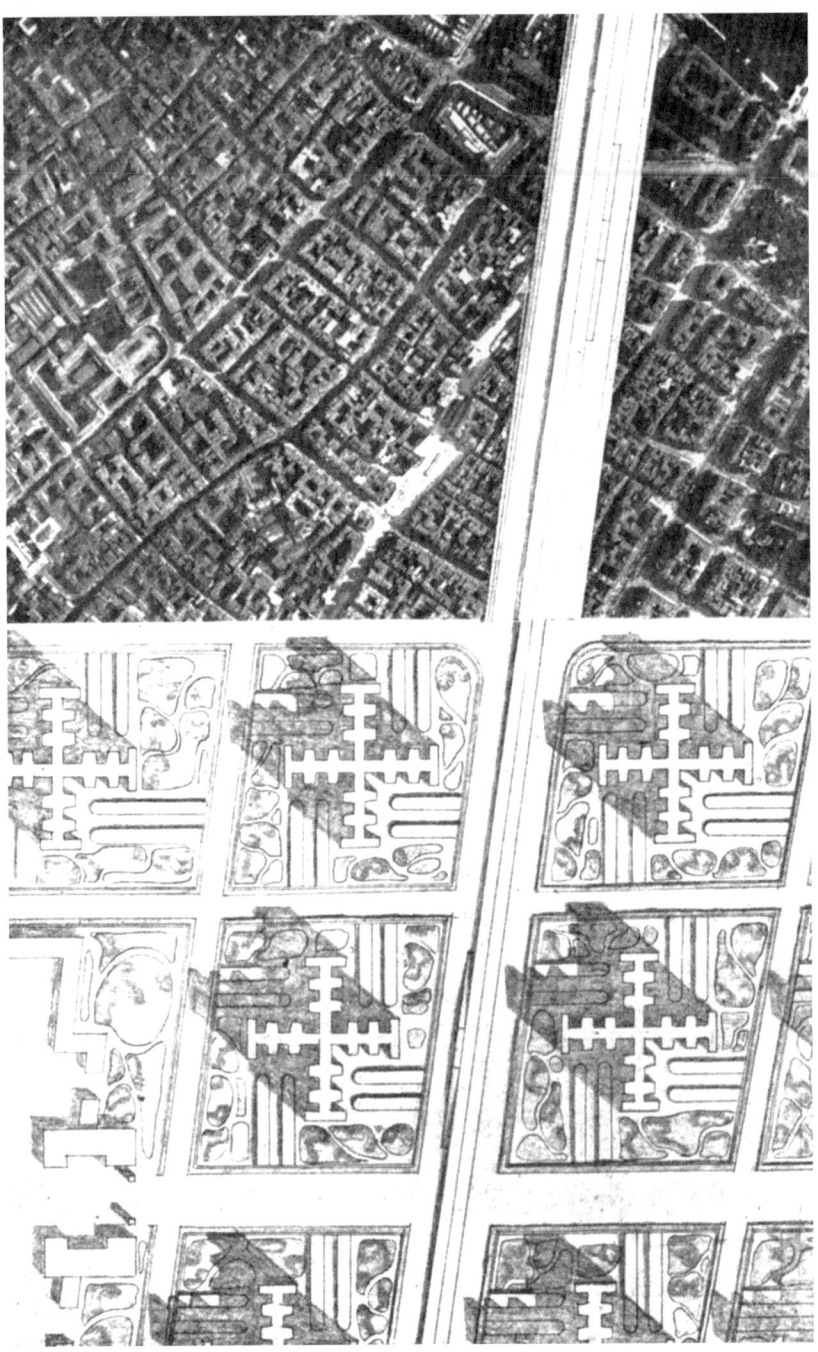

파리의 '브와젱' 계획에서 제안한 것과 같은 것이다. 위와 같은 구역을 철거하고, 아래와 같이 건설할 계획이다.(아래위 두 평면은 같은 스케일이다.)

"당신은 돈을 어디에서 가져올 것입니까?" (1922년 이래 틀에 박힌 상투적인 질문)

> **PARIS ATTEND DE L'ÉPOQUE :**
> LE SAUVETAGE DE SA VIE MENACÉE
> LA SAUVEGARDE DE SON BEAU PASSÉ
> LA MANIFESTATION MAGNIFIQUE ET
> PUISSANTE DE L'ESPRIT DU XXe SIÈCLE
>
> Des quartiers entiers ne sont plus que de la pourriture, des foyers de maladie, de tristesse, de démoralisation. Une grande opération financière semblable sur une échelle infiniment plus vaste, à celle d'Haussmann, apporterait à la ville des bénéfices financiers énormes (se souvenir qu'Haussmann construisit des maisons à six étages à la place de maisons de six étages, et qu'aujourd'hui, on peut construire des maisons de soixante ou de douze étages à la place de maisons de six étages).

1922년에 살롱 도톤에서 투시도를 수반한 선언

16. 숫자와 현실

이 책을 편집할 때, 건축가로서의 나의 결론이 숫자상 이론의 여지가 없다는 것을 인정받고자 경제학자 — 예를 들면 프랑시스 들래시Francis Delaisi — 에게 이 장의 '산수' 부분을 맡기기로 결심했다. 일상의 응급제, 존재의 엇갈림이, 필요한 자료를 준비할 시간도 없이, 나를, 순식간에 다음 차례로 밀어냈다. 발행인이 마지막 원고를 독촉하는 시간이 왔다. '산수'의 장은 숫자가 없을 것이다.

나는 다음의 것을 경제학자에게 부탁하기를 원했다.

a) 나의 계획에 타격받을 소유지의 가치를 현시가로 계산하여 주기 바람. 철거 비용, 새로운 구역의 건설 비용과 개발 비용, 새로 지어진 구역의 새로운 가치를 계산하여 차액을 비교하고 작업 이익을 작성해 줄 것.

b) 새로운 건물의 임대-소유주가 될 수 있는 회사의 통계를 작성할 것. 프로그램의 실현에 충당할 개인의 재정적 자산을 수립할 것. 외부에 도움을 청하는 대상이 되기 전에 부족한 금액을 확정할 것(왜냐하면 대중을 위한 이 방대한 계획은 그 '이용자'가 될 수 없는 국가보다 대중에 의해 실현되는 것이 바람직할 것이기 때문이다). 부족한 이 금액은 다른 국가에서 구할 수 있으며, 그 국가에 사업참여권, 양도권이 좋은 조건으로 허가될 수 있을 것인지 검토할 것.

c) 유동성 자본이 방대하기 때문에, 파리의 토지와 건물의 주요 부분이 외국에

소유되는 것이 국가의 경제(프랑화의 가격 유지, 프랑화의 안정 등)에 어떠한 영향을 미칠 것인지 조사할 것.

내 계획의 경제적 측면을 나 스스로 설명할 수밖에 없지만, 나는 그것을 분석하고, 계산하는, 경제학자가 상술한 것을 함께 묶어서 설명할 것이다. 나는 간단히 방향을 제시하는 양식을 적용할 것이다. 생활이 이것으로 성숙되지 않을까? 자신의 전문 분야에서 각자가 미묘하고 복잡한 문제의 현실화를 위해 모험을 한다. 그러나 미리 개략적으로는 정확하고, 전체로서는 의미 있는, 단순한 추론은 판단이 제시하는 방향에서 찾아야만 한다는 것을 알고 있는 어떤 해결책을 추구하도록 한다.

파리 도심지를 철거하고 재건하도록 제안하는 것은 전부 악취미의 농담일 수도 있다. 그러나 만약 잇따른 추론이 강하게, 그리고 **여러 면으로부터, 다양한 관점에서** 그렇게 반응해야만 한다고 단정한다면? 먼저 도심지를 파서 수직으로 재건해야만 한다고 단정한다면?

바로 여기에 '숫자'와 '현실'이 있는 것이다.

대도시의 도심지는 가장 중요한 부동산의 가치를 상징한다. 이 값을 (A)로 표시하자. 오스만은 파리의 노후한 구역을 철거하여 그곳을 사치스러운 구역으로 대체했다. 오스만의 작업은 재정 분야의 척도다. 오스만은 황제의 금고를 금으로 채웠다. (A)의 값에 그는 5배가 되는 훨씬 큰 값, 예를 들면 (A')를 얻었다.

그러나 오스만은 6층의 노후한 건물들을 6층의 호화로운 건물로 대체했다. 따라서 그는 질의 가치만 실현시켰을 뿐, 양의 가치를 실현시킨 것은 아니다.

그런데 만약 그가 한 것처럼 하여, 우리가 중심지의 인구밀도를 헥타르당 800에서 3,300명으로 높인다면, 우리는 새로운 구역의 면적을 4배로 늘림으로써, 그 부동산 가치 (A')는 4(A')가 될 것이다.

결론. 말하지 말자. "그렇다. 그러나…… 얼마나 막대한 자본을 토지 수용이나 건설 등에 **바쳐야만** 할 것인가"를. 그러나 오히려 **"자본으로 얼마만큼의 제품이, 얼마나 무수히 많은 생산품이, 땅에 대한 가치의 조작으로 이루어지는가!"** 를 말하자.

파리 도심시의 훌륭한 개발계획을 수립한다는 **여건에서만** 가능한 가치.

수십억? 대단하다. 엄청난 이익? 얼마나? 바로 이것이 문제의 수치에 대한 자료를 연구할 수 있는 경제학자가 말할 것들이다. 그날 경제학자는 놀라울 만큼 경제장관의 관심을 끌지도 모른다.

경제장관은 파리 중심부에서 막대한 자원을 발견할 수가 있다.

그렇다면 위험한 투기? 천만에, 여기에 그 이유가 있다. 파리 중심지의 일반적인 토지 구입에 관한 시행령이 발효한 날, 소유지의 가치는 (A)로 매겨진다. 이 시대에 파리의 여러 곳에서 이루어지는 매각을 통해 제시된 지표를 근거로 한 전문 감정가에 비추어 확정하는 것은 쉽지 않은가? 값 (A). 사무 지역의 건설에서, 예를 들면 (A)가 (A^5)까지 가치가 올라간다. 인구밀도가 4배이면, 이제, 4(A^5). 토지 수용을 위한 여러분의 구매력은 A 값의 4배×5배다. 이 마음놓이는 가치를 가장 합리적인 한계로 내렸다 하더라도, 여러분은 엄청난 구매력을 갖고 있어 두말없이 (A)를 높은 가치로 구매할 것은 뻔하다. 이리하여 토지 수용은 공평하고 신속히 이루어지게 된다.

60층으로 짓는 것은 우리에게 막대한 부를 가져다 준다.

*
* *

누가 이 광대한 사무소 건물의 건설비를 지불할 것인가? **사용자들**이다. 사용자들은 파리에 무수히 많이 있는데, 그들은 말레쉐르브 큰길boulevard Malesherbes 또는 이탈리엥 큰길boulevard des Italiens이나 라피트 거리rue Laffitte, 프로방스 거리rue Provence의 중산층 아파트를 떠날 것이며, 그곳에서 보통의 테일러리즘taylorisme 방식과는 반대로 자신의 사업을 경영하는 사람들 중에도 무수히 많이 있다. 고층건축물에 50, 100, 200, 500, 1,000평방미터 사무소를 구매하기 위해 신청할 사람은 무수히 많다. 사용자들이 고층 건축물의 소유자다.

그렇지만 다수의 사람들은, 자신들의 사업이 초기 단계여서, 또는 이와는 완전히 또 다른 이유로, 고층 건축물에서 자신의 소유 부분을 차지할 자본을 마련할 수 없는 사람들이다. 따라서 그들은 임대인만 되고, 앞서 다른 사람들이 소유자로서 그들을 대신할 것이다.

다른 사람들은 누구인가? 이러한 경제력의 일부는 국내에 있다. 대부분은 외국에 있다. 외국인에게 출자 분담을 제공한다고? 파리의 중심을, 토지 그리고 국민의 부와 영광인 훌륭한 건물들을 미국인에게, 영국인에게, 일본인에게, 독일인에게 양도한다는 말인가?

정확히 말하면, 그렇다.

파리에 건설된 중심부의 막대한 가치의 일부가 외국에 속하는 것은 다행스러운 일일 것이다. 만약 수십억의 돈이 거대한 유리 탑으로 파리의 심장부에 세워지고 그 대부분이 미국인이나 독일인의 것이라면, 이 건물들이 — 장거리포나 비행기로 — 파괴되는 것을 그들이 금지할 것이라는 것은 생각해 보지 않았는가?

아마 이것은 공중전에 대한 구제책 oeuf de Colomb(콜럼버스의 달걀)이 될 것이다. 파리의 중심지를 국제화하자. 미국인은 파괴하는 것을 허용하지 않을 것이고, 독일인은 파괴하지 않도록 조심할 것이다. 사람들은 큰 전쟁을 치르는 것이 바로 엄청난 자본이라는 것을 잘 알고 있다.

파리 중심지에 한 변이 175미터, 높이 200미터의 고층 건축물 20동을 건설하고 그것을 외국 자본이 투자하게 하는 것, 그것은 파리를 야만적인 파괴로부터 보호하는 것이다.

이것은 분명히 국방장관의 흥미를 끌 수 있을 것이다.

* * *

"여러분은 오스만 시대처럼 이제 더 이상 전 구역을 파헤칠 수도, 주민들을 쫓아낼 수도 없을 것이다. 이처럼 밀집한 파리의 중심부를 3년, 4년, 5년씩이나 무인지경으로 만들 수도 없을 것이다." 주거의 위기가 여기에 반대하기 때문이다.

우리의 계획에 40,000만 명의 근로자를 수용하는 고층 건축물 한 동은 부지 면적의 5%를 차지한다. 따라서 여러분은 현재 인구의 5%만 귀찮게 할 뿐이다. 이것은 공익수단이기 때문에 할 수 있는 것이다(따라서 대도시의 원시 혈거인穴居人들인 아르쉬브, 탕플, 마레 지역 주민의 5%를 전원도시로 보내자. 구매력 4(A')는 그들에게 작은 집을 **제공하는** 것과 같은 가치를 허용할 것이다).

완성된 고층 건축물은 부지 면적의 5%만 차지한다. 건설 중인 고층 건축물은 그 이상을 차지하지는 않는다. 철과 유리로 지어진다. 돌은 포함되지 않는다. 지방의 채석장을 파리의 도심지로 옮기지 않아도 된다. 아주 규칙적이고 조용하게, 리벳과 볼트로 조립된다. 파리 근교나 지방의 금속 건설 작업장에서 공장제품으로 만들어진다.

3년, 5년이 지날 즈음, 고층 건축물은 완공될 것이다. 그러면 전출·전입의 변동이 일어난다. 여러 구역에서 고층 건축물로 이사 온다. 옛 사무실이 빈다. 다른 사람들이 자신들의 아파트를 비워 두고, 이곳으로 이사 온다. 그렇게 계속해서 고층 건축물을 둘러싸고 있는 지역은 비워질 수 있다. 사람들은 그 지역을 철거하여 가로와 공원을 만들고 나무를 심는다.

　노동부장관은 누구에게도 손상을 입히지 않고 파리의 중심지를 재개발할 수 있다.

* * *

　나의 역할은 기술적인 범주에 속한다. 나는 필요 충분한 아파트인 **단위세포**와 그것을 집단화로 통합한 결과를 연구하면서 훨씬 성실하게 내 역할을 다하려고 시도했다. 한 도시의 발전 도식을 연구하면서, 또 현대 도시계획의 근거 자체인 분류의 규칙을 서술하면서 시도했다. 우리의 수중에 있는 수단을 알고, 대도시의 발전 방향을 나의 조사에서 파악한, 나는 완전한 자유로운 정신으로 대도시의 중심지 재개발 계획을 구상하였고, 존중하면서도 그 이상으로, 수세기의 과거 문화유산을 보존하면서, 당연한 감정을 상하지 않도록 유의했다.

　나의 제안이 가혹한 것은, 도시계획이나 삶이 가혹하기 때문이다. 삶은 무자비하다. 죽음이 기회를 엿보는 삶은 스스로 보호해야만 한다. 죽음의 행위를 타파하기 위해, 행동해야만 한다.

　오늘날 대중의 힘이 넘겨 준 필사적인 투쟁보다 훨씬 더 잘 세운 계획에 대해, 나는 **계획**을 위한 계획, 즉 ― 게으름에 길들여지고, 편협한 종류에 대한 사소한 경우에 길들여진 폭력에 대한 ― 프로그램, 정신적 창조인 계획을 제안한다. 나는 말했다. 기계주의 사회가 사회의 균형을 100년간 지속한 또 하나의 다른 사회를 대체했다고. 기계화가 우리를 새로운 사이클에 던져 넣었다. 우리는 새로운 사이클에 던져졌으나 우리 조직의 영속성과 함께 **존재하는** 그런 필연적인 장소에 다시 모이기 위한 이유를 갖는 환경에 머물 것이다. 나는 나의 도시를 **이상향**에 건설하러 가지 않는다. 나는 말했다. 그곳은 **이곳**이며, 전혀 변하지 않을 것이라고. 내가 이렇게 확실히 단언하는 것은 인간의 한계가 있음을 느끼기 때문이다. 우리는 단번에 총체적인 기획을, 다른 곳에서 다시 시작할 힘을 갖고 있지 않다. 그곳을 열망하는 것은, 긍정적이지 않다. 그곳을 고집부리는 것은, 무한정한 연기를 바라는 것이다. 따라서 그곳은 **이곳**일 것이다.

　만약 파리 중심지를 생 제르멩 앙 레 Saint-Germain-en-Laye나 생 드니 Sanit-Denis 평야로 옮길 것을 생각했다면, 나는 기술적으로 불가능하다는 것을 보여 주었을 것이다. 그래서 경제적으로도, 이것은 국가 재산의 주요 부분을 대표하는 우수한 가치의 구성요소가 되는 **도심지**의 평가절하를 통해, 끔찍한 붕괴를 초래할 것이다. 여기에서 한 시행령에 의해, 수십억이 영零이 될 것이다. 저기에서 신도시를 개발하는 데 수십억이 탕진될 것이다. 사람들은 독단적이고 비합법적으로 거의 아무런 가치도 없는 토지에 엄청난 세금을 부과할지도 모른다. 동시에 엄청난 부를 사라지게 하고, 파괴할지도 모른다. 그러한 부당함과 그처럼 기술적으로 불가능함은 추론에 대항하지 못한다.

나는 **근거를** 보여 주려고 노력했었다. 왜냐하면 토론은 철학의 나라에 가서 사라지고, 꺼지고, 쓰러져, 무無에 도달하기 위해 객관적이고 강렬한 상황으로부터 언제나 벗어나기 때문이다. 나는 모든 행위에 대한 열쇠로서 **질서**를 말했고, 모든 운동에 대한 방향으로서 **감정**을 말했다.

나의 책에는 **숫자**가 빠져 있어 참으로 안타깝다. 문제가 제기된 이상 다른 책에서 전문가가 그것을 작성할 것으로 희망한다. 숫자는 절대적인 힘이라고, 나는 인정한다. 그러나 숫자는 +와 함께하거나 -와 함께한다. 나는 여기서 숫자는 +와 함께한다고 확신한다. 때가 왔다는 것도 확신한다. 왜냐하면 열매는 가까운 어느 날 잘 익을 것이기 때문이다. 도시계획의 때가 왔다. 만약 그것을 깨닫지 못한다면, 우리는 무엇을 해야 할 것인가? 아직도 기다리고 있는가? 우리는 더 이상 기다릴 수만은 없다. 결정적인 순간이 왔다. 만약 우리가 기다린다면, 본질적으로 이기적인 인간은 자신의 편협한 이기주의를 위해 처신할 것이다. 이기주의는 몇 사람들만 만족시키며 도시는 그 스스로 이미 재건을 시작한 것처럼, 새롭게 재건될 것이다. 그리고 우리는 이 가짜 신도시에서 질식할 것이다. 도시는 쇠퇴하기 시작할 것이고, 사라져 갈 것이며, 서서히 역사에서 떠날 것이다.

그날 그날 결정을 내리는 총사령부 바로 곁에 있는 사람들은, 개개의 경우에 지나치게 몰두한다. 그들은 싸움터에 너무 가까이 있어, 전체를 볼 수 없다. 나는 그곳으로부터 아주 멀리 있어 어떠한 관련도 없고, 아무것도 원하지 않는다. 나는 순수한 이론이 허용되는 한 분석에 몰두하여 논증을 구하기 좋아했고, 또 이론적인 결론을 얻었다.

이 결론은 짤막하고 간결하며, 후회를 동반하지 않는다. 그것은 실현 가능한 것에 도달하고, 특히 비위생지구에 대한 논의를 가져온다.

나는 전통과의 단절을 느끼지 않고, 전통의 한가운데에 있다고 믿는다. 과거의 모든 대규모 공사가 모든 정신 상태에서 사물의 상태와 일치함을 순차적으로 확신시켜 주었다.

　대중의 판단에 넘겨진 권리가 이 작업에 부여한 사항으로, 절박한 사건이다.

* * *

　사람들은 앞다투어 혁명가라고 비난했다. 만족스러운 방법이되, 효과적인 균형 속에 흡수된 사회와 자신들끼리 혼란을 야기하는 주동자들의 사이에 거리를 두는 방법으로써. 그러나 이 균형은 필요 불가결한 이유로 덧없는 것에 불과하다. 그것은 끊임없이 갱신되는 균형이다.

　반대로, 모스크바 혁명 이래 혁명가의 상장이 자신들에게만 어울린다는 것이, 그때부터 지금까지 모스크바 사람들의 약점이다. 노골적으로 진짜 꼬리표를 선택하지 않았던 사람들은 모두 부르주아, 자본가 그리고 낡은 방법을 고수하는 공식주의자라고 말한다.

　내가 1922년에 열린 살롱 도톤에서 발표했던 도시계획이 공산주의 기관의 연구 대상이었다는 것을 부인할 수는 없었다. 그들은 그 계획 시스템의 일부를 — 기술 — 찬양했다. 그러나 도면 위에, 사치스러운 장소에 인민의 집Maison du peuple, 협동조합 본부Siège des Syndicats 등을 결코 적어 놓지 않았고, 모든 문제를 통제하는 토지 소유의 국유화를, 표제로 적지 않았다는 이유로 나를 아주 거칠게 취급했다.

　나는 기술적인 영역을 벗어나지 않기를 바랐다. 사람들은 건축가인 내가 정치적으로 행하지 않도록 할 것이다. 각자가 여러 분야에서 각자가 가장 정밀한 전문 분야로서, 자신의 해결을 마지막 결론으로 이끌어 가면 되는 것이다. 도면 위에 나는 행정 기관Services administratifs, 공공사업 Services publics이라고 기입하는 것만으로도 충분할 것이다. 파리 도심지에 대한 나의 연구에서 나는 말했다. "파리 도심지에 대한 일반적인 토지수용 법령" 그리고 내가 권한 해결책은 4(A‘)로 증대된 구매력으로 나는 논의의 여지도 없이, 이익을 침해하거나 횡령하지 않고, 유언비어를 유포하지 않고도, 크고 작은 소유주 소유의 불모지를 (A) 값으로 지불할 수 있다는 것을 제시한다.

　사회 경제적 진보는 기술적인 문제를 유리한 해결책으로 유도함으로써 실현될 수 있다.

이 연구는 명확한 해결을 발굴하는 데에만 몰두했다. 그 이상도, 그 이하도 아니다. 이 연구는 꼬리표도 없고, 자본주의적 부르주아 사회도, 제3인터내셔널도 지향하지 않는다. 이것은 하나의 기술적인 작품이다.

그리고 나는 사람들이 구세군Armée du Salut처럼 나를 공공도로에서 선언으로부터 구해 주기를 원하지도 않는다.

우리는 혁명이 일어나는 가운데 혁명을 일으키는 것이 아니다. 문제를 해결해 나가는 과정에 혁명을 일으킨다.

한 위대한 도시계획가에게 바침.
이 전제군주는 거대한 것을 구상했고 그것을 실현했다. 그 영광이 온 나라 구석구석에 비쳤다. 그는 말할 수 있다. "내가 원했던 것", 아니면 "이것이 나의 기쁨이다"라고. (이것은 '아에시옹 프랑세즈Aetion Française'의 선언이 아니다.)

부록 | 확증, 격려, 질책

나는 이 연구를 끝마쳤다.

  나의 동료가 내게 말했다. "생각나도록 하기 위해, 하나의 완전한 조개껍질, 심장계통의 도식, 중앙난방 시설의 아름다운 단면도를 보여 주지 않겠습니까……."

  내가 구입한 생물학 역사책은 나에게 확증, 격려, 질책을 아끼지 않았다. 모두가 확실하게 실현 가능성이 있다는 믿음을 주었다. 모두가 면밀하게 연구된 것으로, 놀라울 정도로 작동하고 있다. 한 집합은 완벽하고, 스스로가 하나의 집합을, 본질을 압축한 조직을 이루는 무한히 작은 부분으로 만들어져 있다. 세포는 집합을 조건 짓는다. 세포는 순수 조직이어야만 한다. 집합은 세포에 의해서만 생존한다. 세포는 집합 속에서만 허용되기 때문에 자신의 능력을 갖는다.

  경이로움은 정확성 안에 있다. 영속성은 완벽성 안에 존재한다. 생명은 정확한 계산으로 이루어진다. 꿈은 본질적 현실에서만 지지된다. 시詩는 정확한 사실에 의해서만 반응한다. 서정성은 진실 위에서만 나래를 편다. 본심에서 우러나온 것만이 우리를 감동시킨다.

  생명, 생명! 우리는 사물의 본질 깊숙이 파고들어감으로써 생명의 찬란함을 감지한다.

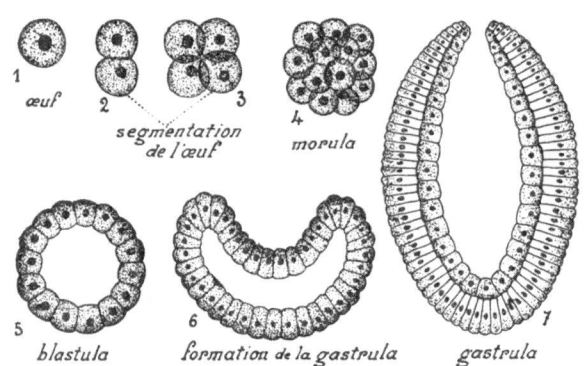

질서는 당연히 개체 안에 존재한다.
개체는 개체가 번식될 때 그 작용을 번식시킨다.역주76

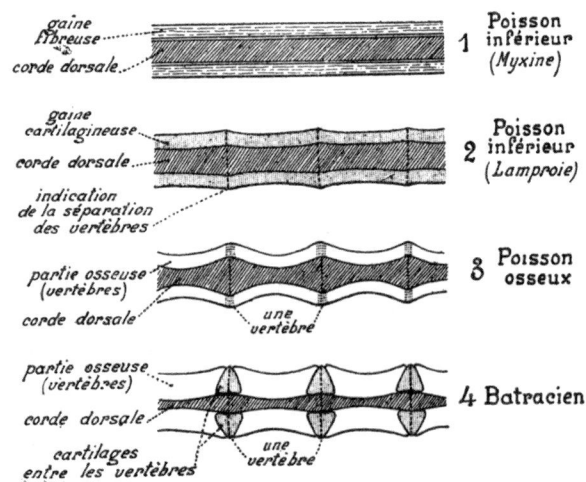

명확한 원리는 단순 복합성을 가져온다.(진화)역주77

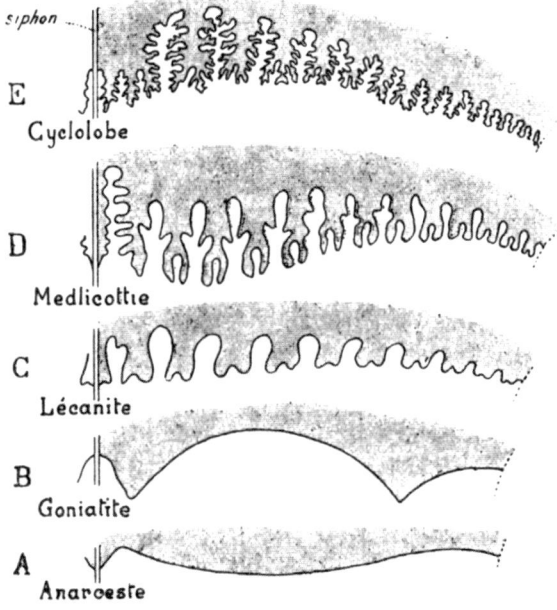

단순함에서 복잡함으로[역주78]

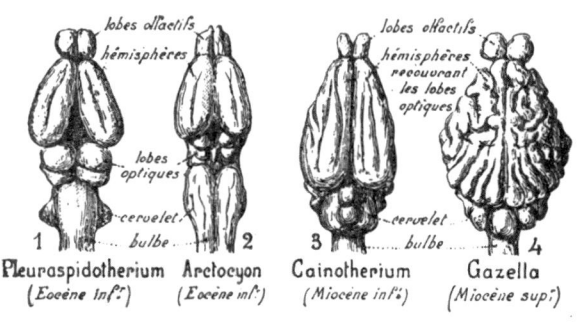

초기 단계에서 완성 단계로[역주79]

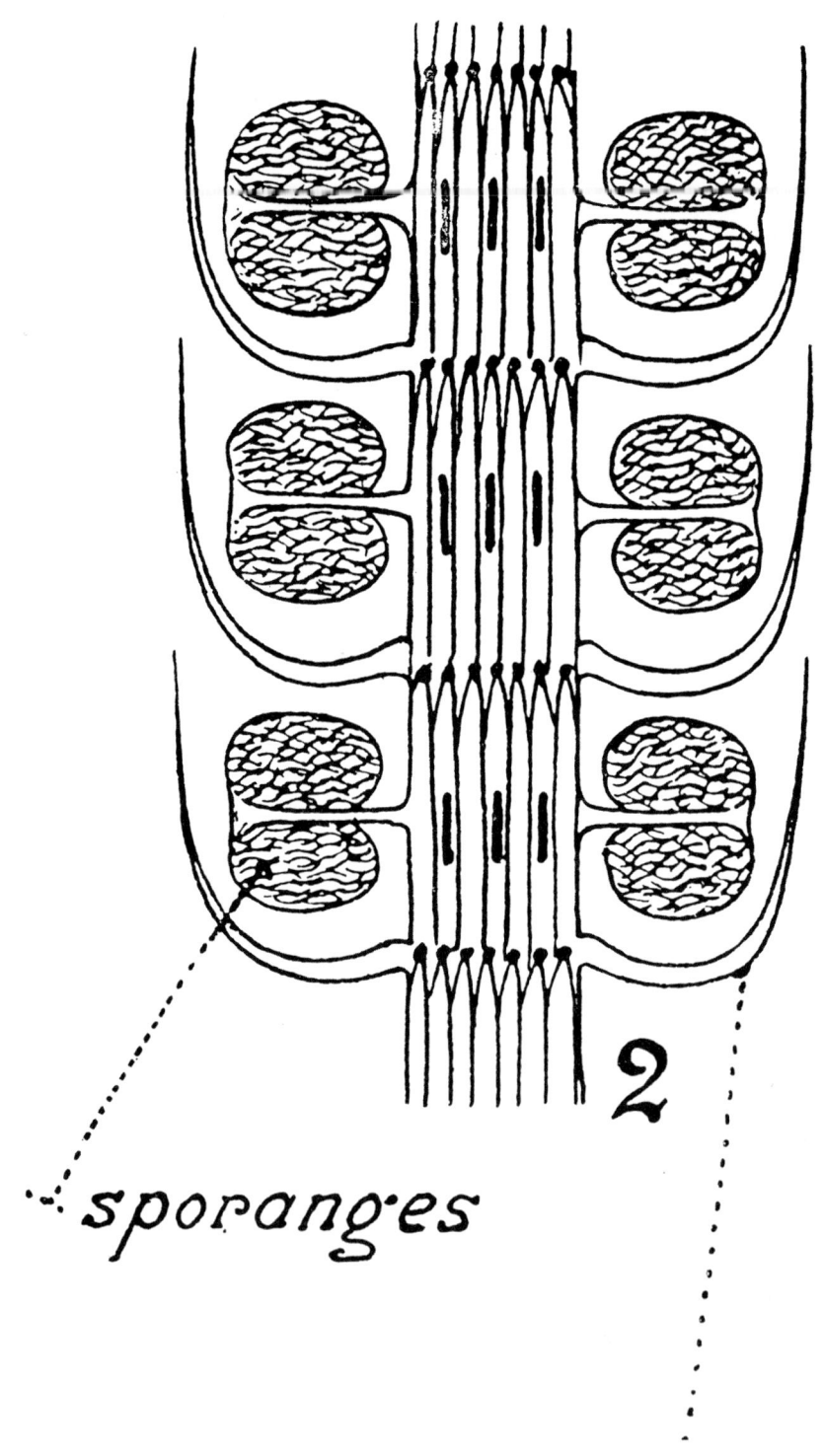

민꽃식물의 포자낭 형성
우리의 조화 감각은 자연에서 나온다. 만약 우리가 이 자연의 결과에 민감하다면, 그것은 바로 우리가 그 계통에서 나왔기 때문일 것이다.

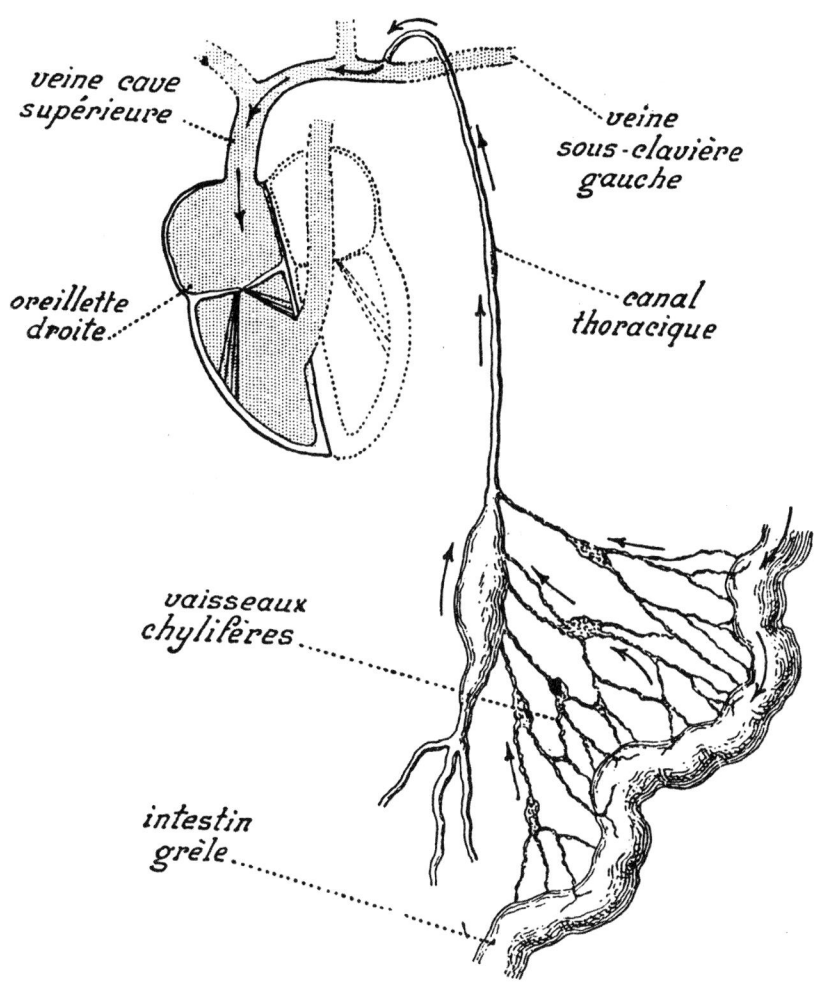

수송기관 Transports
중앙동력장치 Centre moteur
집합장소 Collecteurs
주간선 Grandes traverses
연결 역 Gare de triage
업무 부서 Services 역주80

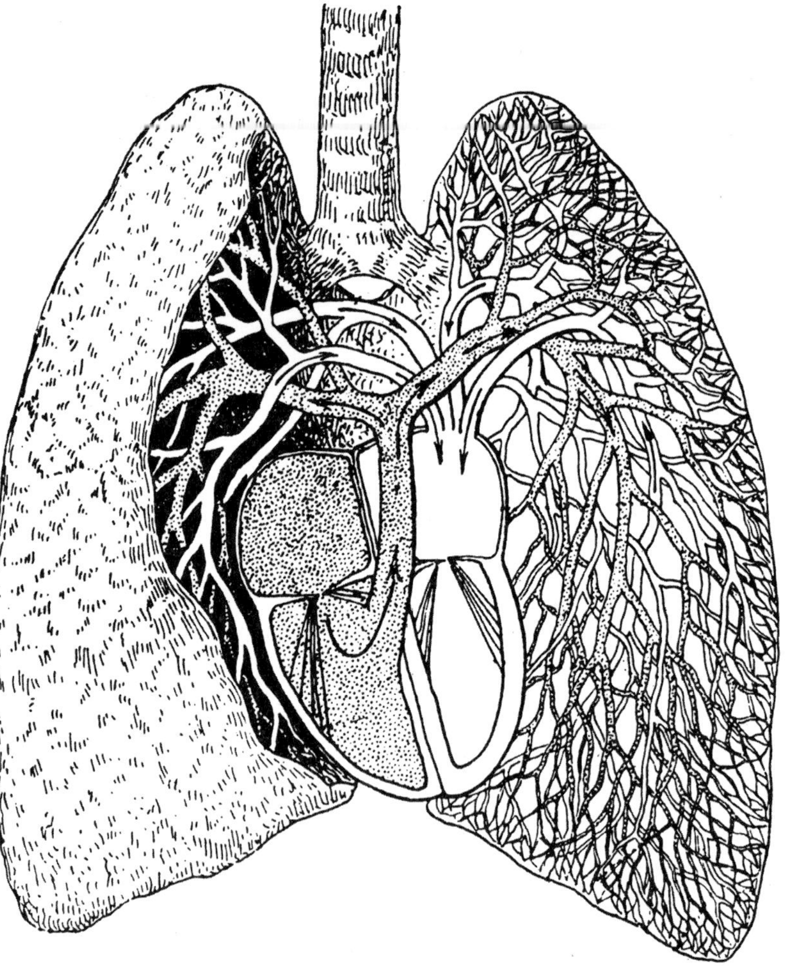

두 개의 독립적인 기관 사이의 직접적이고 신속한 관계……. 밤에는 전원도시에서 자고, 아침 9시에는 도심지에서 일한다. 상반된 두 기능, 기진맥진하게 하는 것과 활기를 주는 것, 필요 불가결한 조건, 최단 시간에 연속적인 시스템을 확립하는 것

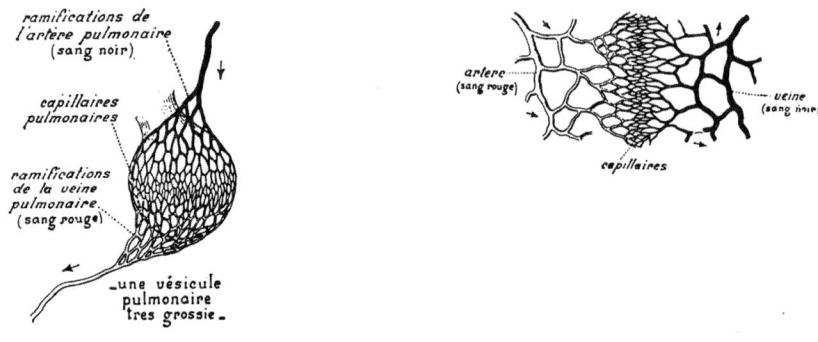

유사한 기관이지만 다른 기능

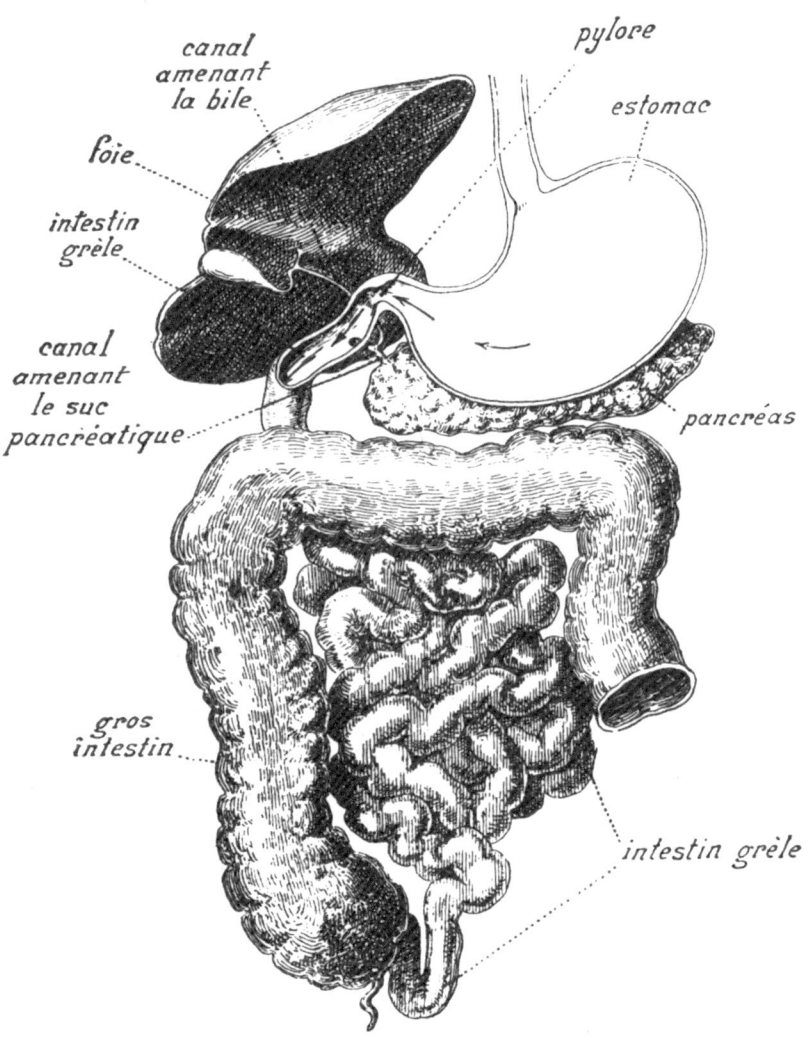

정확하고 독특한 기관. 작동의 논리적 연관

역주

1. 프랑스 파리에서 해마다 열리는 미술공모전으로, 1903년에 처음 개최되었다. 개최 당시에는 전위적 경향을 대표하였다. 창립 회원은 마티스H. Matisse, 마르퀘A. Marquet, 루오G. Rouault, 뷔이야르E. Vuillard 등이며, 건축가 주르댕F. Jourdain이 창립 회장직을 맡았다. 그 뒤, 드랭A. Derain, 블라멩크M. Vlaminck도 참가했다. 1905년에 '야수의 우리' 전시를 계기로 야수파Fauvism가 탄생하였고, 1910년대에는 입체파Cubism의 거점이 되기도 하였다. 또 혁명적인 역할을 수행한 화가들의 회고전을 위한 공간으로도 사용되었고, 세잔느P. Cézanne, 르동O. Redon, 툴루즈 로트렉H. Toulouse-Lautrec 등의 작품 전시로 이들의 참된 예술 세계를 일반인에게 널리 알리는 기회가 되었다.

2. 당시의 도시계획안에 대한 일반적인 흐름과 비교할 때, 르 코르뷔지에의 것은 너무나 파격적이었다. 따라서 이로 인해 일어날 수 있는 파문을 염려한 것이다. 실제로 르 코르뷔지에는 이 계획안으로 엄청난 비난을 받았다. 그러나 그는 평생 이 계획안을 실천하려고 노력하였다. 1950년대에 들어서면서 비로소 그의 계획안이 가치를 인정받기 시작하였고, 미흡하지만 그 일부가 마르세이유Marseille의 위니테 다비타시옹Unité d'Habitation(1952)과 그 일련의 시리즈에서 실현되었다.

3. 프랑스 루이 14세Louis XIV(재위 1643~1715) 때부터 루이 필립Louis Philippe(재위 1830~1848) 때까지 유행했던 장식미술 양식들. 특히 실내장식과 가구가 두드러졌는데, 이것은 왕의 요구와 기호에 맞게 만들어졌으며 각 양식마다 당시 왕의 이름을 붙였다.

4. 파리의 옛 이름. 골로와 시대에 파리지Parisii의 수도로, 오늘날 파리의 시테 섬과 생트 주느비에브 언덕의 비탈진 곳에 있었다.

5. 파리의 남서부 지역

6. 1809~1891, 프랑스 정치가. 7월 혁명 뒤 정치계에 입문하였고, 1848년 말 대통령선거에서는 루이 나폴레옹(나폴레옹 3세)을 위해 활동하였다. 1853년부터 17년 동안 센느의 주지사를 지냈다. 재임 기간 동안 인구 급증으로 인한 비위생, 끊이지 않는 폭동과 방어벽으로 만들어진 파리를 개조하고, 시내 도로망과 상·하수도를 정비하였으며, 수많은 공원을 만드는 등 도시 환경에 많은 노력을 기울였다. 그러나 이러한 사업비용으로 야기된 엄청난 재정 적자의 책임을 물어 1869년에 해임되었다.

7. André Le Nôtre, 1613~1700. 그 시대에 유행하였던 이탈리아식 정원이 아닌, 축과 엄격한 기하학적 대칭과 질서를 갖는 프랑스식 정원을 창안한 프랑스 조경 건축가. 보 르 비콩트 Vaux-le-Vicomte 성의 정원과 베르사이유 궁전의 정원 등을 설계하였다.

8. 통킹은 북부 베트남 지방을 일컫는다.

9. 1453년 5월 29일, 오스만 투르크의 동로마 제국 멸망을 뜻한다.

10. 1869~1922. 1922년에 사형당한 프랑스의 엽기적인 살인마

11. 1848~1907. 자연주의와 크리스트 교의 신비주의를 발전시킨 프랑스 극작가

12. '새로운 정신'이란 뜻. 시인 폴 데르메Paul Dermée, 화가 아마데 오장팡Amédée Ozenfant과 함께 1920년 10월에 창간한 월간지로, 1925년까지 총 28회 발간되었다. 이 책 『도시계획』은 1922~1925년에 기고한 글들을 모아서 엮은 것이다.

13. Marc Antoine Laugier, 1713~1769. 제수이트 파 수사, 프랑스 사학가. 자신의 책 『건축론 Essai sur l'Architecture』(1753)에서 건축 양식의 원형으로 건축의 기능과 합리성을 갖춘 원시 오두막을 언급하면서 당시 신고전주의와 낭만주의 건축에 대한 새로운 건축의 가능성을 제시하였다.

14. 모방 대위법에 의한 음악 서법 및 형식. '도망가다'라는 뜻의 라틴 어 푸게레fugere에서 유래한 말이다. 둔주곡, 추복곡이라고도 한다.

15. 독일의 주. 남부 고원에 위치하며, 다뉴브 강, 마인 강 등이 흘러 수운이 편리하고 농경, 목축, 광업이 발달하였다. 특히 맥주 제조 기술은 세계적으로 유명하다. 바이에른 주의 행정 중심지는 뮌헨이다.

16. 흑해의 문호로, 유럽과 아시아가 맞닿아 있는 이스탄불의 항구 보스포러스Bosporus 해협 남쪽에 있다. 황금 뿔 모양으로 생겼다 하여 금각만 또는 골든 혼으로 불린다.

17. 튀니지의 도시

18. 제1차 세계 대전

19. 그리스 신화에 나오는 날개 달린 말로, 시적 감흥의 상징이라 할 수 있다.

20. 스페인 남부의 과달키비르 강에 연한 도시. 서아시아와 북아프리카의 문화가 유입되었을 당시의 유적과 담배공장이 유명하다.

21. 파리에서 속달우편 송달용으로 쓰임.

22. 선원이나 비행사들 사이에 쓰는 말로 '육지'라는 뜻이다.

23. 그리스 수학자이며 물리학자인 아르키메데스가 지레의 원리를 발견하였다. 지구의 받침점에

받침대를 준비하면 지구를 들어올릴 수 있다고 한 유명한 일화에서 비롯하였다.

24. 그리스 신화의 아폴론 신과 시詩의 여신 뮤즈가 살고 있는 산

25. 자동차 법규 제정의 필요에 관한 기사

26. 자동차의 통행량의 문제 해결에 대한 기사

27. 교통 혼잡 예방에 관한 기사

28. 마차로 인한 교통 정체 현상에 관한 기사

29. 파리의 교통량 한계에 대한 기사

30. 차량에 대한 도로율 부족에 관한 기사

31. 차량으로 인한 도시 교통 문제에 관한 기사

32. 교통 사고에 관한 기사

33. 보행자의 불리함을 풍자한 신문 삽화

34. 1809~1849. 미국의 시인, 소설가이자 비평가. 어릴 적부터 고아로 방랑생활을 보내고 술과 아편에 빠져 살다가 생을 마쳤다. 그의 작품 가운데 특히 『검은 고양이』, 『풍뎅이』와 같은 탐정소설은 상상추리와 전율이 얽힌 문학사상의 획기적인 작품으로, 프랑스 상징파에 많은 영향을 주었다.

35. 공사 부주의로 인한 전기 고장과 전기 공급 중단에 관한 기사

36. 파리 시의 교통에 필요한 도로 변경에 관한 기사

37. 미국의 경우와 비교하여 자동차는 이제 더 이상 사치품이 아니라 단지 노동을 위한 도구라는 기사의 일부

38. 일상생활, 부동산, 구인광고와 같은 일상의 흔한 정보를 주고받는 신문이다.

39. 교통 문제(왼쪽)와 『르 주르날』의 집세 문제(오른쪽)에 관한 기사

40. 구애求愛 광고의 일부

41. 토지 정책에 관한 기사

42. 서머타임 제도

43. 파리의 청소에 관한 기사

44. 여름 시간제 실시에 따른 채소 수확량의 증가에 관한 기사(왼쪽)와 『르 주르날』의 전쟁 재해 지구에 대한 프랑스 원조에 관한 기사(오른쪽)

45. 위대한 파리의 확장 계획에 대한 기사

46. 프랑스 인의 자동차 소유와 그 문제점을 다룬 삽화

47. 프로이센과 프랑스 간의 전쟁

48. 스칸디나비아의 신화로, 영웅적인 전사자가 가는 천국

49. 1646~1708, 프랑스 고전주의 건축가의 대부, 루이 14세의 수석 건축가. 베르사이유 궁전 확장과 방돔 광장 등을 건설했다.

50. 성 프란체스코 파의 수도회

51. 지하철의 아버지라 불리는 비엥브누에Fulgence Bienvenüe(1852~1936)에게 파리 시의 금장훈장 수여에 관한 기사

52. 주 22를 볼 것.

53. 테일러 시스템Taylor system은 1895년 미국의 발명가이며 기사인 테일러Frederick Winslow Taylor(1856~1915)가 공장 합리화를 목적으로 발표하였던 생산의 과학적 관리법을 말한다. 이제까지 해 왔던 관리자의 경험이나 감각에 의존한 생산관리를 배제하고, 시간 연구, 동작 연구를 통한 작업시간의 분석적 연구, 과학적 관리에 의한 기능적 조직 등을 주장하는 내용이다. 이 목표를 달성하기 위한 원칙으로, 하루의 일을 명확하게 정하고, 표준화된 작업조건을 제시하며, 맡은 일의 완성에 대한 보수를 지급하고, 일을 완성하지 못한 데 따른 손실을 임금에서 제할 것을 제시하였다.

54. **Adolf Loos**, 1870~1933, 오스트리아의 건축가. 근대 건축의 선구자 가운데 한 사람으로, 영국의 민가와 미국의 산업건축으로부터 큰 영향을 받았다. 당시 유겐트슈틸의 건축과, 장식을 사용하는 분리파의 건축을 격렬하게 비판하고 '장식은 죄악이다'라는 근대 건축 이론을 제창하였다. 1910년의 슈타이너 저택Steiner House은 장식을 전혀 쓰지 않은 최초의 근대 건축의 하나다.

55. 수렴막收斂膜은 눈병의 한 가지로, 트라홈이라는 독소가 단단막을 침범하여 눈망울이 흐려지는 증상이 나타난다.

56. 12월 31일

57. 프랑스 국경일

58. 일방통행에 관한 시사만평(위), 펌프 차와 같은 중량 트럭의 통행규제에 관한 기사(가운데), 파리의 도로 포장에 관한 사진(아래)

59. Santa Maria del Fiore, 1296~1461, 피렌체. 이탈리아식 고딕 양식의 본당에 르네상스 건축시대를 여는 브루넬레스키의 돔으로 이루어져 있는 성당이다. 종탑은 지오토의 작품이다.

60. 파리 시의회 의장인 드니 푀크Denis Peuch 씨가 오스만 가로 개통을 위한 철거공사 착공식 때 첫 곡괭이질을 하는 장면과 함께 그와 관련된 기사

61. 최근 23년 동안 프랑스의 자동차 교통량의 증가를 나타낸 그래프(위의 왼쪽), 인구증가 곡선을 보여 주는 그래프(위의 오른쪽), 9개월 동안 런던에서 6만 1,964명이 교통사고로 사망한 내용, 육교 설치의 필요성, 교통을 방해하는 전차의 문제점 등에 대해 다룬 기사들(아래)

62. 일방통행을 주장하는 글, 런던의 고가도로와 고가 지하철교 등에 대한 시찰, 에투알 광장의 전철 폐지, 전차와 마차로 인한 병목 현상, 파리 시내의 병목 현상 등에 관한 신문 스크랩

63. 옛 파리 보존위원회의 25년간 활동에 대해 소개한 신문 기사

64. 하프시코드harpsichord. 건반 악기의 하나로, 오늘날 피아노의 전신

65. 프랑스 대혁명 당시의 온건파

66. 그리스 신화에 나오는 괴물로, 폭풍과 죽음을 다스리며 여자 얼굴에 새의 몸을 하고 있다.

67. 오스만 가로를 개통하는 공사 첫날에 관한 기사

68. 기원전 켈트 인들이 시테 섬을 중심으로 만든 파리의 옛날 이름. 로마 인들이 정복하면서 루테티아Lutetia라고 부른 데서 유래하였다.

69. Jean baptiste Colbert, 1619~1683, 프랑스의 정치가이며 재정가. 루이 14세 때 재무총감 등을 맡았다. 중상주의 정책으로 재정 개혁을 단행하였으며, 산업 장려, 동인도 회사 설립, 해군력 강화를 단행하고, 학문과 예술을 보호하고 장려하였다.

70. 1수는 5상팀centimes으로, 오늘날 우리 돈으로는 약 8원이다.

71. Armand Jean du Plessis cardinal de Richelieu, 1585~1642, 프랑스 정치가, 추기경. 루이 13세 때 재상으로 절대주의의 확립에 노력하였다. 왕립아카데미 창설 등 국내외적으로 프랑스의 지위를 향상시키는 데 이바지하였다.

72. 파리 사관학교와 센 강 사이에 있는 광장

73. 부녀자 감화원, 현재 파리의 종합병원

74. 여호와가 아브라함에게 약속한 이상향(낙원)으로서, '젖과 꿀이 흐르는 땅' 가나안을 가리킨다. 기원전 4000년경에 셈Sem 족이 정착한 뒤, 기원전 16~14세기에 이르러 전성기를 맞았다. 기원전 13세기경 이스라엘 민족이 침입하여 이 땅을 정복하였다.

75. Sébastien Prestre de Vauban, 1633~1707, 프랑스의 축성가이며 전술가. 루이 14세 전성기에 프랑스 북동부 국경과 툴롱 항에 요새를 구축함으로써 그 새로운 형식의 축성이 유럽 여러 나라의 모범이 되었다. 수로와 운하 설계를 맡아 근대 건설공학에 크게 이바지하였다.

76. 현미경으로 본 다세포 동물의 세포 분열 과정으로, 알에서 낭배gastrula까지의 성장 과정

77. 어류와 양서류의 복잡한 척추 단면

78. 암모나이트와 같은 종인 연체동물의 껍질 봉합 부분의 지층 형성 과정

79. 여러 포유류의 뇌를 비교한 것

80. 영양분이 임파액으로 되는 과정으로, 소장小腸에서 심장까지의 경로

옮긴이의 말

  자동차 시대에 있어서, 끔찍하고 역설적인 착각. 치밀한 구상으로 파리 확장 계획을 이끈 사람들 가운데 한 명인 시청의 한 고위간부가 나에게 말했다. "잘된 일이지요, 자동차는 이제 더 이상 달릴 수 없을 겁니다!" 그런데 현대 도시는 사실, 직선에 의지하여 살고 있다. 건물, 하수구, 배수구, 차도, 보도 등등의 건설처럼. 교통은 직선을 필요로 한다. 직선은 도시의 정신만큼이나 건전한 것이어야 한다. 곡선은 비용이 많이 들고, 힘들며 또 위험하다. 곡선이 교통을 마비시킨다. 직선은 인류의 모든 역사에, 인류의 모든 의도 속에, 인류의 모든 행위 안에 있다.

―본문 중에서

  르 코르뷔지에는 직선이야말로 인간의 본능적 수단인 동시에 이성적 사고의 높은 단계에서 만들어지는 정신의 순수한 산물인 기하학에서 나온 것이며, 인간 행위의 모든 결과물 안에 내재되어 있다고 보았다. 그는 이것을 원시시대부터 오늘날에 이르는 모든 도시건축의 역사를 통해 확신했다. 비록 아름다움의 법칙이라는 이름 아래 인간의 이성적 행위를 거스르는 '굽은 길(당나귀의 길)'에 대한 신앙이 로마 이후 중세까지 1000년 동안, 각 시대마다 간헐적으로 있어 왔지만, 이것은 그림 같은 회화성 pittoresque과 질서를 혼동한 데에서 야기된 것이어서, 본능적으로 인간은 직선으로 회귀한다고 믿었다. 중세의 좌절 뒤, 18세기에 이르러 인간은 이성의 근본 원리에 대한 문제 제기와 함께 서서히 직선을 찾기 시작했고, 19세기에는 직선에 대한 분석과 실험을 통한 새로운 도구가 만들어졌음을, 루이 14세와 오스만의 작업을 통해 입증하고자 했다. 따라서 이제 오늘날에는 이 도구를 통한 기하학적 정신, 종합적 정신이 요구되는 시대이며 여기에는 기술자들의 정밀성과 같은 정확성과 질서가 기본적으로 요구된다고 르 코르뷔지에는 주장한다.

  그는 엄청나게 쏟아져 나오는 통계, 즉 도시의 인구 성장, 인구 밀집 지역의 인구 증가 속도, 도심지의 인구 증가, 근교로의 인구 이동 그리고 도심지 차량의 엄청난 교통량 증가에 대한 분석 결과와 이에 대한 부작용들이 신문에 연일 보도됨에도 불구하고, 여전히 '당나귀의 길'에 대한 예찬으로 도심지의 현 상태를 고수하면서 임시방편으로 그 주변만 확장하는 오늘날의 도시계획에 대해, "도시의 중심은 치명적으로 병들고, 그 주변은 벌레에게 갉아 먹힌 듯하다"고 주장하면서 '외과수술'과 같은 방법의 새로운 도시계획안, '300만 거주자를 위한 우리 시대의 도시'를 제안한다.

그는 여기에 대한 근본 원리를 땅, 주민, 인구 밀도, 폐와 같이 숨쉴 수 있는 공간, 거리, 교통으로 보고 이를 해결하기 위해 다음과 같은 원칙을 정한다.

1. 늘어나는 교통량에 대응하기 위해, 도심지의 혼잡을 완화할 것
2. 도심지 사무지구에서 사업상 필요한 만남을 실현하기 위해, 도심지의 인구밀도를 높일 것
3. 지하철, 자동차, 전차, 비행기와 같은 새로운 수송 수단에 맞는 교통 수단을 증가할 것
4. 도심지 직장 생활의 리듬, 위생, 정숙을 보장하기 위해, 식수 면적을 넓힐 것

이러한 원칙을 바탕으로, 그는 현재 건폐율 70~80%, 인구밀도 800명/ha의 파리 중심지를 완전히 헐고 무모하리만큼 대담하게 건폐율 5%, 도로, 주차장 및 녹지 공간 95%, 인구밀도 3,500명/ha로 재개발하는 '브와젱 계획'을 발표하기에 이른다. 이를 실현시키기 위해 각국의 투자자를 불러들인다는 생각과 기존 거주자들의 단계적 이주와 보상 문제 등에 대한 구체적인 제시에서 얼마나 치밀한 분석 끝에 이 계획이 이루어졌는지를 알 수 있게 한다.

이 책 『도시계획』(1925)은 19세기의 옛 가치관과 20세기의 새로운 가치관이 혼재된 시대에 간행된 잡지 『에스프리 누보』, 1922년 6월호(no.17)부터 마지막 폐간호인 1925년 1월호(no.28)까지 실린 단편들을 묶어 출판한 것이다. 더 정확하게 말하면, 이 책 1장 '당나귀의 길, 인간의 길'에서 11장 '우리 시대의 도시'까지가 잡지에 실린 글들이고, 12장 '작업시간'부터 '부록'까지는 이 책을 위해 새로 쓴 글들이다. 그래도 그 대부분이 1921년에서 1923년 사이의 글들을 모은 『건축을 향하여』(1923) 다음에 나온 것이기 때문에, 앞선 책에서 드러낸 그의 생각의 연속적인 흐름을 갖는다. 그러나 『건축을 향하여』가 건축에 관한 생각이라면, 『도시계획』은 도시에 관

한 것이어서, 이 두 책은 연속성을 갖는 동시에 상호 보완적인 성격을 갖는다. 그래서 르 코르뷔지에는 『건축을 향하여』 두 번째 판의 서문에서 이 책을 『건축을 향하여』의 오른쪽 날개와 같다고 하였다(그 왼쪽 날개가 『오늘날의 장식예술』이다).

다시 말하면, 이 책 『도시계획』은 『건축을 향하여』와 함께 그의 초기 건축·도시 사상의 형성 과정이 고스란히 담겨진 중요한 책 가운데 하나로, 공장의 산업화와 합리화로 생산되는 각종 도구들의 기능성과 편리함, 마차의 시대에서 자동차의 시대로 변화하는 교통 구조, 대량생산 정신이 사회 구조를 변혁시키고 있음에도 불구하고 여전히 구태의연한 건축 방법과 옛 도로망을 중심으로 한 도시계획을 진행시키고 있는 구세대 건축가들의 타성에 대한 질책의 글이다.

파리 시민들이 그토록 자랑스러워하는 역사적 향기로 가득한 파리의 중심부를 완전히 철거하고, '외과수술'과 같은 새로운 방식의 재개발을 제안한 '브와젱 계획'은 당시 엄청난 충격을 가져다 주었다. 대부분의 사람들은 이 계획을 2000년에나 가능할 '미래의 도시'로 보고 싶어했다. 그러나 "나는 사건이 임박했음을 분명히 감지하고 있었다"고 확신했듯이, 그의 생각이 역사의 흐름과 냉정한 현실 직시에서 나온 것임을 당시 사람들은 깨닫지 못했던 것이다. 어쩌면, 그들은 오늘날 디지털 시대로 이미 변화했음을 감지하지 못하고 여전히 아날로그적 사고방식 속에서 건축과 도시를 바라보는 이들과 같을지도 모른다. 따라서 우리는 이 책에서 새로운 세기의 변화에 대한 그의 방향을 읽을 수 있다. 그리고 그의 전 생애를 바칠 도시건축에 관한 사상이 이때 형성되었음을 알게 될 것이다. 특히 그동안 비판의 대상이 되었던 '당나귀의 길'에 대한 그의 의도를, 무모하리만큼 대담한 '우리시대의 300만 명을 위한 도시계획'이나 '브와젱 계획'의 의도를 이해하게 될 것이다.

르 코르뷔지에의 『도시계획』은 1925년 크레출판사(Cres, Paris)에서 에스프리 누보 시리즈 초판으로 나온 뒤에, 1966년 벵상 프레알(Vincent Freal, Paris)에서 두 번째 판이 나왔다. 이어서 1977년과 1980년에 아르토(Arthaud, Paris)에서 다시 출판되었고, 1994년 샹 플라마리옹(Champs Flammarion, Paris)에서 문고판으로 나왔다. 이 글은 아르토 출판사의 1980년 판을 옮긴 것이다.

끝으로, 이 책을 우리 글로 옮기면서 원문에서 느끼는 거칠지만 웅변적인 어투와 끊임없이 대화체로 이어지는 문장들을 완전히 소화하여 옮기기에는 다소 부족한 점이 없지 않았음을 솔직히 고백한다. 특히, 문장을 이해하고 다듬어 나가는 가운데 글이 너무 부드러워진 점 또한 없지 않다. 그렇지만 최대한 지은이의 숨결을 생생하게 드러내고자 노력하였다. 따라서 이 글을 읽을 때, 다른 책과 달리, 가능한 '쉼표'나 '느낌표'와 같은 부호에 호흡을 맞추면서 읽어 주었으면 하는 소박한 바람으로 옮긴이의 변명을 갈음한다.

부족한 글을 꼼꼼히 읽고 정리해 주신 편집부 여러분들께 감사드리며, 그동안 경제성을 이유로 아무도 건축 이론서의 출간을 염두에 두지 않았는데, 건축을 공부하는 사람들을 위한 출판인의 양심으로 선뜻 이 책을 번역 출간하는 데 동의해 주신 도서출판 동녘의 이건복 사장님께 깊은 감사의 뜻을 전하고 싶다.

2003년 1월
정성현